KB059876

즐거움과 상상력을 주는 과학

즐거움과 상상력을 주는 과학

- 과학의 100 가지 핵심 주제 -

앤 래 조너스 지음 | 김옥수 옮김

사□계절

과학은 호기심을 의미합니다. 어렸을 때, 우리는 호기심이 가득 찬 눈으로 주변 세계를 바라보면서 과학자와 똑같은 질문을 던지곤 했습니다. 궁금한 것을 자세히 관찰하고, 물건의 위치를 바꿔 보고, 이렇게 저렇게 해 보다 안 되면 어른에게 물어 궁금한 것을 알아 내려 했습니다.

과학자들 역시 그와 같이 이 세계를 연구합니다. 그렇다고 과학자들이 어린이들과 같다는 것은 아닙니다. 과학자들의 질문은 훨씬 체계적이며, 현상에 대한 통찰력도 훨씬 뛰어납니다. 그리고 여러 가지 변수를 신중하게 통제하고, 관찰하고, 실험한 결과를 엄밀하게 기록합니다. 하지만 해답을 찾아 가는 질문의 출발점은 어린이들과 마찬가지로 호기심에서 비롯됩니다.

우리는 과학의 본질을 잘못 이해해서 과학의 가능성과 현실성에 대해 잘못 생각하는 경향이 있습니다. 우리는 과학이 구체적인 사실과 진리를 밝혀 낸다고 생각합니다. 하지만 과학이 우리에게 제시할 수 있는 것은 잠정적이거나 부분적인 사실에 지나지 않습니다. 과학은 구체적인 사실을 다루는 것이 아니라 단지 가능성을 다룰 뿐입니다. 모든 과학 지식은 어떤 주제에 관한 가장 일반적인 견해를 말할 뿐입니다. 따라서 다른 의문이 새로운 해답을 이끌어 내면 그 내용은 수정되거나 대체될 수밖에 없습니다.

그러므로 우리는 과학자들이 새 은하를 발견했다는 신문 기사를 읽으면,

"새 은하가 저렇게 생겼구나." 하고 말할 게 아니라, "아, 저 안에서 어떤 것이 나타날지 궁금하군. 더 정밀한 망원경을 만들어야겠어."라고 말하는 게 옳을지 모릅니다.

우리는 해답에 대해 호기심을 갖고 새로운 질문을 던지는 정신을 토대로 이 책을 내놓게 되었습니다. 모든 설명, 즉 해답은 그 주제에 관해 가장 잘 알려진 과학적 견해입니다. 이런 견해들은 재미있고 유익합니다. 하지만 더욱 중요한 것은 그런 해답을 바탕으로 스스로 새로운 질문을 던져 보는 것입니다. 이 책에서는 이런 점에 주목해 각 주제의 설명 끝에 의문점들을 제시했습니다. 그리고 제목과 쪽수를 적어 놓아 그 의문에 대한 해답을 찾을 수 있도록 했습니다. 따라서 이 책을 순서대로 읽는 것도 좋지만 호기심이 생기는 대로 이 책에서 해당 주제를 찾아 읽는 것도 좋은 독서법일 것입니다. 문어의 지능지수에 관한 설명을 읽은 다음, '기억은 어떻게 작용할까?'라는 궁금증이 생기면, 제시해 놓은 쪽수를 찾아 기억에 관한 설명을 읽을 수 있습니다. 그리고 기억에 관한 설명을 읽은 다음에 감각, 두뇌의 화학, 전류, 핵에너지, 블랙홀에 관한 설명으로 들어설 수도 있습니다.

설명 끝에 나오는 각각의 질문을 과학적 해답과 의문을 탐구하는 출발점으로 생각하세요. 각 설명을 읽은 다음에는 마음 속에 떠오르는 의문점을 기록하세요. 그리고 스스로 그 답을 찾으려고 노력하세요. 우리는 이 책이 여러분의 호기심을 자극하길 소망합니다. 이 책이 과학적 호기심을 광범위하게 충족시켜 줄 뿐 아니라, 나아가 어떤 현상과 사실에 대해 새롭게 떠오른 호기심이 여러분을 즐거운 과학의 길로 접어들게 할 수 있기를 바랍니다.

과학박물관 부관장
존 쉐인(John Shane)

01

우주

태초에 조그만 점 하나가 생겨났습니다. 상상할 수 없을 정도로 조그맣고 뜨거운 이 점이 갑자기 거대한 에너지를 발산하며 폭발했습니다. 그래서 우주가 생겨났습니다. 조그만 점 하나가 폭발해 현재의 우주 전체가 되었다, 바로 이것이 '빅뱅(big bang) 이론'의 핵심입니다. 믿을 수 없다구요? 그러면 그 증거로는 어떤 것들이 있을까요? 그 때는 과연 언제였으며, 폭발한 이유는 무엇일까요?

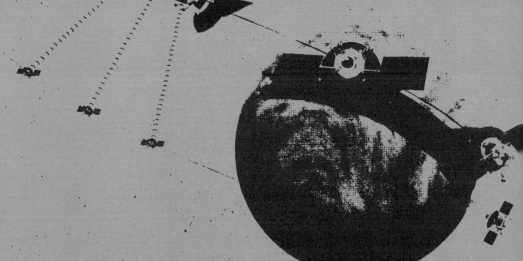

우주 최대의 폭발

태초에 조그만 점 하나가 생겨났습니다. 상상할 수 없을 정도로 조그맣고 뜨거운 이 점이 갑자기 거대한 에너지를 발산하며 폭발했습니다. 그래서 우주가 생겨났습니다. '조그만 점 하나가 폭발해 현재의 우주 전체가 되었다', 바로 이것이 '빅뱅(big bang) 이론'의 핵심입니다. 빅뱅 이론은 '우주가 계속 팽창하고 있다는 이론'과 깊은 관계가 있습니다. 아니, '팽창하는 우주론'이 빅뱅 이론으로 발전했다는 게 더 타당할 것입니다.

미국의 천문학자 허블(E. Hubble)은 1929년에 망원경을 이용해 우주에는 수백만 개의 은하가 있으며, 이 모든 은하들이 엄청난 속도로 서로 멀어지고 있다는 사실을 발견했습니다. 뒤이어, 먼 곳에 있는 은하는 훨씬 빠른 속도로 멀어지는 반면 가까운 곳에 있는 은하는 그만큼 느린 속도로 멀어지고 있다는 사실을 밝혀 냈습니다(폭탄이 터졌을 때 속도가 빠른 파편은 그만큼 멀리 날아가고, 속도가 느린 파편은 그만큼 조금 간다는 것을 생각해 보세요). 이 같은 거대한 은하들의 확산은 빅뱅 이론에서 말하는 최초의 거대한 우주 폭발을 연상시킵니다. 그런데 허블은 은하가 멀어지는 속도와 거리의 비율 — 이것을 허블 상수라고 합니다 — 이 항상 일정하다는 사실도 발견했습니다. 이것은 과거 어느 시점에, 즉 태초에 우주 전체가 하나의 조그만 점에 지나지 않

있다는 것을 의미합니다. 그러면 그 때는 과연 언제이며, 폭발한 이유는 무엇일까요?

과학자들은 수많은 은하들의 속도와 거리를 측정하는 방법으로 우주의 나이를 되짚어 계산하는 연구에 들어갔습니다. 그래서 각각의 은하가 현 위치에 도달하는 데 필요한 시간을 측정했지만, 그 결과들은 서로 다르게 나왔습니다. 거대한 규모의 우주를 측정 대상으로 삼았으니, 그건 매우 당연한 결과였습니다.

그러나 과학자들은 대체로 우주의 나이가 80억~120억 년이라는 데 의견의 일치를 보았습니다. 반면에 은하수(Milky Way : 우주에 있는 수많은 은하들 가운데 하나로, 우리 태양계도 여기에 속해 있습니다)에서 가장 나이가 많은 별의 나이를 140억 년으로 추정하는 과학자도 있습니다. 이런 과학자는 오래된 별이 우주보다 나이가 더 많다는 모순을 지적하기도 합니다. 하지만 그런 모순은 있을 수 없습니다. 수많은 과학자들이 계속 연구하고 있으니, 이같은 수치상의 모순은 곧 해결되겠지요. 우주의 나이를 정확히 계산해 별과 은하의 생성 과정을 비롯한 우주의 비밀을 밝히는 건 현대 천문학의 지상 과제니까요.

그렇다면 태초의 거대한 폭발 직후에 어떤 현상이 일어났을까요? 소립자를 구성하는 데 필요한 최초의 쿼크(quark)와 경입자(lepton)들이 가장 먼저 생겨났습니다. 그 다음에는 최초의 단일한 통일장에서 오늘날 우리가 알고 있는 네 가지 힘, 즉 중력, 전자기력, 강한 상호작용, 약한 상호작용 등이 각각 분리되어 나왔습니다. 이 과정은 불과 100억분의 1초 만에 일어났습니다. 그 다음에는 양성자, 중성자, 전자 등의 독립된 입자들이 나타났습니다. 이것들은 나타나자마자 곧바로 양성자와 중성자가 결합해 최초의 핵을 형성했으며, 핵은 느슨한 전자와 결합해 플라스마라는 이온 상태의 가스를 발생시켰습니다. 그러곤 마침내 전자와 핵이 결합해 최초의 원자가 생겨났으며, 이 '물질'은 즉시 우주 전체로 퍼져 나갔습니다.

그렇다면 이 같은 빅뱅 이론을 입증할 증거라도 있단 말입니까? 이 이론을 입증할 수 있는 최초의 증거가 1964년에 발견되었습니다. 우주 공간 깊숙한 곳에서 발견된 마이크로파 — 전자레인지에서 나오는 파동과 동일한 — 의 존재가 바로 그것입니다. 만일 엄청나게 뜨거운 아주 조그만 점이 갑자기 폭발해 계속 확산하면서 식어 간 것이 우주의 진화 과정이라면, 이론상으로 지금쯤 그 온도는 약 −270°C에 달해야 합니다. 그런데 우주 깊숙한 곳에서 발견된 마이크로파의 온도가 바로 −270°C였던 것입니다.

이런 의문을 가질 수도 있을 것입니다. 빅뱅 이전에는 어떤 상태로 존재했을까? 아무것도 없는 상태, 즉 무(無)일 가능성이 가장 높습니다. 그러다가 우연히 밀도가 높은 입자 하나가 갑자기 생겨났습니다(이론적으로 충분히 가능합니다). 그것이 폭발해서 오늘의 우주가 생겨난 것입니다.

그렇다면 우주 이야기의 끝은? 이 부분은 과학자마다 의견이 분분합니다. 우주는 무한정 팽창할 수도 있고, 다시 한 점으로 수축해 소멸하면서 태초 이전의 아무것도 없는 무의 상태로 돌아갈 수도 있습니다. 이것 역시 계속 관찰하고 연구할 과제입니다.

● 이렇게 방대하고 오래 된 우주라면, 지구 이외의 다른 행성에도 생명체가 살고 있거나 예전에 살았을 가능성이 있지 않을까요?
(33쪽에 있는 '외계 문명'을 보세요.)

● 계속 팽창하던 우주 전체가 다시 하나로 합쳐지는 수축 과정에 돌입하면, 앞으로 가던 시간 역시 거꾸로 가게 되는 것은 아닐까요?
(18쪽에 있는 '시간의 화살'을 보세요.)

시간의 화살

　가끔 시간이 거꾸로 가고 있다는 이상한 기분이 들 때도 있긴 하지만, 우리는 본능적으로 시간이 한쪽 방향으로 가고 있다는 사실을 알고 있습니다. 시간은 언제나 과거에서 현재를 통해 미래로 가고 있으며, 그래서 우리가 현재에 집중하는 바로 그 순간, 시간은 벌써 미래로 도망칩니다. 그렇기 때문에 과거, 현재, 미래라는 차례는 불변인 것처럼 보입니다.

　하지만 문화가 다르면 시간의 흐름을 표시하는 방법도 다릅니다. 아마 여러분은 대개 과거를 자기 뒤에, 그리고 미래를 자기 앞에 있는 것으로 생각할 것입니다. 그러나 아프리카 문화권에서는 과거는 볼 수 있기 때문에 자기 앞에 놓고, 미래는 볼 수 없기 때문에 자기 뒤에 놓습니다. 시간을 어떤 식으로 표현하든, 시간의 화살은 본질적으로 돌이킬 수 없습니다. 원자보다 더 작은 입자에서 일어나는 몇 가지 경우를 제외한다면, 모든 사건은 시간적으로 되돌릴 수 없습니다. 이것은 필름을 거꾸로 돌리면 명백하게 드러납니다. 그럴듯하게 보이는 건 하나도 없습니다. 우유가 쏟아져도 울 이유가 없습니다. 다시 컵 안으로 들어가니까요. 자동차 사고가 나도 마찬가지입니다. 그리고 하얀 눈은 하늘을 향해 올라가 마침내 맨땅이 드러나겠지요.

시간의 불가역성은 엔트로피와 관계가 있는데, 엔트로피는 무질서를 향해 나아가는 경향이 있습니다. 쏟아진 우유나 부서진 자동차는 컵 안에 있는 우유나 잘 달리는 자동차보다 무질서합니다. 하늘에서 내려오는 하얀 눈역시 그 눈을 만드는 구름보다 무질서합니다. 무질서가 질서를 향해 나아갈수 없다는 물리 법칙이 없듯이, 사건이 거꾸로 갈 수 없다는 물리 법칙도 없습니다. 단지 그럴 가능성이 극히 적기 때문에 — 생각할 수도 없을 정도로 — 그런 일은 일어나지 않는다고 말할 뿐입니다.

질서 상태에서 무질서 상태로 간 분자 집단이 저절로 질서 상태로 되돌아갈 가능성은 극히 적습니다. 질서정연한 배열보다 무질서한 배열이 훨씬 더많기 때문입니다. 예를 들어, 통에 있는 설탕을 쏟았다고 합시다. 탁자 위에설탕 분자가 무질서하게 놓일 수 있는 배열은 무한히 많습니다. 그렇지만동그란 원이나 여러분 이름같이 질서정연하게 배열될 가능성은 극히 적기때문에 설탕이 공 모양이나 우리의 이름을 형성한다면 여러분은 지금 내가

엔트로피가 무한히 증가하면 이 세계가 사막처럼 변할까?

우주 **19**

꿈을 꾸고 있는 게 아닌가 생각할 것입니다.

　그렇습니다. 여러분이 저녁 식사를 하는 자리에서 시간이 거꾸로 돌아가는 것을 경험할 가능성은 없습니다. 그렇지만 거대한 규모에서, 우주라는 광대한 규모에서는 어떨까요? 우주가 빅뱅으로 생성된 이래 계속 팽창하고 있다는 사실에 대해서는 거의 모든 과학자들이 동의하고 있지만, 우주가 영원히 팽창할 것인가, 아니면 언젠가 수축해서 태초 이전의 상태로 되돌아갈 것인가 하는 점에 대해서는 의견이 분분합니다. 엄청나게 거대한 필름이 거꾸로 돌아갈 가능성이 있다니! 태초로 돌아간다는 건 시간이 거꾸로 흐른다는 것을 의미합니다.

　그렇지만 시간의 화살에는 인간의 두뇌와 인간의 심리라는 또다른 측면이 있습니다. 그렇습니다. 인간에게는 시간에 대한 감각이 있습니다. 인간은 시간이 앞으로 움직인다고 느낍니다. 따라서 우주가 다시 줄어들어 태초 이전으로 돌아갈 때까지 인류가 살아 있다 하더라도, 이들은 일련의 사건을 앞으로 움직이는 시간 속에서 일어나는 것으로 받아들일 것입니다.

● 우주가 스스로 수축하게 되면, 개개의 별들과 은하들도 줄어들까요?
(24쪽에 있는 '주먹만 한 바위가 별이 되기까지'를 보세요.)

● 어떤 물체가 무질서해 보인다 하더라도, 실제로는 질서를 이루고 있는 것은 아닐까요?
(130쪽에 있는 '이상한 끌개'를 보세요.)

● 무질서와 카오스는 어떤 차이가 있을까요?
(127쪽에 있는 '혼돈 이론'을 보세요.)

퀘이사

    지구에서 56억 km 정도 떨어진 자그마한 명왕성을 머릿속으로 그린다는 건 그리 쉬운 일이 아닙니다. 그런데 퀘이사(quasars)는 지구에서 수십억 광년이나 떨어진 곳에 있습니다. 1광년은 빛이 1년 동안 가는 거리를 말합니다. 퀘이사는 명왕성보다 수억 배 먼 거리에 있습니다. 하지만 과학자들은 20억 광년 떨어진 거리에 있는 퀘이사를 비교적 가까운 곳에 있는 것으로 간주합니다. 우주에서 가장 밝고 가장 먼 거리에 있는 퀘이사의 크기는 태양계만 하지만, 우리 은하수 전체가 방출하는 에너지보다 100배 정도 많은 에너지를 방출합니다.

    천문학자들은 퀘이사의 빛이 수많은 물질을 거치며 우리에게 도달한다는 사실과 그 속에 들어 있는 방대한 양의 정보에 흥분하지만, 퀘이사에 대한 이들의 주장은 대부분 아직 추론일 뿐입니다. 거리는 물론 시간적으로도 지구와 너무 멀리 떨어져 있어서 퀘이사를 연구하는 것 자체가 극히 어렵기 때문입니다. 게다가 지금 우리 눈에 보이는 퀘이사는 현재 존재하고 있는 퀘이사가 아니라 이미 수십억 년 전에 발생한 빛이기 때문입니다.

    아주 밝은 퀘이사는 거대한 별이 거대한 블랙홀(black hole)에 빨려들어가기 직전에 마지막으로 내뿜은 빛일 가능성이 큽니다. 블랙홀은 믿을 수 없을 만큼 강력한 중력 이외에는 아무것도 남지 않을 정도로 압축되어 있기 때문에 근처에 있는 모든 것을 빨아들입니다. 따라서 블랙홀에 가까워지면 주위 궤도를 돌고 있던 가스와 먼지들이 서로 부딪쳐 강력한 에너지를 방출합니다. 그래서 급회전하는 빛의 원반이 우리 눈에 보이게 되는 것입니다.

1960년대 초반, 천문학자들은 퀘이사와 그 안에 있는 강력한 전파원을 발견하고 '준성(準星 : 별과 비슷한) 전파원(quasi-stellar radio source)'의 머리글자를 따서 '퀘이사(quasars)'라는 이름을 붙였습니다. 그 뒤, 과학자들은 퀘이사 대부분이 약한 전파원이라는 것을 알아 내고, 퀘이사를 '준성체(quasi-stellar object)'의 줄임말로 쓰게 되었습니다.

사진으로 보면 퀘이사는 별처럼 보입니다. 과학자들은 퀘이사의 커다란 적색 이동을 보고 퀘이사가 별이 아니라는 사실을 알게 되었습니다. 적색 이동이란, 우리와 멀어지는 은하의 빛이 스펙트럼상에서 붉은 쪽(파장이 긴 쪽)으로 치우쳐 나타나는 현상을 말합니다. 천문학자들은 적색 이동의 정도를 이용해 천체까지의 거리를 잽니다. 그러나 일부이기는 하지만, 다른 주장도 있습니다. 퀘이사가 커다란 적색 이동을 보이는 것은 다른 은하계의 중력 효과 또는 도플러 효과 때문이라는 것입니다. 도플러 효과란 기차의 기적 소리가 다가올 때와 멀어질 때 높낮이가 다르게 들리듯이, 두 물체의 상대적 움직임에 따라서 진동수가 다르게 나타나는 현상을 말합니다.

어쨌든 천문학자들은 대부분 퀘이사가 우주에서 가장 멀리 있는 물체라고 믿고 있습니다. 그리고 적색 이동이 큰 퀘이사가 작은 퀘이사보다 훨씬 많기 때문에 퀘이사가 우주 초창기에 아주 많았다고 생각하고 있습니다. 우리가 볼 수 있는 우주의 제일 끝에 있는 퀘이사, 즉 가장 멀리 있고 숫자도 가장 많은 퀘이사는 우주가 태어난 지 10억 년도 안 된 어린 시절에 형성되었습니다.

은하는 대부분 한가운데에 볼록한 부분이 있습니다. 볼록한 부분 가운데 일부에는 정지한(또는 죽은) 블랙홀이 있는 것처럼 보이고, 일부에는 퀘이사가 있는 것처럼 보이기도 합니다. 따라서 천문학자들은 은하들 대부분이 초기 발전 단계에 퀘이사와 같은 과정을 거쳤을 가능성이 있다고 생각합니다. 그런데 은하가 일정한 크기에 도달하면 퀘이사는 소멸합니다. 별들이 가스를 많이 끌어당길수록 퀘이사를 태울 연료가 적어지기 때문입니다. 따라서 예전에 우주에서 활활 타오르던 퀘이사 대부분은 현재 죽은 상태일 가능성이 큽니다.

퀘이사가 처음 발견되었을 때, 퀘이사와 일반 은하 간의 광도 차이가 너무 커서 어떤 천문학자들은 퀘이사가 굉장히 밝다는 것을 사실로 받아들이기보다는 기존의 물리 법칙을 의심하는 쪽을 택하기도 했습니다. 그러나 최근에 천문학자들은 밝기가 일반 은하와 굉장히 밝은 퀘이사의 중간 정도인 은하를 발견했습니다. 그래서 이런 은하에다 '활동 은하'라는 이름을 붙였습니다.

퀘이사의 빛은 수십억 년 전에 방출된 빛이 드디어 우리에게 도착한 우주 초창기의 메시지와 같습니다. 그리고 그 메시지에 대한 인간의 해석은 계속 변하고 있습니다.

● 빛은 어떻게 이동할까요? 속도가 느려지고 있을까요? 빛 자체가 변하는 것일까요, 아니면 인간의 감각이 변하는 것일까요?
(73쪽에 있는 '도플러 효과'를 보세요.)

스타는 우연히 태어납니다. 그러나 진짜 스타(별)는 할리우드에 전해 오는 이야기처럼 어떤 감독이 길을 가다 무심코 편의점 의자에 앉아 있는 유망주를 발견하는 식으로 태어나는 것은 아닙니다. 우주에 넓게 퍼져 있는 구름 안에 있던 물질들이 우연히 하나의 덩어리로 합쳐져서 태어납니다. 우연히 생겨난 이 덩어리에 중력이 작용합니다. 다른 모든 물체와 마찬가지로 별이라는 동그란 덩어리도 중력을 발휘합니다. 그리고 중력은 더 많은 물질을 덩어리로 끌어당깁니다. 그래서 덩어리가 커지면 커질수록 더 강력한 중력을 발휘하게 됩니다. 마침내 중력은 거대한 덩어리를 스스로 수축시키는 원인이 됩니다.

덩어리가 수축하면서 그 중심에 열과 압력이 생긴다는 사실만 아니라면 이 이야기는 블랙홀과 함께 끝날 수밖에 없습니다. 그러나 수축이 심해질수록 열과 압력도 계속 증가합니다. 이에 따라 덩어리의 중심부에 있는 핵의 움직임은 점점 활발해져 마침내 자기들끼리 서로 결합해 핵융합 반응을 일으킵니다. 이렇게 해서 새로 생겨난 별의 압력은 이제 중력에 반대 방향으로 작용하게 됩니다. 드디어 핵에너지가 덩어리에서 빠져 나와 전자기 복사의 형태로 우주 공간을 여행하게 되는 것입니다. 바로 이것이 우리 눈에 보이는 별빛입니다. 스타가 드디어 할리우드 위에서 빛나게 되는 것입니다.

태어난 별을 한 덩어리로 모여 있게 만드는 중력은 별을 파괴시키기도 합니다. 별은 자신의 생명을 위협하는 중력과 맞서 죽을 때까지 싸웁니다. 중력과 맞서 싸우는 전투는 별의 진화 단계를 변화시킵니다. 이 같은 변화는 아주 오랜 시간에 걸쳐 진행되기 때문에, 과학자들은 그 과정을 눈으로 직접 관찰할 수 없습니다. 그래서 과학자들은 통계상의 증거를 이용해 각 단계의 수명을 파악합니다. 쉽게 말하면, 특정 단계의 별이 많을수록 과학자들은 그 단계의 수명이 길다고 가정한다는 것입니다.

일단 핵융합을 시작해 안정기에 접어들면, 별은 매우 오랜 기간 지속되는 '주계열성'이 됩니다. 별은 덩치가 클수록 중력에 저항하기 위해 더 많은 연료를 태워야 합니다. 그래서 별이 밝은 빛을 내며 탈수록 그 수명은 짧아집니다. 지구를 밝히는 태양은 중간 크기의 주계열성으로 약 50억 년 동안 타올랐는데, 앞으로 50억 년간 더 타오르면 연료가 바닥난다고 합니다.

별의 중심에 있는 연료가 바닥나면, 중력은 또다시 별을 수축시키기 시작합니다. 그러면 그 수축 때문에 온도가 다시 오르게 됩니다. 비록 중심에 있는 연료는 바닥이 났지만, 이제 중심을 둘러싸고 있던 껍데기에서 핵반응이 일어나게 됩니다. 별의 중심이 수축되는 동안 껍데기의 바깥쪽에 있는 층들은 팽창합니다. 그래서 별의 크기가 커지면 가장 바깥에 있는 층이 차가워지고, 별의 색깔은 노란색에서 붉은색으로 변합니다. 그러면 이 별은 '적색거성'이 됩니다. 적색 거성은 주계열성보다 숫자가 적기 때문에 과학자들은 적색 거성의 수명이 주계열성보다 짧다고 가정합니다.

적색 거성은 일정 기간이 지나면 에너지가 바닥나서 다시 수축되기 시작합니다. 크기가 작은 별은 중심에 있는 전자들이 더 이상 수축되지 않으려고 저항하는 상황에 도달합니다. 그래서 중력은 잡아당기고 전자는 밀어 내는 안정기에 또다시 접어듭니다. '백색 왜성'이라고 불리는 이 별은 태울 수 있는 연료를 가지고 있지는 않지만, 완전히 식기까지 오랫동안 빛을 냅니다. 우리 태양도 아마 백색 왜성으로 끝을 맺게 될 것입니다.

크기가 거대한 별은 중심에 있는 전자들이 중력에 저항할 수 없습니다. 그래서 전자는 양성자와 결합해 중성자를 만들고, 마침내 이 별은 '중성자별'이 되어 안정기에 접어듭니다. 중성자별은 밀도가 너무나 높아 질량이 태양 정도 되는 별도 그 반지름은 고작 10km 정도에 지나지 않습니다. 만일 별이 여전히 거대하다면—너무 거대해서 중성자들이 중력에 저항할 수 없다면—이 별은 스스로 완전히 붕괴해서 블랙홀이 됩니다.

크기가 가장 커다란 별은 차가운 바깥층이 단 몇 시간 안에 핵 속으로 수축되어 온도가 급속도로 올라가기 때문에 아주 거대한 핵폭발이 일어나서 터져 버리고 맙니다. '초신성'이라고 하는 이런 대사건은 아주 드물어, 우리 은하에서는 100년에 겨우 두세 번 일어날까 말까 합니다. 초신성은 며칠 동안 장엄하게 타오른 다음, 중성자별이나 블랙홀로 변합니다.

별들은 대부분 중성자별이나 블랙홀이 아닌 백색 왜성으로 종말을 맞습니다. 대부분의 할리우드 스타들처럼, 백색 왜성 역시 오랫동안 주위를 맴돌다가 사라지고 맙니다.

● 가장 거대한 별만 블랙홀로 변하는 이유는 무엇일까요?
(36쪽에 있는 '블랙홀'을 보세요.)

부스러기! 소행성대는 화성과 목성 사이에서 태양의 주위를 도는 한 무리의 바위 부스러기들입니다. 하지만 우주를 맴도는 이 부스러기들은 천문학자들에게 많은 사실을 전해 줍니다. 천문학자들은 예전에 이 소행성들을 행성이 부서진 조각이라고 추측했습니다. 그러나 이제는 소행성들의 화학 성분이 서로 다르기 때문에 이들이 동일한 행성에서 나왔다고 볼 수 없다는 사실을 잘 알고 있습니다. 게다가 행성이 산산조각 나려면 행성을 하나로 묶어 주는 중력을 능가할 정도로 강력한 폭발이 일어나야 하는데, 그만큼 강력한 폭발은 없었던 것 같습니다. 따라서 이제 천문학자들은 소행성대가 절대로 하나의 행성에서 생겨났다고 볼 수 없는 다양한 조각으로 이루어져 있다고 생각합니다.

소행성들은 그다지 크지 않습니다. 가장 큰 소행성인 세레스(Ceres)도 지름이 겨우 1000km 정도에 지나지 않습니다. 소행성대에 있는 수천 개의 소행성을 다 합해도 지구 부피의 200분의 1밖에 안 될 것입니다. 천문학자들은 소행성들이 반사하는 태양빛의 양과 복사열을 측정해 소행성의 크기를 결정합니다. 그리고 분광 기술을 이용해 소행성의 화학 성분을 파악하려고 하는데, 분광학은 어떤 물질이 나타내는 스펙트럼을 통해 그 물질의 구성

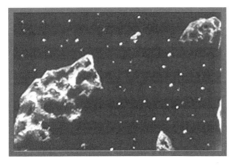

소행성대의 상상도. 지름 10km 이상의 소행성이 지구와 충돌하면 지구의 모든 종이 전멸할 수도 있다.

성분을 밝혀 낼 수 있도록 도와 줍니다.

소행성들이 띠를 이루고 있다고 하지만, 사실 대부분 텅 빈 공간으로 이루어져 있습니다. 그래서 가장 큰 소행성들조차 거의 충돌하지 않습니다. 그렇지만 충돌이 일어나면 소행성은 더 작은 조각으로 부서집니다. 이 작은 조각들은 원래의 소행성 궤도에서 떨어져 나와 각각 고유한 궤도를 새롭게 형성해 태양 주위를 돕니다.

천문학자들은 '부모' 소행성과 새로 생긴 조각들을 소행성 가족이라고 부릅니다. 소행성 가족은 대부분 서로 다른 궤도로 돌기 때문에 천문학자들은 소행성과 그 조각들의 가족 관계를 규명하려고 각각의 특수한 모양과 소행성 궤도의 방향을 조사합니다. 물론 실수로 아무 관련도 없는 소행성들을 하나의 가족으로 묶을 수도 있습니다. 이런 가능성 때문에 소행성 가족의 구체적인 숫자에 대한 의견은 전문가마다 다릅니다. 어떤 천문학자들은 약 20개 정도의 가족만이 같은 곳에서 태어났다는 강력한 증거가 있다고 주장하는 반면, 또다른 천문학자들은 가족의 수가 100개에 달한다고 주장하기도 합니다. 가족 관계를 알아보는 것이 중요한 까닭은 사람들처럼 성인식이나 결혼식에 초대할 대상을 결정하기 위해서가 아닙니다. 천문학자들이 소행성의 형성과 본질을 파악하는 데 필요하기 때문입니다.

많은 과학자들이 생각하듯이, 만일 소행성 하나가 지구에 충돌해 공룡을 멸종시켰다면, 우리 인간 역시 앞으로 언젠가 똑같은 운명을 겪을 가능성이 있지 않을까요? 가능성이 없는 건 아니지만 대단히 희박합니다. 천문학자들은 10만 년에 한 번씩 지름 1km 정도 되는 소행성이, 5000만 년에 한 번씩 지름 10km 정도 되는 소행성이 지구에 충돌한다고 추측합니다. 공룡이나 인류 등 지구에 존재하는 모든 종을 절멸시키려면 지름 10km 이상의 소행성이 지구와 충돌해야 하지만, 지름 1km 정도의 소행성이 충돌하더라도 현재 지구에 존재하는 모든 핵무기를 한꺼번에 터뜨리는 것 이상의 위력을 지닙니다.

소행성대에 있는 소행성들을 다시 하나로 모으면 행성을 만들 수 있을까요? 아닙니다. 우선 소행성을 모두 다 모아도 그 규모가 하나의 행성을 만들 만큼 충분하지 않습니다. 그런데 더 중요한 이유는 목성의 중력장이 소행성들의 움직임을 끊임없이 교란시키기 때문에 이들이 하나로 모여 스스로 중력을 발휘할 정도로 커다란 덩어리를 형성할 수 없다는 사실입니다.

설사 태양계에서 차지하고 있는 자신의 미약한 위치에 실망을 금치 못하는 소행성이 있다 하더라도, 이들을 '조그만 별'이라고 불러 주는 천문학자가 있다는 사실에서 최소한의 위안을 찾을 수는 있을 것입니다.

- 앞으로 5분 안에 커다란 소행성이 지구에 충돌할 가능성이 있을까요?
  (121쪽에 있는 '확률'을 보세요.)

- 충돌에서 살아남은 공룡은 없을까요?
  (183쪽에 있는 '공룡이 단 한 마리도 살아남지 못한 이유는?'을 보세요.)

- 만일 소행성 때문에 공룡들이 절멸했다면, 지구에 있는 다른 생명체는 어떻게 살아남을 수 있었을까요?
  (170쪽에 있는 '진화는 점진적인가, 급작스러운가?'를 보세요.)

- 소행성에도 날씨의 변화가 있을까요?
  (166쪽에 있는 '기상 시스템'을 보세요.)

반사 망원경

　사람들은 대부분 망원경을 먼 곳에 있는 물체를 볼 수 있도록 만든 관 모양의 도구라고 생각합니다. 그렇지만 기술적으로 볼 때, 망원경은 먼 곳에 있는 물체가 방출하는 복사를 모으는 도구입니다. 복사에는 가시광선과 적외선, 자외선, 엑스선, 감마선, 우주선, 중성미자, 전파 등이 있습니다. 천체 망원경은 대부분 광학 망원경인데, 이는 스펙트럼의 가시광선 영역에서 나오는 광파(빛의 파동)를 관측하는 데 쓰입니다.

　광학 망원경에는 기본적으로 두 가지 종류가 있는데, '굴절 망원경' 과 '반사 망원경'이 바로 그것입니다. 굴절 망원경은 렌즈를 사용하고, 반사 망원경은 거울을 사용합니다. 1609년, 갈릴레오(Galileo)는 천문학 연구에 이용하려고 처음으로 굴절 망원경을 만들었습니다. 굴절 망원경의 렌즈는 먼 곳에 있는 물체에서 발생한 광파가 망원경에 도착해 굴절하도록(꺾이도록) 깎여 있습니다. 광파는 첫 번째 렌즈인 수렴 렌즈에서 모여 꺾인 다음, 두 번째 렌즈인 접안 렌즈에서 확대됩니다. 우리가 망원경을 통해 보는 것은 바로 이 확대된 상입니다.

　굴절 망원경이 안고 있는 심각한 문제점으로 색수차를 들 수 있습니다. 색수차가 생기는 까닭은 붉은색과 푸른색처럼 파장이 서로 다른 광파의 초점이 서로 다르기 때문입니다. 붉은색에 초점을 맞추면 파란색의 초점이 흐려지고, 파란색에 초점을 맞추면 붉은색의 초점이 흐려져, 두 가지 색의 광파를 한꺼번에 선명하게 보기가 어려워집니다. 굴절 망원경이 지니고 있는 또다른 문제는 렌즈를 크게 만드는 데 한계가 있다는 점입니다. 렌즈는 투명해야 하기 때문에 렌즈를 잡을 수 있는 곳은 가장자리밖에 없습니다. 그런데 렌즈의 구조상 이 가장자리는 제일 얇아서 깨지기 쉽습니다. 세계에서 가장 큰 굴절 망원경은 1897년에 완성되었는데, 그 지름은 1m입니다.

갈릴레오도 뛰어난 인물이었지만 뉴턴(Newton)도 이에 못지않습니다. 1668년, 뉴턴은 최초로 반사 망원경을 만들었습니다. 반사 망원경은 오목거울을 사용해서 빛을 모으고 집중시킵니다. 이렇게 집중된 빛은 오목거울과 45°가 되도록 놓은 조그만 거울에 반사된 다음, 접안 렌즈로 보내져 확대됩니다.

뉴턴이 만든 최초의 반사 망원경

오늘날 사용하고 있는 반사 망원경은 그 크기가 매우 큽니다. 빛이 거울을 통과하는 대신, 표면에 입힌 알루미늄 판에서 반사시켜도 되기 때문에 거울 자체가 투명하지 않아도 됩니다. 그래서 자연히 거울을 잡을 수 있는 곳도 많아집니다. 이런 까닭에 반사 망원경에 쓰이는 거울은 굴절 망원경의 렌즈보다 훨씬 크게 만들 수 있습니다.

망원경은 클수록 빛을 더 많이 모을 수 있습니다. 멀리 떨어진 물체를 관찰할 때 그 중요성은 더욱 커집니다. 현재 세계에서 가장 큰 반사 망원경은 하와이의 마우나케아 산에 설치되어 있는 '켁 망원경'인데, 그 지름이 무려 10m에 달합니다.

망원경 설계자에게는 하나로 된 대형 거울을 사용해야 한다는 사실이 더 이상 제약이 되지는 않습니다. 작은 거울을 여러 개 사용해도 되기 때문입니다. 실제로 켁 망원경을 비롯해 몇몇 대형 망원경들은 컴퓨터로 초점을 맞출 수 있는 작은 거울을 여러 개 사용하고 있습니다. 거울은 렌즈에 비해 또다른 이점이 있습니다. 빛을 반사할 때 파장의 차이를 구분하지 않는다는 특징이 바로 그것입니다. 그래서 색수차 같은 문제는 일어나지 않지요.

우리들 대부분에게 '본다'라는 단어는 우리 자신의 눈에 ― 눈이 나쁜 사람은 안경이나 콘택트 렌즈의 도움을 받아서 ― 어떤 상을 기록한다는 의미입니다. 그러나 많은 과학자들은 먼 곳에 있는 은하를 '보기' 위해 망원경의 렌즈와 거울을 응시하면서 자신의 생애를 보냅니다.

● 좀 더 발전된 망원경이 개발되면 블랙홀을 볼 수 있을까요?
(36쪽에 있는 '블랙홀'을 보세요.)

외계 문명

　과학자들이 말하는 외계인이란 육체적으로 우리와 전혀 다르게 생겼으며, 기술이 발전했다는 공통점을 빼곤 우리와 전혀 다른 문명에 있는 생명체를 의미합니다. 어떤 측면에서 보면 우리를 지적인 존재로 만드는 것은 피카소, 베토벤, 공자가 아닙니다. 그것은 CD 플레이어와 전자레인지입니다. 과학자들이 다른 행성에 있는 생명체의 생활 ― 만약 그들에게 생활이 있다면 ― 에 관심이 없어서가 아니라, 외계인과 통신할 만한 기술을 갖추고 있지 않기 때문에 우리는 영원히 그들을 파악할 수 없을지도 모릅니다.

　이렇듯 외계인을 찾을 수 있는가 없는가 하는 논쟁은 크게 두 가지로 나누어집니다. 과연 외계 문명이 존재하는가 하는 것과 만일 외계 문명이 존재한다면 그들과 통신할 수 있는가 하는 것입니다.

　과학자들은 외계인의 존재 가능성에 대해 상반된 입장을 나타내고 있는데, 이 때문에 가끔 격렬한 논쟁을 벌이기도 합니다. 부정론자의 주장에 따르면, 지구는 일련의 화학적, 기후적 조건이 생명체 발생에 적합하지만, 이와 조건이 동일한 행성은 전혀 없다고 합니다. 게다가 현재의 인류는 지금까지 오랜 진화와 적응의 단계를 거친 결과인데, 이런 결과가 나올 가능성 자체가 극히 희박하다는 것입니다.

반면에 긍정론자들은 '평범 원칙'을 고수합니다. 우리의 태양계나 지구, 그리고 다양한 종은 그리 별나지 않다는 것입니다. 우리 은하만 하더라도 태양과 비슷한 별이 약 400억 개나 됩니다. 천문학자 대부분이 믿고 있듯이, 만일 가스와 먼지 구름이 뭉쳐서 행성이 태어난다면 수십억 개의 행성이 있을 수 있습니다. 따라서 이 행성들이 지구와 비슷한 조건을 갖출 확률이 조금이라도 있다면, 그것은 지적인 생명체가 존재할 가능성을 갖춘 행성의 수가 상당히 많다는 것을 의미합니다.

진화론자들에 따르면, 외계인이 인간과 똑같은 진화의 길을 걸을 가능성은 극히 희박합니다. 그렇지만 지능이 있는 생명체는 정보를 처리하고 환경을 조작할 수 있어 생존에 훨씬 유리하기 때문에, 인류와는 형태가 다르긴 하지만 지능이 있는 생명체가 존재할 가능성은 얼마든지 있습니다.

외계인을 찾는 연구(SETI: 지구 외 문명 탐사 계획)가 커다란 전파 망원경의 발달에 힘입어 열정적으로 추진되고 있습니다. 전파는 다른 문명이 우리와 통신할 수 있는 가장 유력한 방법이기 때문입니다. 전파의 장점은 우리가 수십 광년 떨어진 어떤 생명체에게 소식을 전하려 할 때, 지체없이 빛의 속도로 달려간다는 것입니다.

1980년대 후반까지 과학자들은 대략 45건 정도의 전파 발견 계획을 세웠습니다(여러분은 이 연구 결과가 부정적이라는 걸 짐작하고도 남을 것입니다). 1992년 10월, 콜럼버스의 날(Columbus Day)에 미국항공우주국(NASA)은 지구 전역에 망원경을 설치하는 것을 포함한 10개년 탐사 계획에 착수했습니다. 1억 달러를 투자하는 이 프로젝트는 두 분야로 구성되었습니다. 하나는 '목표 탐구'라는 것으로, 과학자들이 생각하기에 가능성이 가장 많은 우주 공간을 고감도 전파 망원경으로 세밀하게 조사하는 것입니다. 다른 하나는 만일에 대비해 저감도 장비로 우주 전체를 살펴보는 것입니다.

그렇지만 프로젝트에 착수한 지 1년 만에 의회가 연구 예산 집행을 거부

했습니다. 그러자 NASA와 계약을 맺고 작업을 추진하던 비영리 단체인 SETI 연구소는 민간 기금을 모색했습니다. 이들은 기금을 모을 수는 있었지만, 핵심 장비가 NASA의 제트 추진 연구소에 있었기 때문에 하늘 전면의 탐사 계획은 중단되었습니다.

SETI의 과학자들에 따르면, 지구에서 하늘 전체를 탐사하는 것 자체가 불가능하게 될 가능성이 점점 커진다고 합니다. 휴대 전화기와 인공 위성 등에서 발사하는 신호가 우주에서 오는 전파를 방해하기 때문입니다.

SETI 과학자의 지적인 의문은 최소한 코페르니쿠스(Copernicus)까지 거슬러 올라가 맥을 잇고 있습니다. 코페르니쿠스는 지구가 과연 태양계의 중심인가 하는 의문을 가지고 있었습니다. 반면에, 지금 우리가 가지고 있는 의문은 과연 인류가 우주 전체를 통틀어 유일하게 지적인 존재인가 하는 것입니다. 좀 더 현실적으로 말해서, 지금 과학자들은 과연 우리와 통신하려고 노력하는 생명체가 우주에 있는가, 만일 그런 존재가 있다면 그들은 우리의 답신을 얼마나 오랫동안 기다릴 것인가 하는 의문을 가지고 있습니다.

● 만일 외계 문명이 존재한다는 전파상의 증거를 과학자들이 발견한다면, 그 증거는 과거에서 온 것일까요, 현재에서 온 것일까요?
(21쪽에 있는 '퀘이사'를 보세요.)

우주에 있는 물체는 대부분 너무 크고, 뜨겁고, 거리가 멀기 때문에 머릿속으로 그리는 것조차 쉽지 않습니다. 그런데 블랙홀 같은 물체는 특히 이상해서 상상하는 것 자체가 불가능할 정도입니다. 블랙홀은 아주 거대한 별이 중력에 의해 붕괴하는 마지막 단계에 생기며, 밀도가 너무 크기 때문에 중력 외에는 아무것도 존재하지 않습니다. 이 때 발휘되는 중력의 거대한 힘! 어떤 물체가 블랙홀 속으로 빨려들어간다는 건, 그 물체가 다시는 돌아올 수 없는 길을 갔다는 의미입니다. 빠져 나올 수가 없으니까요. 그러나 그것은 큰 문제가 아닙니다. 블랙홀 속으로 빨려들어갈 만큼 운이 없는 물체는 천문학자들이 '무한 밀도'라고 말하는 상태로 산산이 부서져 버리니까요. 인간이 결코 상상할 수 없을 정도로 조그만 가루가 되는 것이지요.

천문학자들이 그 어떤 물체도 블랙홀 밖으로 빠져 나올 수 없다고 말하는 건, 말 그대로 심지어 빛조차 빠져 나올 수 없다는 뜻입니다. 이런 사실은 블랙홀 관찰에 대해 문제를 하나 제기하는데, 천문학자들은 기본적으로 우주에 있는 물체가 방출하거나 반사하는 빛에 의해 그 물체를 파악하기 때문입니다. 따라서 천문학자들은 블랙홀을 직접 파악할 수 없기 때문에 블랙홀 '후보'에 관해서 언급할 따름입니다.

과학자들은 강력한 중력장 때문에 주변 지역에서 생기는 빛이 휘는 현상을 관찰해 블랙홀의 존재를 파악합니다. 별 두 개가 짝을 이루고 있는 쌍성 가운데 별 한 개가 붕괴해서 생긴 블랙홀은 더 많은 단서를 제공합니다. 블랙홀이 짝별의 물질을 잡아당기면, 그 물질은 천문학자들이 '부착 원반'이라고 부르는 모양으로 소용돌이칩니다. 물질의 소용돌이가 커질수록 물질의 온도가 올라가 엑스선이 방출됩니다. 은하수에 있는 백조자리에는 '백조자리 X-1'이라는 별이 있는데, 이 별은 보이지 않는 짝별 주위를 돌며 엑스선을 방출하는 초거성을 이루고 있습니다. 백조자리 X-1은 블랙홀의 존재를 알려 주는 가장 강력한 후보 가운데 하나입니다.

　　블랙홀은 밀도가 너무 크기 때문에, 질량이 태양의 다섯 배나 되는 블랙홀도 지름이 고작 20km밖에 되지 않습니다. 형체가 완전히 붕괴된 질량은 '사건의 지평선(event horizon)'이라는 경계선으로 둘러싸이게 됩니다. 이 경계선은 그 옆을 지나는, 아주 운이 나쁜 물체가 블랙홀에서 되돌아갈 수 없

별이 폭발하고 있다. 폭발 후에 블랙홀이 생길 수도 있다.

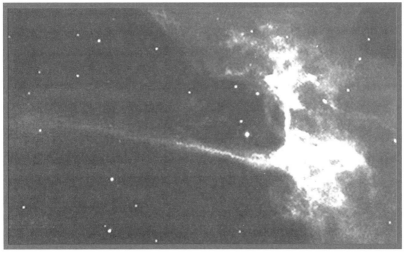

는 지점을 가리킵니다.

한편, 블랙홀은 가장 역설적인 존재이기도 합니다. 우주에서 가장 검은 이 물체가 지금까지 알려진 것 가운데 가장 밝고 가장 먼 곳에 있는 물체인 퀘이사의 원천일지 모른다고 생각하는 과학자들도 있으니까요. 규모가 태양계보다 두세 배 큰 퀘이사는 태양이 1만 년 동안에 방출하는 에너지를 단 1초에 방출할 수 있습니다. 천문학자들은 궤도를 돌던 가스와 먼지가 블랙홀에 접근하면서 서로 충돌을 일으켜 에너지를 방출하기 때문이라고 추측합니다. 질량이 태양의 1억 배나 되는 거대한 블랙홀 덕분에 방출된 이 에너지가 퀘이사가 방출하는 빛의 정체일 가능성이 많다는 것이지요.

별은 태어나고 죽습니다. 그리고 아주 거대한 별은 블랙홀로 종말을 고합니다. 그러나 일단 블랙홀이 되면, 영원히 블랙홀로 존재합니다. 구멍 속으로 많은 물질을 잡아당길수록 블랙홀은 더욱 커질 뿐입니다. 블랙홀 속으로 빨려드는 수많은 물체 가운데에서 편도 여행권을 왕복 여행권으로 바꿀 수 있는 존재는 하나도 없습니다.

● 아주 거대한 별이 결국 블랙홀로 종말을 고한다면, 별로 크지 않은 별은 어떻게 될까요?
(24쪽에 있는 '주먹만 한 바위가 별이 되기까지'를 보세요.)

● 블랙홀을 암흑 물질로 가득 채울 수 있을까요?
(42쪽에 있는 '암흑 물질'을 보세요.)

초끈 이론

최근 들어 우주를 끈으로 묘사하는 과학자들이 있습니다. 너무 추상적이어서 파악하기 어려운 실체를 쉽게 이해할 수 있도록 끈과 같이 시각적인 이미지를 이용하는 것입니다. 그렇다고 해서 우주가 이에 낀 음식 찌꺼기를 제거하는 데 사용하는 치실이나 꼬불꼬불한 스파게티 가락으로 구성되었다는 뜻은 아닙니다. 초끈 이론을 이해하려면 먼저 다음 두 가지부터 살펴보아야 합니다. 가설로 설정된 끈의 크기는 얼마나 될까, 그리고 과학자들이 이같이 독특한 존재를 생각하게 된 동기는 무엇일까 하는 게 바로 그것입니다.

먼저 크기를 봅시다. 우리는 작다고, 아주 작다고 말합니다. 끈 하나를 우주라고 가정한다는 건 끈을 구성하는 원자 하나가 지구에 해당한다는 것을 의미합니다. 둘째는 이 이론을 만든 동기입니다. 이것은 약간 더 복잡하지요. 과학에서 가장 고귀하고 야심에 찬 탐구는 물리 법칙의 성배, 즉 '대통일 이론' 또는 '모든 것의 이론'을 찾으려 하는 과학자들의 연구를 통해 이루어지고 있습니다.

물리학의 이론은 이 세계를 두 가지 차원으로 묘사합니다. 거시적 차원과 미시적 차원이 바로 그것입니다. 질량이 중력장을 만들어 내는 연속적인 시공간 구조로 우주를 설명하는 아인슈타인(Einstein)의 일반 상대성 이론은 거시적 차원의 우주나 우리들의 일상 경험과도 들어맞습니다. 반면에, 분자와 원자 차원에서는 물질과 에너지의 작용이 대단히 작게 분리되고 불연속적인 형태로 나타나기 때문에 확률의 개념을 도입해서 설명하고 있는 양자역학이 잘 들어맞습니다. 물리학자들이 통일시키려고 시도하는 힘들은 바로 이 두 차원에서 작용합니다.

이 세상에는 네 가지 기본적인 힘이 있습니다. 중력은 약력이라고 합니다. 양자역학이 설명하는 다른 세 가지 힘은 전자기력과 강한 상호작용, 그리고 약한 상호작용입니다. 끈 이론이 나오기 전까지, 그리고 아주 최근에 등장한 몇 가지 파생 이론이 나오기 전까지 물리학자들은 중력 이론과 양자역학을 결합할 방법을 찾지 못했습니다. 끈 이론가들은 이 두 영역을 잇는 다리로 '중력자'를 제안합니다. 중력자는 광자가 빛을 전달하는 것과 똑같은 방식으로 중력을 전달하는 이론적 소립자입니다.

1960년대에 등장한 최초의 끈 이론은 일반 상대성 이론이 4차원(길이, 너비, 높이, 시간)의 세계를 설정한 것과는 달리 26차원의 우주에서만 효과가 있다는 결점 때문에 수그러지고 말았습니다. 그런데 1970년대에 과학자들은 끈 이론을 '초대칭(supersymmetry)'과 결합시켜 초끈 이론을 고안해 냈습니다. 초대칭이란, 물질을 구성하는 소립자와 힘을 전달하는 소립자 사이에 존재하는 대칭(호환성)의 형태를 말합니다.

초끈 이론에 따르면, 작은 끈같이 생긴 소립자의 다양한 진동이 물질의 근본 요소인 소립자와 네 가지 기본적인 힘 모두를 생성시킵니다. 과학자들은 이 진동을 여러 가지 다양한 음을 발생시키는 바이올린 현의 진동에 비유하곤 합니다. 초끈 이론은 필요한 차원을 26차원에서 10차원으로 줄여 과학자들에게 구원의 빛을 던져 주었습니다. 그렇다면 여분의 6차원은 무엇일까요(일반 상대성 이론이 4차원으로 이루어져 있다는 것을 기억하세요)? 그것을 설명하기는 어렵습니다. 여분의 6차원은 빅뱅의 순간에 나타났다가 그 즉시 우리가 볼 수 없는 어떤 형태 속으로 말려들어간 차원일 수도 있습니다.

초끈 이론은 많은 연구 성과가 쌓였을 뿐만 아니라 대중 매체에서도 각광을 받았습니다. 그렇지만 이 분야에서 성과를 보인 것은 초끈 이론만이 아닙니다. 1980년대가 되자, 다른 과학자가 고리 이론을 발표했습니다. 중력과 다른 세 힘이 단일한 힘으로 작용하는 원리를 밝혀 내려고 개발된 초끈 이론과 달리, 고리 이론은 중력이 양자 세계의 소립자들에 작용하는 원리를 설명하려고 시도했을 뿐(!)입니다. 고리 이론에 따르면, 시공간은 매끈하게 이어진 구조물이라기보다 차라리 작은 고리들이 사슬처럼 얽혀 있는 것인지도 모릅니다. 따라서 고리 이론가들이야말로 시공간을 불연속적인 단위들로 설명할 수 있었던 최초의 사람들인 것입니다.

끈, 고리……. 그 다음에는 무엇이 등장할까요? 4차원 세계는 무척이나 난해해서 우리가 이해하기는 어렵습니다. 물론 과학자들이 제기한 이상한 다차원의 형이상학은 말할 필요도 없고요. 여기서 기억하고 넘어가야 할 중요한 사항은, 위에서 설명한 여러 이론에 나오는 끈과 고리가 굉장히 추상적인 영역을 상상하고 탐구하도록 과학자들을 도와 주는, 눈에 보이는 도구에 지나지 않는다는 사실입니다.

● 물질을 구성하는 것이 소립자라면, 네 가지 힘을 구성하는 것은 무엇일까요?
(70쪽에 있는 '전자기 스펙트럼'을 보세요.)

　은하, 적색 거성, 백색 왜성, 초신성, 블랙홀 등에 관한 모든 이야기는 천문학자들이 우주의 모든 것에 대해 아주 많이 알고 있다는 인상을 줍니다. 그러나 유감스럽게도, 위에서 언급한 물체들을 전부 합해도 우주를 이루고 있는 물질의 10% 정도에 지나지 않습니다. 우주에 있는 물질 가운데 90%가 아직 밝혀지지 않았습니다. 우리는 이 90%의 물질을 '잃어버린 물질(miss-ing matter)'이라고 부릅니다. 물론 '잃어버린 물질'을 우리가 진짜 잃어버린 것은 아닙니다. 단지 아직 그 정체와 있는 장소를 모를 뿐입니다.

　그런데 천문학자들이 우주에 아직 밝혀지지 않은 물질이 90%나 된다고 생각하는 이유는 무엇일까요? 은하의 이동을 설명하는 데 기본이 되기 때문입니다. 은하는 아주 빠른 속도로 회전하는데, 회전하는 은하가 뿔뿔이 흩어지는 것을 막을 수 있는 힘은 중력뿐입니다. 중력은 질량, 즉 어떤 물체를 이루는 물질의 총량에 비례합니다. 따라서 과학자들은 회전하는 은하가 흩어지는 것을 막는 데 필요한 중력의 크기를 설명하려면 우주에 상당량의 질량이 있다고 가정해야 합니다. 그런데 천문학자들이 기존에 파악한 우주의 물체들을 모두 합해 보았지만, 필요한 질량의 10% 정도밖에 되지 않았습니다. 그래서 '잃어버린 질량'이라는 가설이 등장하게 된 것입니다.

잃어버린 물질의 또다른 이름은 암흑 물질입니다. 천문학자들은 잃어버린 물질이 어떤 형태의 복사도 흡수하거나 방출하지 않기 때문에 암흑 물질이라고 부릅니다. 물론 어떤 복사를 흡수하거나 방출하는 물질이라면 그건 이미 잃어버린 물질이 아니지만 말입니다.

여기서 문제를 더 복잡하게 만드는 건 천문학자들이 암흑 물질의 20%는 뜨거운 암흑 물질이고, 나머지 80%는 차가운 암흑 물질이라고 생각한다는 사실입니다. 뜨거운 암흑 물질은 중성미자로 이루어졌을 가능성이 있다고 생각하는 과학자들이 많은데, 중성미자는 '경입자'라고 하는 소립자 무리에 속합니다.

과학자들 대부분은 중성미자가 질량을 가지지 않는다고 생각해 왔습니다. 그러나 1994년, 로스앨러모스(Los Alamos)에 근무하는 과학자들은 중성미자가 암흑 물질의 20%에 해당할 만큼 충분한 질량을 가지고 있을 가능성이 있다는 실험 결과를 발표했습니다. 천문학자들이 차가운 암흑 물질을

우주에는 수없이 많은 별들이 있다. 하지만 아직도 90%의 물질은 그 정체를 드러내지 않고 있다.

'차갑다'고 하는 것은 빅뱅이 일어났을 때 빛보다 훨씬 느린 속도로 암흑 물질이 만들어졌을 가능성이 있다고 생각하기 때문입니다. 1995년, 몇몇 물리학자들은 최소한 차가운 암흑 물질의 일부를 설명할 수 있는 또다른 형태의 소립자에 대한 증거를 제시했습니다. 이들은 이 소립자를 윔프(WIMP)라고 불렀는데, '약하게 상호 작용하는 질량이 큰 소립자(weakly interacting massive particle)'의 줄임말입니다. 1996년, 영국의 한 천문학 연구팀은 백색 왜성이라는 다 타 버린 별이 암흑 물질의 50%에 해당할 수 있다는 증거를 발표했습니다.

암흑 물질에 대한 다른 후보들도 계속 등장했다가 사라지곤 합니다. 한동안 몇몇 천문학자들이 블랙홀이 암흑 물질을 만드는 중력의 원천이라고 주장했던 적도 있습니다. 또한 암흑 물질은 망원경으로 탐지할 수 없을 만큼 어두운, 평범한 별에 지나지 않는다고 주장하는 천문학자들도 있습니다. 허블 망원경은 천문학자들이 생각했던 것보다 훨씬 더 어두운 별도 몇 개 찾아 냈습니다. 한편 허블 망원경의 탐사 결과는 별의 한계 질량이 더 낮을 수 있다는 가능성을 시사합니다. 그렇지만 은하수에는 질량이 태양의 20% 미만인 별이 단 한 개도 없는 것 같습니다.

암흑 물질은 잃어버린 게 아닐 수 있습니다. 하지만 아직까지는 대단히 신비로운 존재로 남아 있습니다. 암흑 물질의 정체는 최근에 논의되고 발표되는 일련의 내용과 완전히 다른 존재로 밝혀질 수도 있습니다. 그렇지만 과학을 해답보다는 의문에 더 가까운 학문이라고 믿는 사람들에게는 신비로움은 차라리 즐거움일 수 있습니다.

● 소립자란 무엇일까요?
　(50쪽에 있는 '쿼크'를 보세요.)

02

물리학

자신의 주변 세계에 대해 사색하기 시작한 이래, 사람들은 물질을 이루고 있는 것이 무엇인지 알고 싶어했습니다. 기원전 5세기경부터 그리스 철학자들은 원자라고 하는 같은 성질을 지닌 조그만 원소들에 대해 기술했습니다. 우리들 대부분은 물질이 원자로 이루어졌고, 그 원자는 양성자, 중성자, 전자 등으로 쪼개질 수 있다는 사실을 알고 있습니다. 과학자들은 자신감에 차서 양성자, 중성자, 전자 등을 '기본 입자'라고 부를 정도가 되었습니다. 그러나 아직 이야기가 끝난 것은 아닙니다.

엔트로피는 "왕이 소유한 말과 왕이 거느린 모든 부하를 동원해도 험티 덤티를 다시 일으킬 수 없다."라는 가련한 험티 덤티(Humpty Dumpty : 키가 작고 뚱뚱해서 한번 넘어지면 일어나지 못하는 사람을 뜻합니다)의 운명으로 요약할 수 있습니다. 엔트로피는 '양'이기도 하며, '방향'이기도 합니다. 엔트로피는 무질서의 양이기도 하며, 모든 사물이 더 무질서하게 나아가는 방향이기도 합니다.

예를 들어, 항아리에 빨간색과 파란색, 초록색, 노란색 공깃돌이 아무렇게나 뒤섞여 있으면 색 엔트로피의 수준은 아주 높아서, 그것을 공깃돌의 색상에 대한 최대 엔트로피라고 합니다. 공깃돌을 빨간색, 파란색, 초록색, 노란색의 순서대로 줄줄이 늘어놓고 나서 항아리를 흔든다면 공깃돌은 순식간에 최대 엔트로피 상태에 이를 것입니다. 그것은 항아리를 흔들자마자 공깃돌 집합이 무질서한 방향으로 나아가기 때문입니다.

무질서는 확률의 관점에서 설명할 수도 있습니다. 확률이 가장 높은 것은 가장 무질서한 상태입니다. 항아리를 흔들 때에도 공깃돌이 아무렇게나 뒤섞일 확률이 가장 높습니다. 공깃돌을 줄줄이 늘어놓은 처음 상태로 되돌아갈 확률은 무척 적어 수십억 년 동안 항아리를 흔든다고 해도 그런 일이 일어날 가능성은 거의 없습니다.

무질서는 질서보다 훨씬 쉽게, 훨씬 빨리 이루어집니다. 집을 한 채 지으려면 아주 오랜 시간이 걸리지만, 부술 때는 순식간이라는 사실을 생각해보세요. 옷을 꿰매는 데에는 역시 시간이 많이 걸리지만, 그것을 뜯어 버리는 것은 한순간입니다. 그리고 접시에 샐러드를 담을 때에도 마찬가지입니다. 예쁘게 담는 데에는 시간이 많이 걸리지만, 쓰레기봉투 속으로 들어가는 건 순간이니까요.

만일 우주에게도 욕망이 있다면, 그것은 무질서 속에서 편히 쉬는 것이라고 할 수 있습니다. 그렇다면 질서는 어떻게 이루어질까요? 다른 어떤 곳에 존재하는 무질서를 희생시켜서 질서를 이룬다는 게 이 질문에 대한 대답입니다.

과학자들은 어떤 문제를 연구할 때 대체적으로 '닫힌 계'를 설정합니다. 선반 위에 가지런히 꽂혀 있는 책처럼 닫힌 계에는 뚜렷한 질서가 있다고 할 수 있습니다. 그런데 어떻게 그런 질서를 갖추게 되었을까요? 여러분 자신이나 여러분보다 깔끔한 습관을 가진 형제 또는 배우자가 책을 가지런하게 세워 놓았기 때문입니다. 이렇게 하려면 에너지를 소비해야 하는데, 그 결과 또다른 무질서가 생겨납니다. 질서를 이루고 있던 음식물이 작업을 하는 동안 몸 속에서 일부는 배설되고, 일부는 산화되는 것입니다.

질서가 가장 잘 잡힌 계는 생명체입니다. 생명체가 생명을 유지하려면 절묘한 질서를 이루어야 합니다. 그래서 과학자들은 슬라이드에 나타난 무질서의 정도를 통해 암세포를 파악하기도 합니다. 세포의 무질서 상태가 높으면 암이라는 진단이 나올 가능성 역시 높습니다.

엔트로피의 자연적 속성과 의미는 그 유명한 열역학 법칙에 잘 나타나 있습니다. 제1법칙은 열에너지가 뜨거운 물체에서 차가운 물체로 흐른다는 것입니다. 겨울에 창문을 열면 열기가 밖으로 달아납니다. 그리고 여름에

에어컨을 켜 놓고 창문을 열면 차가운 공기가 나가는 것이 아니라 더운 공기가 들어옵니다. 제2법칙은 엔진과 같은 기계는 에너지를 모두 일로 전환시킬 수 없다는 것입니다. 항상 일정 정도의 에너지가 온도가 더 낮은 곳으로 빠져 나가 에너지 손실이 일어나기 때문입니다. 자동차의 경우에도 엔진에서 열이 발생해 배기 가스관을 통해 방출됩니다.

제3법칙은 모든 계는 시간이 지남에 따라 무질서를 향해 나아가는 경향이 있다는 것입니다. 과학자들은 이것을 시간의 화살이라고 합니다. 양동이가 쓰러져서 안에 있던 우유가 쏟아지는 장면을 찍은 필름을 보고 있다고 가정해 봅시다. 만일 필름을 거꾸로 돌려 우유가 양동이에 다시 담기고 쓰러진 양동이가 다시 똑바로 일어서는 장면을 본다면, 아마 여러분은 감탄할 것입니다. 하지만 이와 같은 과정이 일어날 가능성이 없다는 사실을 통해 필름이 거꾸로 돌고 있다는 것을 인식하게 됩니다.

여러분이 이미 추측하고 있는지 모르겠지만, 닫힌 계 가운데 가장 거대한 존재는 우주 그 자체입니다. 그렇습니다. 바로 이 우주도 더 높은 엔트로피를 향해 나아가고 있습니다. 우주가 폭발을 통해서 생겨날 때, 빅뱅은 극히 낮은 수준의 엔트로피를 만들어 냈습니다. 그러나 우주가 계속 팽창하면서 극히 낮은 수준의 엔트로피는 거대한 무질서를 향해 나아갑니다. 만일 우주가 영원히 팽창한다면, 험티 덤티처럼 힘을 모두 소진해서 다시 제자리로 돌아올 수 없는 상태에 도달할 수도 있습니다.

● 시간은 거꾸로 흐를 수 없는 것일까요, 아니면 그럴 확률이 낮은 것일까요?
(18쪽에 있는 '시간의 화살'을 보세요.)

자신의 주변 세계에 대해 사색하기 시작한 이래, 사람들은 물질을 이루고 있는 것이 무엇인지 알고 싶어했습니다. 기원전 5세기경부터 그리스 철학자들은 원자라고 하는 같은 성질을 지닌 조그만 원소들에 대해 기술했습니다. 우리들 대부분은 물질이 원자로 이루어졌고, 그 원자는 양성자, 중성자, 전자 등으로 쪼개질 수 있다는 사실을 알고 있습니다. 과학자들은 자신감에 차서 양성자, 중성자, 전자 등을 '기본 입자'라고 부를 정도가 되었습니다. 그러나 아직 이야기가 끝난 것은 아닙니다. 이제 과학자들은 소위 기본 입자가 경입자(lepton)와 중입자(hadron)라는 두 종류의 입자로 다시 나뉠 수 있음을 알기 시작한 것입니다.

경입자에는 전자와 몇 가지 색다른 입자가 포함되어 있는데, 내부 구조가 없는 것으로 여겨집니다. 중입자에는 양성자와 중성자가 포함되어 있는데, 내부 구조가 복잡합니다. 중입자는 쿼크(quark)로 이루어져 있습니다. 그러므로 두 가지 기본 입자는 사실 경입자와 쿼크라고 할 수 있습니다. 전자와 양성자는 동일한 양의 반대 전하를 가지고 있습니다. 이와 달리, 쿼크는 양전하 2/3 또는 음전하 1/3이라는 분수 전하를 가지고 있습니다. 쿼크에 대응하는 반쿼크도 있는데, 반쿼크는 반대 부호의 분수 전하를 가지고 있습니다. 반쿼크는 일종의 반입자입니다. 모든 반입자는 자신의 상대 입자와 질량은 똑같지만 성질은 정반대인, 예를 들어 전기의 양은 같지만 전하의 부호는 정반대라는 특징이 있습니다.

복잡한 중입자가 쿼크로 이루어져 있는 까닭에 과학자들은 쿼크를 미시세계를 이해할 수 있는 핵심이라고 여기고 있습니다. 쿼크 이론의 창시자 겔만(M. Gell-Mann)은 이것을 처음에는 쿠오크(quork)라고 불렀습니다. 그런데 어느 날 조이스(J. Joyce)의 소설『피네간의 경야』(*Finnegans Wake*)를 읽다가 우연히 '쿼크(quark)'라는 단어를 발견하고, 그 우스꽝스러운 발음과 다양한 의미 때문에 좋아하게 되었습니다(조이스가 쿼크라는 단어를 어떤 뜻으로 썼는지 궁금하다면 『피네간의 경야』를 읽어 보세요). 물리학자들은 별난 용어를 좋아하는 것 같습니다. 소위 '다양한 맛'이라는 말로 쿼크의 다양성을 계속 묘사하니까요. 쿼크의 맛에는 업(up : 올라가는 것), 다운(down : 내려가는 것), 참(charm : 매력적인 것), 스트레인지(strange : 이상한 것), 톱(top : 최고인 것), 보텀(bottom : 바닥인 것) 등 여섯 가지가 있습니다. 이론에 따르면, 이 여섯 가지 맛은 빅뱅이 일어난 직후에 만들어졌습니다. 그렇지만 양성자와 중성자를 구성하는 업 쿼크와 다운 쿼크만 자연 속에서 살아남았습니다. 쿼크의 다른 맛은 눈에 보이는 우주에서 사라졌지만, 과학자들은 입자 가속기 속에서 아주 높은 에너지 충돌을 일으켜 그런 쿼크들을 만들어 낼 수 있습니다. 1977년까지 대부분의 쿼크가 확인되었지만, 톱 쿼크는 1995년 3월 화려한 팡파르를 울리며, 그 존재를 확인했다는 사실이 전세계에 처음으로 공표되었습니다.

여섯 가지 맛만으로는 쿼크의 다양성을 충분히 표현할 수 없다고 생각한다면, 각 맛마다 빨간색, 초록색, 파란색의 세 가지 색깔이 있다는 사실을 기억하세요. 반쿼크는 사이안(청록색), 마젠타(자홍색), 노란색이라는 세 가지 보색을 갖습니다. 그러므로 18종의 쿼크와 18종의 반쿼크가 나올 수 있습니다. 쿼크 미술의 규칙은 어떻게 배합하든, 그러니까 세 가지 기본색을 배합하든 아니면 보색과 함께 배합하든, 흰색이 나와야 한다는 것입니다. 그런데 여기서 말하는 맛과 색상이란 표현은 여러분이 아이스크림이나 거실의 벽에 관한 이야기를 나눌 때 일반적으로 사용하는 의미와 아무런 관련이 없습니다. 과학자들이 복잡한 현상에 대해 사색할 수 있도록 도와 주는 하나의 도구일 뿐이니까요.

쿼크에 관한 몇 가지 의문점은 아직도 남아 있습니다. 쿼크 이론은 견고하게 세워졌지만, 아직 분리된 쿼크를 본 사람은 단 한 명도 없습니다. 이때, '본다'라는 의미는 과학자들이 소립자가 남긴 일종의 흔적을 발견한다는 뜻입니다. 분리된 쿼크는 분수 전하를 가지고 있기 때문에 쉽게 발견할수 있어야 합니다. 그리고 쿼크의 맛은 여섯 가지 이상일 가능성도 있습니다. 더욱 흥미로운 점은, 과학자들이 아직 진짜 근본 입자를 발견하지 못했을 가능성이 있다는 것입니다. 어쩌면 쿼크 자체가 훨씬 작은 입자들로 구성되어 있을지도 모릅니다.

● 빅뱅에서 쿼크는 어떻게 만들어졌을까요?
(15쪽에 있는 '우주 최대의 폭발'을 보세요.)

● 쿼크와 반쿼크가 충돌하면 어떤 일이 일어날까요?
(56쪽에 있는 '반물질'을 보세요.)

중성자

원자를 구성하는 세 가지 입자(전자, 양성자, 중성자) 가운데에서 응용 범위가 가장 넓고 과학 기술적으로 가장 중요한 존재는 중성자입니다. 중성자는 이름 그대로 전하를 띠지 않아 전기적으로 중성입니다. 컴퓨터 통신 모임에서 과학 클럽 모임에 이르기까지 사교 활동을 바람직하게 엮어 나가는 겸손한 사람처럼, 중성자는 자신이 가진 전기적 중성을 이용해 전자와 양성자가 갈 수 없는 곳으로 과감히 나아갑니다. 중성자의 용도는 평범한 것에서 무시무시한 것까지 다양하게 존재하는데, 예를 들어 죽어 가는 별의 구성 성분도 바로 중성자입니다.

중성자와 양성자는 원자핵 안에 함께 묶여 있고, 전자가 이들을 둘러싸고 있습니다. 과학자들은 원자핵을 강제로 쪼개 중성자를 분리해 냅니다. 이 중성자는 약 15분이 지나면 전자와 반중성미자, 그리고 양성자로 붕괴됩니다(반입자의 특징 가운데 하나가 입자와 반대 전하를 띠는 것이라고는 하지만, 중성자와 중성미자는 전기적으로 중성이기 때문에 반중성자와 반중성미자도 전기적으로 중성입니다).

과학자들은 다양한 물질을 분자와 원자 수준에서 검사할 때 중성자를 즐겨 사용합니다. 과학자들이 사용하는 이 방법을 '중성자 산란'이라고 합니

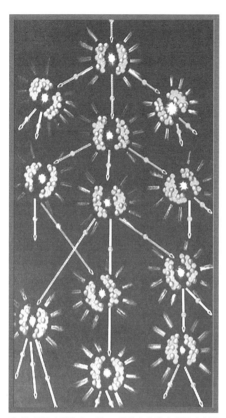

우라늄235의 핵분열 모형도. 중성자가 핵에 침투하면 두세 개의 중성자가 나와 연쇄 반응을 일으켜 거대한 폭발이 일어난다.

다. 우선, 과학자들은 핵분열을 통해 중성자 빔(광선)을 만듭니다. 그런 다음, 이 광선을 연구 대상 물질에 발사합니다. 일반인들에게 많이 알려진 엑스선은 연구 대상 물질의 원자를 둘러싸고 있는 전자 구름과 상호 작용을 일으킵니다. 기본적으로 전자를 무시하는 중성자들은 물질의 원자핵 깊숙한 곳으로 뚫고 들어갈 수 있습니다. 중성자는 전자 구름보다 훨씬 작기 때문에, 광선에 담겨 있는 수많은 중성자들이 전자와 부딪치지 않고 표적을 향해 곧장 돌진할 수 있습니다. 그러나 핵과 부딪친 중성자들은 튀어나와 여러 방향으로 흩어집니다. 중성자가 부딪친 핵의 기하학적 구조에 따라 중성자는 다양한 각도로 분산되며, 과학자들은 이 정보를 '읽게' 됩니다. 만일 충돌이 비탄성적이라면(즉, 중성자가 핵에 부딪쳐 튀어나가지 않으면), 과학자들은 중성자가 핵과 부딪칠 때 일어나는 에너지 전이를 통해서도 마찬가지로 귀중한 정보를 얻습니다.

중성자는 원자로에서 사용되는 통제된 핵분열과 원자폭탄에서 사용되는 통제되지 않은 핵분열 양쪽에서 주도적인 역할을 합니다. 핵분열은 중성자가 우라늄 같은 물질의 핵에 부딪치면서 시작됩니다. 중성자 한 개가 핵에 침투하면 핵이 쪼개지면서 두세 개의 중성자가 나오게 됩니다. 이 때, 원래 물질과 분열 결과로 생긴 물질 사이의 질량 차이만큼의 에너지가 방출됩니다. 핵에서 나온 중성자는 다시 다른 핵과 부딪치면서 연쇄 반응을 일으킵니다. 연쇄 반응이 일정한 '임계 질량'에 이르면, 연쇄 반응은 통제할 수가 없게 되어 폭발이 일어납니다. 원자폭탄에는 하나로 합쳐지면 임계 질량을 능가하는 서로 분리된 핵물질이 들어 있습니다. 그리고 이 핵물질을 일반 폭약으로 둘러쌉니다. 그래서 이 폭약을 터뜨렸을 때, 핵물질이 하나로 뭉쳐 핵폭발이 일어나는 것입니다.

중성자의 중요성은 원자로나 원자폭탄에 한정되지 않습니다. 별이 그 수명을 다하면, 엄청난 압력을 받아 음전하를 띤 전자가 원자핵 속으로 밀려 들어갑니다. 그리고 핵 속으로 밀려 들어간 전자는 양전하를 띤 양성자와 결합해 중성자가 됩니다. 그래서 이 별을 구성하는 모든 물질의 입자는 대부분 중성자로 바뀌게 됩니다. 이것이 바로 우주 전체에서 블랙홀 다음으로 밀도가 큰 중성자별입니다. 전하도 없는 아주 작은 입자의 입장에서 보면 그다지 기분 나쁜 일은 아니겠지요.

● 별은 어떻게 생겨날까요? 탄생 초기에는 어떤 모습을 하고 있었을까요?
(24쪽에 있는 '주먹만 한 바위가 별이 되기까지'를 보세요.)

'반물질'이란 단어는 일상생활의 현실 뒤에 숨어 있는, 눈에 보이지 않는 세상의 공상 과학적인 이미지를 연상시킵니다. 그러나 물리학자들이 볼 때 반물질은 반입자로 구성된 물질에 지나지 않습니다. 각각의 입자에는 대응하는 반입자가 있습니다. 예를 들어, 전자는 음전하를 띠고 있는 반면, 전자의 반입자인 양전자는 양전하를 띠고 있습니다. 영국의 물리학자 디랙(P. Dirac)은 1928년에 바로 이 양전자의 존재를 예언했으며, 1932년 미국의 물리학자 앤더슨(C. Anderson)은 우주에서 지구로 날아오는 우주 광선 속에서 양전자의 존재를 확인했습니다.

반입자가 현대 과학의 초미의 관심사인데도 아직까지 이 문제가 시원하게 풀리지 않는 이유는 반입자가 안정된 형태로 존재하지 않기 때문입니다. 반입자가 입자에 접촉하는 순간, 양자는 즉시 방사선 형태의 에너지를 방출하며 소멸합니다. 소량의 입자와 반입자가 자연 속에서 충돌하는 경우엔 별로 큰 위험이 따르지 않지만, 많은 양의 반입자덩어리가 같은 양의 입자덩어리를 만난다면 사정이 달라집니다. 많은 양의 에너지가 방출되기 때문에 강력한 폭발이 일어날 것입니다. 이러한 까닭에 몇몇 과학 공상가들은 언젠가는 우주 여행의 연료로 반입자를 사용하게 될 것이라고 상상합니다.

물리학자들은 1930년대 이래 고속 입자 가속기를 사용해 반입자를 계속 만들고 있습니다. 그러나 반물질 원자는 아직 단 한 개도 만들지 못했습니다. 가능성이 가장 높은 건 반수소입니다. 수소가 한 개의 양성자 주위에 단 한 개의 전자가 도는 구조로 이루어져 있기 때문입니다. 어쨌든 오늘날 물리학자들은 반양성자와 양전자의 결합을 눈앞에 두고 있습니다. 그 비결은 반양성자와 양전자를 충분히 접근시켜 안정된 반원자를 만드는 것입니다. 반수소 원자를 만들 수 있다는 것 못지않게 흥미진진한 것은, 물리학자들이 반원자를 증명하려면 만들어 낸 반수소 원자가 붕괴해 반양성자와 반전자로 다시 나뉜다는 것을 보여 주어야 한다는 것입니다. 반원자가 붕괴되어 왔다는 증거야말로 그들이 존재했었다는 증거가 될 테니까요.

그래서 과학자들은 반물질을 담아 오랫동안 보존할 수 있는 용기를 제작하는 작업도 병행하고 있습니다. 커다란 보온병 모양을 하게 될 이 용기는 반물질이 용기 벽에 부딪쳐 소멸되는 것을 막기 위해 내부를 철저한 진공 상태로 유지하고, 전기장과 자기장을 형성시켜 줄 것입니다.

물리학자들이 반물질 제조에 몰두하는 이유는 반물질을 만들면 그 성질이 물질과 어떻게 다른지를 규명할 수 있기 때문입니다. 과학자들이 특히

양전자와 전자가 생성되는 모습

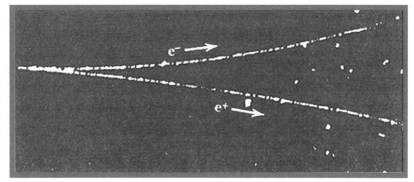

궁금해하는 두 가지 의문은 반원자의 진동수와 원자의 진동수가 동일한가 아닌가, 그리고 중력이 동일하게 작용하는가 아닌가 하는 것입니다. 반물질은 일반 생산 활동과 의료 부문에 많은 도움을 줄 가능성이 있습니다. 의학적 영상 촬영을 할 때 반물질을 이용하면 현재 많이 사용하고 있는 엑스선이나 컴퓨터 엑스선 체축 단층 촬영(CAT)에 비해 방사선 노출이 훨씬 줄어들게 될 것입니다.

과학자들이 반수소 원자를 만들려고 온갖 노력을 하고 있다면, 공상 과학(SF) 소설가들은 반은하와 반우주의 존재를 그리려고 머리를 싸매고 있습니다. 우주와 접촉하지 않는 한, 반우주가 안정된 형태로 존재할 수 있다고 믿는 것입니다. 그러나 과학자들은 대부분 반은하계와 반우주가 존재할 가능성이 극히 희박하다고 생각합니다. 빅뱅 직후에 생긴 불덩어리 속에 모든 입자가 동일 규모의 물질과 반물질 형태로 혼합되어 있었기 때문입니다. 그러나 물질과 반물질이 소멸되는 속도에는 약간의 차이가 있습니다. 그래서 물질과 반물질이 서로를 소멸시키는 과정에서 물질의 양이 반물질의 양을 조금 초과하게 되었습니다. 그리고 우주가 계속 팽창하는 동안 그 차이는 계속 확대되어 왔습니다. 그렇지만 지금 이 순간, 우리가 사는 우주를 상상하고 있을 반공상 과학 소설가와 반인간이 반우주 어딘가에 있을지도 모릅니다.

● 반물질 입자가 반대 전하를 가지고 있다면, 반중성자(중성자의 반입자)는 존재할 수 있을까요?
(53쪽에 있는 '중성자'를 보세요.)

관성이란 단어는 일상생활에서 자주 사용하는—원래의 의미를 부분적으로 담고 있을 뿐이지만—대표적 과학 용어 중 하나입니다. 사람들은 아침에 잠자리에서 일어나기 힘들거나 저녁에 텔레비전을 보던 소파에서 일어나기 어려운 까닭을 관성 때문이라고 생각합니다. 그런데 얼음 위에서 스케이트를 탈 때 멈추기 어려운 것도 관성 때문입니다.

관성이란 개념은 아이작 뉴턴 경의 유명한 운동에 관한 세 가지 법칙 가운데 제1법칙에서 처음 등장했습니다. 뉴턴은 관성을 '운동의 변화에 대한 물체의 저항'이라고 정의했습니다. 달리 말하면, 외부의 힘이 물체에 작용하지 않는 한, 멈춰 있던 물체는 계속 멈춰 있고, 움직이던 물체는 계속 등속 직선 운동을 한다는 것입니다. 뉴턴의 연구가 중요한 이유는 그 보편성에 있습니다. 한 예로, 관성의 법칙은 마룻바닥을 구르는 공깃돌에서 궤도를 도는 행성에 이르기까지 모든 물질에 적용됩니다(행성이 직선으로 날아가지 않고 일정한 궤도를 도는 것은 중력 때문입니다).

내용이 무척 간단해 보일지 모르나, '질량'이라는 용어를 넣어서 내용을 조금 복잡하게 만들어 보겠습니다. 질량이란 어떤 물체 안에 얼마나 많은 물질이 들어 있는가, 예를 들어 사탕 안에 얼마나 많은 원자가 들어 있는가를 나타냅니다. 그렇지만 어떤 물체에 작용하는 중력의 크기를 측정하는 무게는 중력에 따라 변합니다. 그래서 대기권 바깥의 우주 공간에 있는 물체에는 무게가 없습니다. 그러나 물체의 질량은 그 물체가 어디에 있든지 똑같습니다. 물체가 어디에 있든, 그 안에 들어 있는 물질의 양은 똑같기 때문입니다. 질량은 물체의 관성을 측정하는 단위이기도 합니다. 쉽게 말해, 물체의 질량은 멈춰 있는 물체가 움직이는 데 필요한 힘, 그리고 움직이는 물체의 방향을 바꾸는 데 필요한 힘의 양을 뜻합니다. 한 예로, 냉장고는 사탕보다 질량이 큽니다. 그래서 냉장고를 움직이려면 더 많은 힘이 필요합니다.

'가속도'란 단어는 과학적 의미가 일상적 의미보다 훨씬 광범위하게 사용되는 또다른 표현입니다. 사람들은 대부분 가속도가 속력을 더하는 것을 의미한다고 생각합니다. 그러나 가속도는 운동 중에 일어나는 모든 변화, 즉 속도가 커지거나 작아지는 것 외에 방향이 바뀌는 것도 의미합니다. 뉴턴의 제2법칙에 따르면, 이런 모든 형태의 가속도에는 힘의 작용이 필요합니다. 만일 빠르게 움직이는 기차의 속력을 늦추는 데 필요한 힘의 양을 측정한다면, 그 힘을 이용해 기차의 질량을 계산할 수 있을 것입니다.

관성 때문에 일어나는 비극적인 사례 하나는 운전자가 안전띠를 매지 않고 운전을 하다 사고가 일어나는 것입니다. 자동차가 담장에 부딪친다면 담장이 떠받치는 힘 때문에 자동차는 멈추게 됩니다. 그렇지만 불쌍한 운전자는 관성 때문에 외부의 힘에 가로막힐 때까지 자동차가 움직이던 속도로 튀어나가게 됩니다. 이 때, 일반적으로 핸들이나 앞유리가 외부의 힘으로 작용하게 됩니다.

● 우주가 계속 팽창하는 것도 관성 때문일까요?
(15쪽에 있는 '우주 최대의 폭발'을 보세요.)

태양 전지

우리가 인식하지는 못하더라도, 커튼을 열어 햇빛과 온기를 받아들였을 때 우리는 이미 태양 에너지를 사용하고 있습니다. 햇빛과 온기를 가장 효율적으로 이용하도록 집을 설계하는 것은 우리가 의도적으로 태양 에너지를 사용한다는 것을 의미합니다. 그리고 햇빛을 전기로 전환시켜서 시계나 계산기, 또는 신호등이 작동하도록 하는 것은 햇빛을 연료로 사용하는 것입니다. 그런데 햇빛을 연료로 사용한다면 연료를 전혀 사용하지 않는 것과 같습니다. 햇빛은 풍부하고, 무료이며, 태양이 빛나는 한 끝없이 재생할 수 있기 때문입니다(앞으로 최소한 수십억 년은).

햇빛을 전기의 원천으로 사용하는 가장 일반적인 방법은 태양 전지를 사용하는 것입니다. 태양 전지는 세 단계를 거쳐 작동됩니다. 첫 번째 단계는 햇빛을 흡수하는 것이고, 두 번째 단계는 양전하와 음전하를 분리 이동시키는 것이며, 세 번째 단계는 전하를 전지 밖으로 흘려보내는 것입니다(이 때, 전류가 발생합니다).

흡수할 수 있는 햇빛의 양은 활용할 수 있는 햇빛의 양에 따라 변합니다. 전기학 면허가 없어도 햇빛의 양을 계산할 수는 있습니다. 거리를 조금만 걸어도 알 수 있으니까요. 그런데 전지가 햇빛을 흡수하는 능력은 반도체

(도체와 부도체의 중간 형태)를 만들 때 사용한 물질에 영향을 받습니다. 햇빛이 반도체에 흡수되면, 햇빛은 음전하를 띠는 전자와 양전하를 띠는 정공(hole)으로 분리됩니다. 태양 전지는 전기 접합 구조로 작동이 되는데, 전기 접합이란 상이한 두 물질 사이에 존재하는 경계선이라고 할 수 있습니다. 태양 전지에 사용되는 두 가지 상이한 물질은 대체로 금속과 반도체입니다. 반도체가 햇빛을 흡수하면, 햇빛은 전지 안에서 전하를 만듭니다. 그런데 전기 접합은 이러한 전하(전자)가 상이한 두 가지 물질 가운데 하나에서 다른 하나로 건너갈 수는 있지만 건너올 수는 없게 만듭니다. 이 같은 전하의 분리는 두 물질 사이에 전위 또는 전압 차이를 만들어 냅니다. 이러한 전압의 차이에 따라 전자의 흐름(전류), 즉 전기가 발생합니다. 이제 전지와 연결된 외부 회로를 따라 전기가 흐르게 됩니다.

지구에서만 태양 전지를 사용하는 것은 아닙니다. 그렇다고 화성인이 태양 전지를 사용한다는 증거는 없습니다. 그러나 태양 전지는 인공위성에 장착한 여러 가지 도구에 전력을 공급합니다. 태양 전지가 인공위성처럼 지구와 멀리 떨어져 재래식 전기를 공급받을 수 없는 곳에서는 유용하지만, 아직까지 전기를 대량 생산할 수 있을 정도로 경제성이 있는 것은 아닙니다. 태양 전지의 구성 요소 중에서 가장 많은 비용을 차지하는 것은 반도체입니다. 많은 전지들이 실리콘 결정으로 만들어지기 때문입니다. 얇은 비결정성(결정 구조가 없는) 실리콘 막은 비용은 적게 드는 대신, 효율성이 떨어질 뿐만 아니라 시간이 흐를수록 그 정도가 더욱 심해진다는 약점이 있습니다. 연구자들은 지금 저렴한 반도체 원료를 개발해서 비용을 낮추려고 노력하고 있습니다.

개중에는 햇빛을 더 좁은 영역으로 집중시키려고 거울이나 렌즈를 부착한 태양 전지도 있습니다. 그리고 엽록소가 햇빛을 화학 에너지로 전환시킨다는 것에서 착안해 식물의 엽록소 활동을 모방한 물질을 만들고 있는 과학자들도 있습니다.

물론 아무리 효율이 좋고 비용이 저렴한 태양 전지가 나온다고 해도, 밤이나 날씨가 궂은 날에는 에너지를 만들 수 없습니다. 따라서 대체 에너지원은 여전히 필요할 것입니다. 그렇지 않으면 땅거미가 질 때 잠자리에 들고 동이 틀 때 일어나는 중세 시대의 농부처럼 생활 양식을 바꾸어야 하겠지요.

● 식물은 어떻게 햇빛을 화학 에너지로 전환시킬까요?
  (192쪽에 있는 '광합성'을 보세요.)

● 실리콘 '결정' 이란 무엇을 뜻할까요?
  (91쪽에 있는 '결정과 결정학'을 보세요.)

전류

간단히 말해서, 전기는 전자의 이동입니다. 전자란, 원자핵을 둘러싸고 있는 음전하를 띤 입자입니다. 조금 복잡하게 말하면, 전기는 전자에 의해 운반되는 전하의 흐름입니다. 그리고 좀 더 복잡하게 말하면, 전기는 도체 끝에 형성된 양전하 쪽으로 끌려가는 전자에 의해 운반되는 전하의 흐름입니다.

열이 평형 상태에 도달할 때까지 온도가 높은 곳에서 낮은 곳으로 흐르는 것처럼, 전하도 전위가 높은 도체 끝에서 낮은 도체 끝으로 흘러갑니다. 전위(電位)란, 단위 전하를 무한히 먼 지점에서 그 전하가 필요한 어떤 지점까지 데려오는 데에 필요한 에너지를 말합니다. 예를 들어 여러분이 전기가 흐르는 전선을 만진다면, 전선과 여러분이 딛고 선 땅 사이의 전위차가 매우 크기 때문에, 전하는 도체인 여러분을 관통해 쏜살같이 땅 속으로 흘러 들어갈 것입니다.

따라서 전류가 흐르게 하려면 전위차를 유지해야 합니다. 발전기가 하는 일이 바로 이것입니다. 발전기는 역학 에너지, 즉 운동 에너지를 발생시킨 다음, 이것을 전기 에너지로 전환시킵니다. 발전기는 기본적으로 자기장과 그 안에서 회전할 수 있는 구리선으로 이루어져 있습니다. 자기장에 의해 음전하를 띤 전자가 양전하를 띤 양성자와 분리되는데, 이 때 전위차가 생깁니다. 구리선이 회전함에 따라 자기장 안에서 전선이 통과하는 지점이 변하게 됩니다. 그래서 전선이 이 쪽에 있을 때에는 전선 속의 전자가 이 쪽 방향으로 흐르다가, 반대편에 있게 되면 반대 방향으로 흐르는 현상이 반복해서 나타납니다. 우리는 이렇듯 전자의 방향이 수시로 바뀜에 따라 발생하는 전류를 교류(alternating current, AC)라고 부릅니다. 반면에 화학 에너지를 저장하고 있는 전지는 이 에너지를 전기 에너지로 전환해 전류를 만듭니다. 이 때 전류는 한쪽 방향으로만 보내지는데, 우리는 이것을 직류(direct current, DC)라고 부릅니다.

다른 과학 기술 분야와 마찬가지로, 전기 분야에도 일련의 전문 용어가 있는데, 대부분은 유명한 인물의 이름을 따서 붙인 것입니다. 전위의 단위는 볼타(A. Volta)의 이름을 따서 '볼트(V)'라고 부르는데, 볼타는 1800년에 전지의 초기 모형을 만들었습니다. 전위가 크면 클수록, 또는 전압이 높으면 높을수록 더 많은 전자들이 도체를 따라 흐를 수 있습니다. 이 때, 전류가 단위 시간에 행하는 일 또는 단위 시간에 사용되는 에너지의 양을 '전력'이라고 합니다. 전력은 와트(W) 또는 킬로와트(kW : 1000W)로 측정하는데, 이것은 증기기관의 발명자 가운데 한 사람인 스코틀랜드 출신의 기술자 와트(J. Watt)의 이름에서 따온 것입니다. 그리고 전류의 크기는 암페어(A)로 나타냅니다. 이것은 프랑스의 물리학자 앙페르(A. M. Ampère)의 이름에서 따온 것입니다. 이 세 용어는 서로 밀접하게 연관되어 있습니다. 1W는 1A가 1V의 전위차가 나는 도체를 통과할 때 발생하는 에너지의 양입니다.

발전기가 역학 에너지를 전기 에너지로 바꾼다고 했는데, 이 때 역학 에너지는 어떻게 공급될까요? 그것은 물레바퀴와 같이 간단한 것일 수도 있고, 거대한 수력 댐이나 핵발전소같이 복잡할 것일 수도 있습니다. 흐르는 물의 에너지를 역학 에너지로 바꾸는 기계를 터빈이라고 부릅니다. 터빈에는 연료가 필요합니다. 예전에는 석유나 석탄처럼 재생 불가능한 연료에 의존했습니다(재생 불가능하다고 말하는 이유는 이런 연료를 다시 얻으려면 수백만 년이나 걸리기 때문입니다). 그러나 지금은 재생 불가능한 핵에너지뿐만 아니라, 재생 가능한 태양 에너지나 풍력 같은 에너지 개발에도 많은 노력을 기울이고 있습니다.

이처럼 전류의 기본 개념은 아주 간단합니다. 도체를 통과하는 전자들의 흐름이 바로 그것입니다. 우리 도시를 밝히고 우리가 편하고 재미있는 시간을 보내는 데 충분할 만큼 전자가 이동할 수 있도록 에너지를 계속 공급해 주는 과정이 조금 복잡할 뿐입니다.

● 전기를 만드는 데에 핵에너지를 어떻게 사용할까요?
(67쪽에 있는 '핵에너지'를 보세요.)

● 전지는 화학 반응을 일으켜서 에너지를 만들어 냅니다. 식물은 어떻게 이 같은 작용을 하나요?
(192쪽에 있는 '광합성'을 보세요.)

"핵에너지는 고갈되는 자원 문제를 해결해 줍니다."

"핵에너지는 극히 위험한 방사성 폐기물을 만들어 냅니다."

"핵에너지는 환경을 오염시키지 않는 깨끗한 에너지입니다."

"핵에너지는 비용이 많이 듭니다. 그 돈을 다른 곳에 쓰면 훨씬 유익할 것입니다."

많은 사람들이 핵에너지에 관해 나름대로 의견을 가지고 있습니다. 그렇지만 핵에너지의 기본 개념도 이해하지 못한 사람이 대부분입니다. 핵에너지를 이해하려면, 우선 핵에너지 역시 핵폭탄처럼 핵분열과 핵융합 두 가지 형태에서 생겨난다는 사실을 알아야 합니다. 좀 더 일반적인 것은 핵분열에서 나오는 핵에너지입니다. 지도에 점점이 표시되는 원자력 발전소는 바로 이런 원리를 이용해서 만든 것입니다. 반면에 핵융합에서 핵에너지를 얻는 것은 훨씬 어려운 기술로, 과학자들이 이제 비로소 정복을 위한 첫발을 내딛고 있을 뿐입니다.

과학자들은 핵분열과 핵융합 모두를 열핵반응이라고 부릅니다. 다시 말해서, 핵분열과 핵융합에 원자의 '핵'과 매우 '높은' 온도가 필요하다는 것입니다. 핵분열에서는 핵이 조각으로 쪼개집니다. 우라늄과 플루토늄의 동위

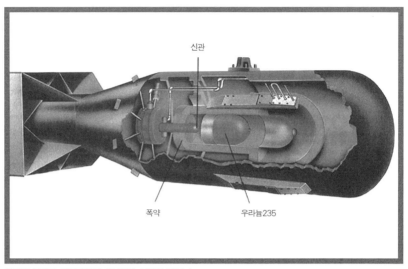

신관

폭약　　　　　　우라늄235

원자력 발전도 핵폭탄처럼 핵분열을 이용한 것이다.

원소 등과 같이 몇몇 원소들에서는 쪼개진 조각들의 질량을 다 합해도 핵이 처음에 가졌던 질량보다 작아지는데, 바로 이 질량의 차이만큼이 에너지로 전환되는 것입니다. 조각들은 계속 다른 핵에 침투해서 분열시킴으로써 연쇄 반응을 일으킵니다. 원자로의 노심은 핵폭탄과 달리 연쇄 반응을 통제합니다. 그리고 방출된 에너지로 노심을 둘러싸고 있는 물을 데웁니다. 그러면 이 물이 증기로 변해서 발전기를 움직입니다.

　원자로에는 두 가지 커다란 위험이 상존합니다. 하나는 노심이 녹아서 방사성 물질이 주변의 대기로 새어 나올 수 있다는 것입니다. 그리고 다른 하나는 방사성 폐기물 처리의 문제입니다. 방사성 폐기물에는 반감기가 수천 년에 달하는 물질들이 들어 있습니다. 반감기란, 방사성 물질의 절반이 비방사선 물질로 붕괴하는 데 걸리는 기간을 말합니다. 방사성 폐기물은 대개 용기에 담아 판(판상을 이루어 움직이고 있는 지각의 표층)의 가장자리에서 멀리 떨어진 깊은 땅 속이나 해저 또는 지리적으로 안정된 지역에 묻습니다.

핵융합에서는 핵분열과 정반대로, 여러 개의 핵이 하나로 결합합니다. 결합한 핵의 질량은 결합 이전의 핵보다 적은데, 바로 그 차이만큼이 에너지로 전환됩니다. 이것은 별이 빛을 방출하는 원리와 같습니다. 핵융합으로는 수소 폭탄을 만들었을 뿐, 아직까지 핵융합 에너지를 평화적인 목적에 이용한 적은 없습니다. 1989년, 미국 유타 대학에 있는 과학자 두 사람이 상온 핵융합(cold fusion)에 성공했다고 주장해 신문 전면을 장식한 일이 있었습니다. 상온 핵융합이란 열핵반응에 필요한 극도로 높은 온도 상태를 유지하지 않아도 되는 핵융합을 말합니다. 사람들은 모두 희망에 부풀었습니다. 그러나 그 누구도 두 사람이 얻었던 결과를 다시는 얻을 수 없었습니다. 이후 두 과학자들의 이름은 신문 지상에서 사라져 버리고 말았습니다.

핵융합로의 매력 가운데 하나는 방사성 폐기물이 생기지 않는다는 점입니다. 위험한 방사성 폐기물을 만들지 않으면서 끝없이 에너지원을 재생할 수 있다는 이야기는 무척이나 근사해서, 사실이 아닌 것처럼 들립니다. 아직까지는 현실화되지 못했지만, 대부분의 과학자들은 기술적인 어려움을 극복하고, 다음 세기 중 언젠가는 별이 빛을 내는 방식과 동일한 방법으로 우리 집을 밝히고, 팩스를 작동시키게 될 것이라고 믿고 있습니다.

● 발전기는 증기를 어떻게 전기로 바꿀까요?
  (64쪽에 있는 '전류'를 보세요.)

● 별에서 핵반응을 일으키는 능력이 사라질 수 있을까요?
  (36쪽에 있는 '블랙홀'을 보세요.)

밤에 간식거리를 찾아 부엌에 들어갈 때가 있습니다. 하지만 여러분은 냉장고를 돌리는 전력과 구입할 음식 재료가 적힌 종이를 냉장고 문에 붙여 놓을 때 쓰는 자석이 '전자기'라는 동일한 현상의 두 가지 측면이라는 사실을 모른 채 지나칠 것입니다.

물체는 음전하를 띤 전자나 양전하를 띤 양성자 가운데 어느 한쪽이 더 많을 때 전하를 띠게 됩니다. 전하가 같은 물체끼리는 서로 밀어 내고, 전하가 다른 물체는 서로 잡아당깁니다. 원자든 철 조각이든 지구 자체든, 자기를 띤 물체에는 모두 두 개의 극이 있습니다. 전기와 마찬가지로, 자석 역시 같은 극끼리는 서로 밀어 내고, 다른 극끼리는 서로 잡아당깁니다. 물체는 음전하든 양전하든 하나의 전하만 가질 수 있지만, 자석 같은 물체는 극을 하나만 가지는 경우가 없습니다. 하나의 자석을 둘로 자른다 해도 크기가 작아질 뿐, 양쪽 끝에 서로 다른 극이 있는 또다른 자석이 됩니다.

전하가 움직일 때에는 언제나 자기장이 생겨납니다. 그리고 자기장이 변할 때에는 언제나 전기장이 생겨납니다. 이 같은 자연계의 비밀을, 사물을 주의 깊게 관찰한 한 과학자가 밝혀 냈습니다. 1820년, 외르스테드(H. C. Oersted)라는 덴마크 물리학자가 전류의 방향을 바꾸면 근처의 자석 바늘이 움직인다는 사실을 발견한 것입니다.

전기 에너지와 자기 에너지는 둘 다 '광자'라는 질량이 없는 작은 입자로 구성됩니다. 과학자들은 그 움직임을 자세히 관찰한 결과, 광자가 입자이기도 하고 파동이기도 하다는 사실을 알게 되었습니다. 이 말은 광자가 입자처럼 행동하기도 하고 파동처럼 행동하기도 한다는 뜻입니다. 규모가 큰 전자기의 영향을 연구할 때, 과학자들은 대개 광자의 파동성을 강조합니다. 모든 전기장은 자기장을 만들고, 또 모든 자기장은 전기장을 만들기 때문에, 이들 사이에는 일정한 진동이 존재합니다. 이 진동은 전자기 복사라고 하는 파동의 형태로 공간 속에서 움직입니다. 파동의 크기와 에너지 상태는 복사의 구체적인 형태를 결정합니다. 파장이 제일 긴 것(이 때, 에너지는 제일 낮습니다)부터 파장이 제일 짧은 것(이 때, 에너지가 제일 높습니다)에 이르기까지, 과학자들은 전자기파 스펙트럼을 전파, 마이크로파, 적외선, 가시광선, 자외선, 엑스선, 감마선 등으로 구분합니다.

모든 형태의 전자기 복사는 1초에 30만 km를 달리는 빛과 똑같은 속도로 이동합니다. 파장은 마루와 마루(또는 골과 골) 사이의 거리이고, 진동수(또는 에너지)는 일정 시간에 나타나는 어느 지점을 지나는 마루(또는 골)의 숫자를 말합니다. 일반적으로, 파장이 길고 에너지가 낮을수록 전자기 복사는 안전합니다. 그래서 파장이 가장 길고 에너지가 가장 낮은 전파가 가장 안전합니다. 반면에 파장이 가장 짧고 에너지가 가장 높은 감마선은 가장 위험합니다.

인체에 전혀 해를 끼치지 않고 쉽게 감지되는 전파는 이상적인 통신 매체입니다. 마이크로파도 통신에 중요한 역할을 담당합니다. 마이크로파는 전파보다 폭이 좁으므로, 인공위성으로 쉽게 쏘아 올려졌다가 쉽게 지구로 되돌아옵니다. 장거리 전화 통화와 다양한 텔레비전 신호는 이런 방법으로 전달됩니다(뒷마당에 있는 텔레비전 수신기는 모두 마이크로파를 수신하는 기구입니다). 적외선을 볼 수 있는 동물이 있지만, 우리 인간은 눈으로 적외선을 보지 못하고 열로 감지합니다. 일상생활에서 중요한 역할을 담당하는 가시광선은 전자기 스펙트럼에서 아주 조그마한 부분을 차지합니다. 그리고 자외선은 지구의 대기권에서 대부분 흡수되지만, 일부는 기어이 우리에게 도달해서 피부를 태우고, 심한 경우에는 화상을 입힐 뿐 아니라 피부암을 일으키기도 합니다. 그리고 모든 물질을 통과하는 엑스선은 의학 분야에서 엑스레이(X-ray)를 찍고 치료를 할 때 특히 중요하게 사용되고 있습니다.

어젯밤 간식을 먹을 때 도움을 준 전자기파의 역할로 돌아가 봅시다. 라디오를 켜거나 먹다 남은 볶음밥을 전자레인지에 데울 때, 여러분은 전파와 마이크로파를 사용한 것입니다. 전자레인지가 볶음밥을 따끈따끈하게 만드는 열은 적외선입니다. 그리고 깜깜한 방에서 음식을 먹으려고 안달하지 않는 한, 여러분은 아마 스위치를 켜서 가시광선을 만들 것입니다. 만일 부엌에 달려 있는 전구가 형광등이라면, 그 형광등은 자외선을 가시광선으로 바꾸겠지요.

- **적외선을 볼 수 있는 동물이 있을까요?**
  (241쪽에 있는 '적외선 복사'를 보세요.)

- **자외선을 볼 수 있는 동물이 있을까요?**
  (244쪽에 있는 '자외선 복사'를 보세요.)

- **외계 문명의 지능체는 전파를 보내 우리와 접촉하려고 시도할 수 있을까요?**
  (33쪽에 있는 '외계 문명'을 보세요.)

- **우리는 어떻게 다양한 색을 볼 수 있을까요? 가시광선 스펙트럼이 다시 나뉘어 다양한 색이 나오는 것인가요?**
  (236쪽에 있는 '색감'을 보세요.)

여러분이 기차 선로 맞은편에 살고 있는데, 아침 식사를 하려고 막 식탁 앞에 앉았다고 가정해 봅시다. 오전 8시, 기차가 예정대로 오고 있습니다. 기차가 다가올수록 기적 소리의 음이 높아지는 것 같더니, 기차가 멀어지면서 기적 소리의 음이 낮아지는 것 같습니다. 누가 운전을 해도 마찬가지입니다. 그런데 여러분이 창문 밖으로 고개를 내밀고 "조용히 해! 밥 좀 먹자고!" 하고 소리쳤다고 합시다. 기관실 창문이 열려 있다면(그리고 여러분의 목소리가 아주 크다면), 기차가 여러분을 지나치기 전까지는 기관사의 귀에 여러분의 목소리가 점점 크게 들릴 테고 멀어질 때에는 점점 작게 들릴 것입니다.

기차의 기적 소리는 실제로는 변하지 않습니다. 변하는 것처럼 들리는 이유는 기차가 다가오면 귀에 도달하는 진동수가 그만큼 많아지고, 기차가 멀어지면 귀에 와 닿는 진동수가 그만큼 줄어들기 때문입니다. 소리의 높낮이는 진동수와 관련이 있기 때문에 진동수가 달라지면 소리의 높낮이도 달라집니다. 1842년, 도플러(C. J. Doppler)가 예측한 이 효과는 움직이는 기차에서 실험을 한 다른 과학자가 사실로 증명해 냈습니다.

도플러 효과는 소리의 파동뿐만 아니라 빛의 파동에도 적용됩니다. 도플러는 처음에 별의 색깔을 설명하는 시도의 하나로 이런 생각을 떠올렸는데

(비록 실패했지만), 이 생각은 도플러 효과로 구체화되어 적색 이동의 개념을 세우는 기초가 되었습니다. 도플러 적색 이동이라고 부르기도 하는 적색 이동은 멀어져 가는 은하의 빛이 파장이 긴 쪽, 즉 가시광선의 빨간색 끝을 향해 이동하는 것을 말합니다. 천문학자들은 적색 이동이 전자기 스펙트럼의 모든 부분에서 나오는 모든 복사에서 일어난다는 사실을 나중에 파악했습니다. 따라서 은하의 전자기 스펙트럼 가운데에서 가시광선보다 파장이 긴 복사(적외선이나 전파와 같은)의 경우는 빨간색 쪽으로 이동하는 것이 아니라, 오히려 빨간색에서 멀어지고 있는 것입니다.

여러분 중에는 우주에 적색 이동을 일으키는 기차가 어디서 움직이느냐고 반문하는 사람이 있을지도 모르겠습니다. 그렇지만 은하 자체가 곧 움직이는 기차입니다. 적색 이동은 은하가 계속 멀어지고 있기 때문에 생기는 것입니다. 허블은 이 현상을 이용해서 '허블 상수'를 발견했습니다. 허블 상수란, 멀어지는 은하의 속도가 거리에 따라 증가하는 비율을 말합니다. 쉽게 말해서, 멀리 떨어져 있는 은하일수록 점점 빠른 속도로 우리에게서 멀어진다는 것입니다. 천문학자들은 허블 상수를 이용해서 은하가 얼마나 먼 곳에 있는지를 계산합니다. 이들은 은하가 계속 멀어지는 현상을 우주가 빅뱅 이후 계속 팽창하고 있는 증거라고 생각합니다.

은하가 멀어지고 있는 속도만큼 빠르게 자동차를 몬다는 것은 불가능합니다. 그렇지만 도플러 효과를 이용해서 자동차의 속도를 측정하는 사람들도 있습니다. 이들은 천문학자가 아니라 경찰입니다. 교통 경찰은 스피드건이라는 속도 측정기에서 발사한 전파와 자동차에서 되돌아온 전파의 진동수 차이를 측정해 자동차의 속도를 알아 냅니다.

● 계속 멀어지고 있는 은하들은 도대체 어디서 생겨났을까요?
(15쪽에 있는 '우주 최대의 폭발'을 보세요.)

03

화학

여러분이 앉아 있는 의자, 여러분이 먹고 있는 사과가 왜 흩어지지 않는지 이상하게 여겨 본 적은 없습니까? 의자나 사과를 뭉쳐 있게 해 주는 것은 우정과 결혼을 설명해 주기도 합니다. 정반대의 사물은 서로를 당긴다는 사실이 바로 그것입니다. 물론 여기서 우리가 말하려는 것은 길고 짧은 것 또는 내성적인 것과 외향적인 것이 아니라, 양전하와 음전하에 대한 것입니다.

모든 사물이 흩어지지 않는 이유

여러분! 여러분이 앉아 있는 의자, 여러분이 먹고 있는 사과가 왜 흩어지지 않는지 이상하게 여겨 본 적은 없습니까? 의자나 사과를 뭉쳐 있게 해주는 것은 우정과 결혼을 설명해 주기도 합니다. 정반대의 사물은 서로를 당긴다는 사실이 바로 그것입니다. 물론 여기서 우리가 말하려는 것은 길고 짧은 것 또는 내성적인 것과 외향적인 것이 아니라, 양전하와 음전하에 대한 것입니다.

사물이 흩어지지 않는 이유를 알아 내려면 원자 수준까지 깊숙이 들어가야 합니다. 컴퓨터와 의자, 사과를 포함한 모든 물체는 원자로 이루어져 있습니다. 그리고 원자는 양성자, 중성자, 전자로 이루어집니다. 가장 간단한 원자는 수소 원자인데, 이것은 양성자 한 개와 전자 한 개로 이루어져 있습니다. 아마 여러분 대부분은 전자가 핵(여기에 양성자와 중성자가 모여 있습니다) 주위를 돌고 있는 원자를 생각할 때, 행성이 태양 주위를 돌고 있는 그림을 떠올릴 것입니다. 그 그림은 사실이 아니지만, 원자의 구조를 쉽게 파악할 수 있도록 해 줍니다. 어쨌든 사물이 흩어지지 않는 이유는 원자들이 서로 단단히 붙어서 화학 결합이라는 것을 만들기 좋아하기 때문입니다. 모든 핵에는 양전하가 있고, 모든 전자에는 음전하가 있습니다. 그리고 모든 원자는 중성 상태나 양전하를 띤 상태 또는 음전하를 띤 상태로 존재할 수 있습니다. 핵 속에 들어 있는 양성자의 양전하와 전자의 음전하가 균형을 이루면 원자는 중성을 띱니다. 그렇지만 전자보다 양성자가 많은 원자는 양전하를 띠고, 양성자보다 전자가 많으면 음전하를 띠게 됩니다.

가장 간단한 화학 결합은 핵 두 개와 그 사이에 있는 몇 개의 전자로 이루어집니다. 핵과 전자가 서로를 끌어당겨 원자를 하나로 결합시키는 것입니다. 화학 결합의 기본적인 두 가지 형태는 '이온 결합'과 '공유 결합'입니다. 이온 결합에서는 원자들 가운데 하나가 전자를 훨씬 많이 가지려 합니다. 정상적인 상태에서는 중성인 원자가 전자를 잃게 되면 양전하를 띠는 반면, 전자를 얻으면 음전하를 띠게 됩니다. 여기서 전하를 띤 원자를 '이온'이라고 하는데, 한 쌍의 이온은 전하가 다르기 때문에 서로를 끌어당깁니다. 그렇지만 핵끼리는 서로를 밀어 냅니다. 그래서 원자들이 균형을 이루어 서로 너무 가까이 모이지 않는 것입니다. 이것은 두 사람이 너무 오랜 시간을 함께 보내다 보면 자신만의 공간이 필요하다고 느끼는 경우와 비슷합니다.

공유 결합에서는 여러 개의 원자가 전자들을 동등하게 공유합니다. 그러나 이온 결합에서 그렇듯이, 양전하를 띤 핵들이 서로를 밀어 내기 때문에 원자들은 너무 가까이 모여들지 않습니다. 공유 결합의 가장 중요한 사례는 탄소입니다. 탄소가 들어 있는 모든 물질에서, 탄소 원자는 네 개의 공유 결합으로 다른 원자들과 결합되어 있습니다.

물질은 기본적으로 이온 결합과 공유 결합, 이 두 가지가 함께 작용해 구성됩니다. 그런데 이 같은 결합이 형성되고 깨지는 과정, 즉 하나의 물질이 다른 물질로 변하는 과정을 화학 반응이라고 합니다. 이러한 훌륭한 시스템 덕분으로 원소 주기율표에 들어 있는 109개의 원소, 그 제한된 원소를 가지고 수백만 개 이상의 서로 다른 물질을 만들 수 있는 것입니다. 하지만 이보다 더 뛰어난 장점은 일산화탄소(CO)와 이산화탄소(CO_2)처럼 원자의 결합

비율을 변화시키면, 물리적 특징이 전혀 다른 물질을 만들어 낼 수 있다는 것입니다.

따라서 여러분의 몸이 각 원소로 분해되지 않고 형체를 유지할 수 있는 것은 전기 또는 전기적 현상 덕분이라고 할 수 있습니다. 과학적으로 볼 때, 여러분을 유지시켜 주는 힘은 전자기력이지만, 좀 더 정확히 말하면 그 중에서도 '전도' 부분이 그 대부분을 설명해 줍니다. 여러분이 의자 위로 떠오르지 않게 해 주는 중력과 같은 힘들이 있기는 하지만, 이러한 힘들은 여러분의 몸을 구성하는 원자들이 사방으로 흩어지지 않도록 해 주는 것과는 거의 상관이 없습니다.

● 주기율표에 있는 원소로 얼마나 다양한 물질을 만들 수 있을까요?
(85쪽에 있는 '새로운 원소 만들기'를 보세요.)

다이아몬드와 흑연

거대한 행성과 풍선껌, 셀로판지, 치즈 햄버거 등의 공통점은 무엇일까요? 바로 양성자, 중성자, 전자로 이루어진 원자들로 만들어졌다는 것입니다. 그런데 다이아몬드와 흑연은 공통점이 더 많습니다. 순수하게 탄소 원자로만 만들어졌기 때문입니다. 다만, 다이아몬드와 흑연은 탄소 원자가 결합된 방식이 다르기 때문에 그 성질도 다릅니다.

탄소는 값비싼 귀걸이나 값싼 연필을 만드는 데 사용될 뿐만 아니라, 생명을 유지하는 데에도 꼭 필요한 원소입니다. 화학자들은 탄소 화학을 생명 화학이라고 부릅니다. 그리고 모든 유기체에서 탄소가 가장 중요하기 때문에 탄소 화학을 유기 화학이라고 부르기도 합니다. 생물이든 무생물이든 상관 없이 가장 많은 화합물의 성분을 이루고 있는 것이 바로 탄소입니다. 탄소 원자는 여섯 개의 양성자와 여섯 개의 중성자로 이루어진 핵, 그리고 핵을 둘러싸고 있는 여섯 개의 전자로 이루어져 있습니다.

흑연과 다이아몬드만큼 극단적으로 다른 물질은 아마 없을 것입니다. 하나는 검고 광택이 없는데다 연하고 끈적거립니다. 이것이 흑연을 연필 심이나 윤활제의 재료로 사용하는 이유입니다. 반면에 다이아몬드는 아주 투명하고 단단합니다. 사실, 다이아몬드는 지금까지 알려진 물질 가운데 가장 단단합니다. 그래서 다이아몬드는 보석가에게도 소중하지만, 산업 종사자에게도 소중합니다. 금속을 깎는 도구로 사용되기 때문입니다.

그렇다면 왜 어떤 탄소 원자는 다이아몬드를 만드는데, 다른 탄소 원자는 값싼 흑연을 만드는 것일까요? 과학자들은 다이아몬드가 지구의 맨틀 깊은 곳에서 극도로 높은 압력과 $1400°C$가 넘는 온도에서 만들어진다고 생각합니다. 그런데 가스와 함께 지상으로 분출되는 암석에 다이아몬드가 붙어서 나온다는 것입니다. 다이아몬드는 대부분 아프리카에서 나옵니다. 또, 상당량의 다이아몬드가 아프리카 해안에서 떨어져 나간 대서양 해저에 묻혀 있습니다. 그렇지만 해저에 묻혀 있는 다이아몬드를 캐려면 그 비용이 보석 값보다 훨씬 많이 들기 때문에 그냥 놔 두는 것입니다.

1980년대 후반, 과학자들은 속이 빈 공 모양의 새로운 탄소 분자를 발견했습니다. 그런데 그 모양이 몽상가이자 발명가인 풀러(B. Fuller)가 설계한 측지선 돔(다각형 격자를 짜 맞춘 돔)과 매우 비슷해서, 과학자들은 이런 형태의 분자에 풀러렌(fullerene)이라는 이름을 붙였습니다. 또, 더 커다랗고 더 흥미로운 풀러렌 가운데 하나를 버키볼(buckyball)이라고 이름지었습니다. 화학자들은 버키볼에 특히 많은 관심을 보이고 있는데, 그것은 텅 빈 구멍 안으로 다른 원자나 분자들을 집어 넣을 수 있기 때문입니다.

천문학자들은 초신성의 파편에 들어 있는 탄소 일부는 흑연을 만들고, 또 다른 일부는 조그만 다이아몬드 입자를 만드는데, 각각의 입자 안에 들어 있는 원자는 단지 몇 천 개뿐이라고 믿고 있습니다. 먼지같이 작은 다이아몬드 입자 일부는 운석에서 이미 발견되었습니다. 그렇다면 까만 창공에서 다이아몬드처럼 빛나는 별이라는 표현이 거짓말이라곤 할 순 없겠지요?

● 탄소 원자들을 흩어지지 않게 만드는 것은 무엇일까요?
(77쪽에 있는 '모든 사물이 흩어지지 않는 이유'를 보세요.)

물은 이제 유명 상표가 붙은 병에 담겨서 팔릴 정도로 비싸졌지만, 사람들은 대부분 물이 얼마나 특별한 존재인지를 미처 깨닫지 못하고 있습니다. 우리의 생명 자체가 바로 물에 의존하고 있을 뿐 아니라, 우리 몸의 대부분은 물로 채워져 있습니다. 우리 몸의 모든 세포에도 물이 담겨 있습니다. 게다가 지구의 표면 대부분은 물로 덮여 있고, 물은 수증기의 형태로 하늘로 올라갔다가 눈이나 비가 되어 다시 땅으로 내려옵니다. 그리고 물이 너무 많다거나 적다는 표현으로 두 가지 극단적인 날씨(홍수와 가뭄)를 묘사합니다. 물이 아무 데나 널려 있으면서도 아주 중요한 존재라는 것은 결코 우연이 아닙니다. 물은 여러 가지 특징을 가지고 있어서 우리 주변에 있는 수많은 물질 가운데 가장 독특한 존재이기 때문입니다.

물의 분자식은 간단하기로 유명합니다. H_2O, 수소 원자 두 개와 산소 원자 한 개의 결합이 바로 그것입니다. 물이 모든 곳에 존재할 수 있는 비밀은 수소 결합 — 수소 결합은 이온 결합이나 공유 결합보다는 상대적으로 약한 힘입니다 — 에 있습니다. 그래서 물은 거의 모든 사물에 붙어 있으려고 합니다.

물 분자는 화학자들이 말하는 '극성 공유 결합'의 형태로 존재합니다. 공유 결합으로 결합한 두 개의 핵은 그 사이에 있는 전자들을 공유합니다. 대부분의 공유 결합에서는 전자를 동등하게 공유하지만, 극성 공유 결합은 약간 다릅니다. 전자들이 어느 한쪽의 핵에 더 강하게 끌리는 것입니다. 이것 때문에 분자의 한쪽 끝은 양전하를 약하게 띠고, 다른 쪽 끝은 음전하를 약하게 띠게 됩니다. 순수한 이온 결합에서는 전자를 서로 공유하기보다는 한쪽에서 다른 쪽으로 모든 전자를 전해 줍니다. 그래서 전자를 잃은 핵은 양전하를 띠고, 전자를 받은 핵은 음전하를 띠게 됩니다.

극성 물 분자에서 전하를 띠는 끝 부분은 이온 형태의 물질과 쉽게 결합합니다. 음전하를 띠는 쪽 끝은 양전하를 띠는 분자들을 잡아당기고, 양전하를 띠는 쪽 끝은 음전하를 띠는 분자들을 잡아당깁니다. 게다가 물은 다른 많은 물질과도 극성 공유 결합을 합니다. 그래서 바닷물에 녹아 있는 소금에서 핏속에 들어 있는 영양소에 이르기까지 다양한 물질들이 물에 쉽게 녹습니다.

물 분자는 극성을 갖기 때문에 주변에 있는 물 분자끼리도 쉽게 서로를 잡아당깁니다. 만일 물 분자들이 그렇게 강하게 결합되어 있지 않다면, 많은 에너지를 사용하지 않고도 물 분자들을 떨어지게 할 수 있습니다. 즉, 물이 지금보다 훨씬 낮은 온도에서 끓을 수 있다는 것입니다. 그러면 바닷물도 모두 다 증발하고 말 테지요.

물은 용매(다른 물질을 녹이는 물질)로 활동하지 않을 때에는 화학 작용에 매우 열심히 참여합니다. 중합체(polymer) 형성에도 중심적 역할을 담당합니다. 중합체란 우리 몸 속에 있는 단백질에서 우리가 걸치고 다니는 나일론에 이르기까지 많은 물질을 구성하는 기다란 사슬 모양의 분자를 말합니다. 중합의 한 형태인 '축합 중합(condensation polymerization)'에서는 조그만 물 분자들이 빠져 나오면서 사슬이 만들어집니다. 이것과 반대 현상을 '가수분해'라고 하는데, 이 때에는 물 분자들이 중합체 사이에 끼어들어 사슬이 끊어지게 됩니다.

아마 변덕스러운 물의 성질 가운데 가장 흥미로운 것은 다른 모든 물질과 달리, 물은 액체에서 고체로 변할 때 부피가 늘어난다는 점일 것입니다. 온도가 떨어지면, 물 분자들은 사면체 형태로 뭉칩니다. 사면체는 면이 네 개인데, 각각의 면은 삼각형입니다. 사면체의 형태로 늘어서면 물 속에서 제멋대로 있을 때보다 공간을 더 많이 차지하기 때문에, 물의 고체 상태인 얼음은 물보다 부피가 크고 밀도가 떨어집니다. 음료수에 넣은 얼음 조각이 위로 떠오르는 이유도 바로 여기에 있습니다. 더욱 중요한 것은, 호수나 바다의 물이 얼면 얼음으로 변해서 수면으로 떠오른다는 사실입니다. 이 덕분에 물고기를 비롯한 물 속 생물들이 얼음 밑에서 살아남을 수 있습니다. 만일 얼음이 밑으로 가라앉는다면, 바다는 딱딱하게 얼게 되고 지구의 생물은 절대로 진화할 수 없었을 것입니다. 이 사실을 염두에 둔다면, "물, 온 천하가 다 물이지만 마실 물은 단 한 방울도 없구나!"라는 말이 훨씬 심오한 의미로 다가올 것입니다.

● 수소와 산소 같은 원자들은 왜 서로 달라붙으려고 할까요?
(77쪽에 있는 '모든 사물이 흩어지지 않는 이유'를 보세요.)

● 중합체는 어떻게 만들어질까요?
(88쪽에 있는 '중합체'를 보세요.)

새로운 원소 만들기

우리가 주변 세계를 파악하는 한 가지 방법은 그 패턴을 파악하는 것입니다. 어린아이들은 부모님이 저녁에 정장을 차려입으면, 엄마와 아빠가 모임에 나간다는 사실을 알게 됩니다. 고양이들은 여러분이 부엌의 어떤 서랍을 열면 그 곳에 맛있는 간식이 들어 있다는 것을 알게 됩니다(그래서 고양이는 그 서랍을 열려고 애쓰곤 합니다). 외국어를 공부할 때, 우리는 문법과 단어의 여러 가지 패턴을 파악하려고 노력합니다. 과학자가 하는 연구 역시 사물의 패턴을 찾는 것입니다. 이렇게 함으로써 과학자들은 사물들이 서로 조화를 이루는 원리를 발견하는 만족감을 얻음과 동시에, 그 원형을 이용해 아직 발견되지 않은 것을 예측하기도 합니다. 이 같은 패턴의 대표적인 사례가 바로 원소 주기율표입니다.

19세기 후반, 러시아의 화학자 멘델레예프(D. Mendeleev)는 물질 세계의 바탕에 깔린 근본적인 질서를 인식했습니다. 그 당시 화학자들은 원자에 대해 알고 있었고, 그 원자들이 결합해서 물질을 형성한다는 사실도 알고 있었습니다. 그래서 화학자들은 어떤 물질이 원소이고, 어떤 물질이 원소들의 결합으로 이루어진 것인지 파악하려 노력하고 있었습니다. 이들은 이미 63종의 원소를 확정했습니다. 멘델레예프는 천재성을 유감 없이 발휘해 원소들을 원자량, 즉 핵에 있는 양성자의 수에 따라 배열하면 — 양성자가 한 개인 가장 간단한 원소인 수소의 원자량은 1 — 어떤 물리적 특징이 주기적으로 반복된다는 사실을 파악했습니다. 그래서 그는 원소들을 원자량의 순서대로 늘어놓으면서 그 물리적 특징에 따라 세로로 배열했습니다. 그렇게 하자, 패턴이 갖는 예측적 성질이 본격적으로 드러났습니다. 멘델레예프는 주기율표를 만들면서 아직 발견되지 않은 원소들을 위해 자리를 비워 두었습니다. 그리고 각각의 자리에 놓일 원소의 원자량과 물리적 특징을 예측했습니다. 물론 이 예측은 몇 년이 지나지 않아 각각의 자리에 들어갈 원소들을 발견한 여러 화학자들을 통해 옳다는 것이 밝혀졌습니다(이후 모즐리(H. G. J. Moseley)가 원자 번호에 기초해서 주기율표를 다시 만듭니다).

주기율표에는 자연 상태에서 발견되는 92종의 원소가 포함되어 있습니다. 원자 번호 92인 원소는 우라늄으로, 핵 속에 92개의 양성자가 들어 있습니다. 화학자들은 주기율표를 보면서 우라늄에 양성자를 한 개 덧붙여 새로운 원소, 즉 원자 번호 93인 원소를 만들 수 있는지 궁금해했습니다. 이 의문에 대한 해답 — 만들 수 있는지에 대한 — 이 바로 원자 번호 93에서 109에 이르는 원소들입니다(국제적으로 공인된 것은 원자번호 103까지이고, 그 이상의 원소들에 대해서는 나라마다 인정하는 정도가 약간씩 다릅니다). 과학자들은 우라늄에 중성자로 충격을 가하는 방법으로 이들 중 몇 가지 원소들을 만들어 냈습니다. 중성자가 우라늄에 충돌하면, 중성자 한 개가 양성자 한 개와 전자 한 개로 쪼개집니다. 그래서 양성자는 새로운 원소의 일부가 되고, 전자는 충돌 과정에서 튀어나갑니다. 최근 들어 화학자들은 훨씬 복잡한 방법을 사용해 좀 더 새로운 원소를 만들려고 하지만, 기본 개념(우라늄에 충격을 주어 여분의 양성자를 만드는 것)은 같습니다.

과학자들은 주기율표에서 우라늄보다 원자 번호가 큰 원소들을 초우라늄 원소라고 부릅니다. '응용 및 순수 화학 연합(Union of Applied and Pure

Chemistry)'에서 새로운 원소를 발견했다는 사실을 인정하면, 발견자는 — 최근에는 개인보다는 단체일 때가 많지만 — 그 원소의 이름을 붙일 수 있는 권리를 갖습니다. 원자 번호 106인 시보르기움(seaborgium)은 살아 있는 과학자의 이름을 따서 지은 유일한 원소인데, 시보그(G. Seaborg)가 그 장본인입니다. 그는 초우라늄 원소 열 가지를 발견하는 데 커다란 역할을 했습니다.

우리는 어디까지 나아갈 수 있을까요? 우라늄에 중성자를 덧붙여서 새로운 원소를 얼마나 더 만들 수 있을까요? 여기에는 한 가지 문제가 존재합니다. 원자 번호가 큰 원소일수록 상대적으로 불안정해서 생존 기간이 훨씬 짧기 때문입니다. 불안정한 원소는 쪼개져서 안정된 입자들로 바뀝니다. 예를 들어, 원자 번호 110인 원소는 단지 수백만 분의 1초 동안만 생존할 수 있습니다. 그렇지만 전자의 배열 때문에 원자 번호가 매우 큰 원소 중에서도 상대적으로 더욱 안정된 원소가 존재할 가능성도 배제할 수는 없습니다.

빅뱅이 일어난 직후, 우주는 수소(원자 번호 1) 구름으로 뒤덮였습니다. 수소 핵들이 서로 충돌하자, 헬륨과 리튬(원자 번호 2와 3)이 만들어졌습니다. 중력이 이 세 가지 원소를 하나로 잡아당겨 최초의 별을 만들었습니다. 이런 별들이 내뿜는 불덩이 속에서, 그리고 별의 죽음을 의미하는 초신성의 장엄한 폭발에서, 더욱더 많은 충돌이 일어나 마침내 자연 상태에서 존재하는 92종의 원소가 만들어졌습니다. 따라서 우리와 우리 주변 세계는 진정한 의미에서 별들의 후손이라고 할 수 있습니다.

● 양성자와 전자를 하나로 묶어 주는 것은 무엇일까요?
(77쪽에 있는 '모든 사물이 흩어지지 않는 이유'를 보세요.)

● 원소의 원자량은 원자 속에 들어 있는 양성자의 수에 따라 달라집니다. 그렇다면 양성자는 무엇으로 만들어질까요?
(50쪽에 있는 '쿼크'를 보세요.)

우리는 원자와 분자에 대해서 알고 있습니다. 원자로 이루어진 분자가 우리 주변의 모든 물질을 구성한다는 사실도 알고 있습니다. 아직까지는 모두 제대로 알고 있다고 할 수 있습니다. 그러나 기다란 사슬로 연결된 수천 개의 작은 분자들이 거대한 분자를 형성해서 많은 물질을 구성한다는 사실은 잘 모를 것입니다. 이러한 물질을 중합체(polymer)라고 부릅니다. 'poly'는 '많다'는 뜻인데, 예를 들어 'polyphony(두 개 이상의 가락을 함께 연주하는 다성음악)'나 'polygamy(한 남자에게 두 명 이상의 부인이 있는 일부다처제)' 등에 쓰인 'poly'와 같은 뜻입니다.

중합체 사슬은 성대한 파티에서 춤추는 긴 행렬과 비슷한 모양을 하고 있습니다. 이 사슬은 '단위체'라고 하는 계속적으로 반복되는 단위 구조들로 이루어져 있습니다. 중합체의 사슬들은 그 길이가 각각 다르기 때문에 — 각 물질에 따라 대표적으로 나타나는 평균 길이가 있기는 하지만 — 중합체를 위한 특별한 구조식은 없습니다. 과학자들은 구조식 대신 사슬을 구성하는 단위들로 표현합니다.

중합체는 모든 곳에 있습니다. 물론 여러분의 몸 속에도 있습니다. 머리카락이나 근육, 힘줄, 피부 등을 만드는 단백질 역시 중합체입니다. 단백질은 기다란 아미노산 사슬들로 이루어져 있습니다. 그리고 인체 내부의 다양한 생체 작용 과정에서 촉매 역할을 하는 효소가 바로 단백질입니다. 락타아제(lactase)도 효소의 일종인데, 락토오스(lactose)를 분해해서 우리 몸에 도움을 줍니다. 그리고 인슐린 역시 단백질입니다. 그래서 과학자들은 인체가 단백질을 만들어 내는 원리를 파악하려고 노력하고 있습니다. 인슐린을 합성해서 생산해 낼 수 있다면 당뇨병을 앓고 있는 사람들에게 큰 도움이 될 것이기 때문입니다.

중합체를 만드는 과정을 '중합(polymerization)'이라고 부릅니다. 중합에는 기본적으로 두 종류가 있는데, '축합 중합'과 '첨가 중합'이 바로 그것입니다. 이 두 가지 중합이 뜻하는 것은 이름 그대로입니다. 축합 중합은 압축해서 중합체를 만드는 과정이고, 첨가 중합은 덧붙여서 중합체를 만드는 과정입니다. 그래서 축합 중합 과정에서는 물 분자를 비롯한 여타의 조그만 물질들이 중합체가 형성될 때 떨어져 나옵니다. 그리고 첨가 중합 과정에서는 작은 분자들이 모두 사슬 속으로 들어가기 때문에 떨어져 나오는 물질이 하나도 없습니다. 축합 중합체 사슬에는 대부분 5000~3만 개 정도의 분자들이 포함되는 반면, 첨가 중합체 고리에는 대부분 2만~수백만 개에 달하는 분자들이 포함됩니다(정말 굉장한 파티에 정말 굉장한 춤인 셈이지요!).

중합체 연구는 대부분 천연 상태의 중합체를 개량해서 새로운 중합체를 합성하는 방법에 초점이 맞추어져 있습니다. 고무는 자연 속에도 존재하고, 개선된 형태로도 존재하고, 합성된 형태로도 존재하는 가장 유명한 중합체입니다. 고무는 잡아당기지 않으면 제멋대로 감겨서 길게 파동치는 사슬들로 구성됩니다. 그렇지만 고무를 잡아당기면, 사슬들의 감긴 상태가 펴져서 배열이 가지런해집니다. 당긴 고무를 놓으면, 사슬들은 제멋대로 감긴 무질서한 상태로 되돌아갑니다. 바로 이것이 고무를 탄력적으로 만듭니다. 천연 고무는 나무에서 얻습니다. 1839년, 굿이어(C. Goodyear)는 황을 첨가하면서 고무를 가열하면, 사슬들이 서로 결합해 경화 고무라고 하는 더 질긴 고무로 변한다는 사실을 발견했습니다. 그 다음에는 화학자들이 탄성이 훨씬 뛰어나고 강한 합성 고무를 개발했습니다.

중합체를 연구하는 많은 화학자들은 합성 섬유를 만드는 일에 전념하고 있습니다. 섬유질 물질은 천연이든 합성이든 서로 꼬불꼬불 감긴 많은 사슬로 형성되어 있습니다. 합성 섬유는 대부분 유기 중합체입니다. 이 말은 합성 섬유에 탄소 원자가 포함되어 있다는 뜻입니다(의과대학 예과 학생들을 궁지로 몰아넣는 유기 화학은 탄소에 관한 화학입니다). 아마 가장 유명한 합성 섬유는 폴리에스테르(polyester)일 것입니다. 주름이 가지 않는 레저 장비는 모두 중합체를 연구하는 화학자들의 발명품입니다. 순면 같은 천연 섬유가 좋다고 폴리에스테르를 멀리하지는 마세요. 그리고 폴리에스테르(그리고 아크릴과 나일론)를 만드는 데 쓰이는 원료가 대부분 석유라는 사실을 잊지 마세요. 석유로 만든 옷이라고 하면 그다지 낭만적으로 들리지는 않겠지만, 그래도 석유 역시 '자연에서' 나는 것이랍니다.

● 물을 포함하는 중합체도 있을까요?
(82쪽에 있는 '물'을 보세요.)

● 고무 같은 탄성 중합체를 너무 길게 잡아당기면, 어떤 일이 일어날까요?
(94쪽에 있는 '파괴점'을 보세요.)

결정과 결정학

　결정(크리스탈)을 귀걸이나 목걸이를 만드는 데 사용하는 예쁜 유리 조각으로 생각하는 사람이 있습니다. 그리고 신비한 힘이 담긴 조그만 석영 조각으로 생각하는 사람도 있습니다. 그렇지만 이 세상은 사람들이 아는 것보다 훨씬 많은 결정으로 이루어져 있습니다. 사실, 거의 모든 물질이 고체 상태에서 결정 구조를 이루고 있습니다. 기체와 액체는 상대적으로 무질서합니다. 반면에, 결정성 물질은 분자 차원에서 질서를 이루고 있습니다. 다만, 유리 같은 소수의 고체만 무질서할 뿐입니다. 그래서 몇몇 과학자는 유리를 '과냉각 액체'로 간주합니다. 이 말은 질서정연한 고체 상태에 이르지 않은 채 상온에서 어는 액체로 생각한다는 뜻입니다. 화학자들은 고체의 결정 구조에서 서로 다른 물질의 원자 결합 방식에 대해 아주 많은 것들을 알아 냅니다. 그리고 여러 분야에서 연구하는 과학자들에게 결정학은 강력한 도구가 됩니다.

　금속과 같은 결정 물질들은 대부분 육안으로 볼 수는 없지만 내부가 아주 질서정연하게 배열되어 있습니다. 결정 물질은 질서정연하고 반복적인 형태로 배열된 조그만 모양들이 3차원 기하학적 형태를 이루고 있습니다. 과학자들은 질서정연하게 계속 반복되는 형태 하나를 '단위 격자(unit cell)'라

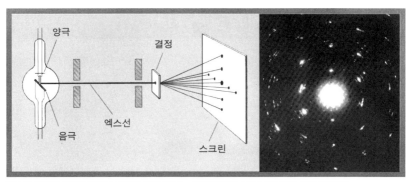

엑스선 회절을 이용해 결정의 구조를 살피고 있는 실험(왼쪽)과 그 결과를 찍은 사진(오른쪽)

고 부릅니다. 고양이와 바구니 그림이 반복되는 벽지에서, 이들이 하나의 세트를 이룬 최소 단위가 바로 단위 격자인 셈입니다.

과학자들은 결정의 특징을 그 기하학 모양과 대칭으로 묘사합니다. 모든 결정의 형태는 대칭입니다. 대칭이란, 어떤 대상을 거꾸로 돌려도 동일한 모양으로 보이는 형태를 뜻합니다. 예를 들어, 사람의 몸은 앞이나 뒤 또는 위나 아래의 대칭이 아닌 오른쪽과 왼쪽이 대칭되는 형태입니다. 이것 때문에 여러분은 거울을 좌우로 바꾸지 않아도 거울에 비친 여러분의 모습을 알아볼 수 있습니다. 만일 거울에 비친 모습이 머리는 밑으로, 발은 위로 올라간다면, 옷을 바로 입는 것도 매우 힘들 것입니다.

과학자들은 2차원 이미지를 이용해서 결정의 3차원 구조를 파악하는 방법을 터득했습니다. 결정학이라고 하는 이 과학 기술은 엑스선의 파장(파동의 마루와 마루 사이의 거리)이 결정 원자 사이의 간격과 대체로 일치한다는 사실에 바탕을 두고 있습니다. 엑스선이 결정을 통과할 때, 엑스선과 접촉하는 원자들은 엑스선을 여러 각도로 분산시킵니다. 과학자들은 이런 현상을 '회절'이라고 합니다. 결정에서 일정 거리 떨어져 있는 사진 건판에는 엑스선의 회절 각도들이 기록됩니다. 광선의 파동들이 겹치면, 파동의 강도는 두 배가 되거나 서로를 증폭시킵니다. 파동의 마루와 골이 서로 겹치면, 파동은 서로를 소멸시킵니다. 엑스선은 여러 각도로 회절되기 때문에 어떤 파동들은 서로를 증폭시키고, 어떤 파동들은 서로를 소멸시킵니다. 파동이 증폭될 때에는 상 위에 검은 점이 만들어지고, 파동이 소멸될 때에는 그 부분이 희미한 점으로 나타납니다. 결정학자들은 결정의 3차원 구조를 파악하는 데에 점들 사이의 간격과 강도의 차이 — 검은 점과 희미한 점으로 나타나는 — 를 모두 이용합니다. 이들은 이 기술을 물리학과 광물학, 야금술(metallurgy : 광석에서 금속을 추출하고 용도에 따라 금속을 변경시키는 과학 기술), 생물학 같은 다양한 분야에 이용합니다.

눈송이 하나가 코트 소매 위에 떨어질 때, 여러분은 눈송이가 레이스같이 생긴 육각형 구조라는 것을 보고는 감탄을 할 것입니다. 그렇지만 눈송이의 훨씬 작은 단위 속에 있는 똑같은 결정 구조는 볼 수 없습니다. 분자 차원에서 보면, 세계는 우리가 일상생활에서 접하는 것보다 훨씬 심오한 질서로 이루어진 곳입니다.

● 결정이 하나로 모여 있게 만드는 것은 무엇일까요?
(77쪽에 있는 '모든 사물이 흩어지지 않는 이유'를 보세요.)

● 동일한 물질이 결정이기도 하고, 결정이 아니기도 할 수 있을까요?
(80쪽에 있는 '다이아몬드와 흑연'을 보세요.)

광고에서 뭐라고 주장하든, 이 세상에 깨지지 않는 물질은 없습니다. 어떤 물체에 충분한 응력이 가해지면, 그 물체는 깨지게 마련입니다. '응력(stress)'이란 물체에 가하는 하중이나 압력을 나타내는 공학 전문 용어이고, '강도(strength)'는 물질이 응력에 저항할 수 있는 정도를 나타내는 단위입니다. 사람과 마찬가지로, 이것 역시 여러분을 속일 수 있습니다. 강해 보이는 물질이 아주 쉽게 깨질 수도 있고, 별로 강할 것 같지 않은 물질이 아주 강할 수 있으니 말입니다.

물질은 두 가지 유형의 압력을 받습니다. 당기는 힘인 장력과 미는 힘인 압축력이 바로 그것입니다. 공학자들은 당기는 힘에 대한 저항력이 높은 물질을 인장 강도가 높다고 하고, 미는 힘에 대한 저항력이 높은 물질을 압축 강도가 높다고 합니다. 어느 특정 물질을 극적으로 당기거나 밀 수는 있지만, 이 운동은 물질을 하나로 묶어 주는 화학 결합 내부에서 발생합니다. 원자들이 결합된 형태는 조그만 용수철과 비슷합니다. 그래서 어떤 물질을 잡아늘이면, 원자의 결합 형태 역시 길어집니다. 반면에 어떤 물질을 압축하면, 원자의 결합 형태 역시 짧아집니다.

물질은 기본적으로 두 가지 방법으로 깨지거나 부서집니다. 한 가지는 고무줄이나 부드러운 과자 조각처럼 그 모양이 극단적으로 변할 때까지 길게 잡아당겨서 부수는 방법이고, 또 한 가지는 유리컵이나 도자기처럼 금이 가는 형태로 깨는 방법입니다. 인장 강도가 높거나 연성이 있는 물질을 잡아당기면 원자들은 서로를 스치듯이 미끄러집니다. 결국 당기는 힘이 최대가 될 때 그 물질은 분리됩니다. 부서지기 쉬운 물질에 금이 가면, 금이 제일 먼저 생긴 곳에 있는 원자층 사이의 결합이 깨집니다. 그래서 물질 전체에 고르게 전달되던 힘은 이제 갈라진 틈을 빙 돌아가야만 합니다. 그 결과, 갈라진 틈 바로 뒤에 훨씬 더 커다란 압력이 몰리게 되어 더 많은 결합이 깨집니다. 그래서 연쇄적으로 결합 파괴가 일어나고, 마침내 그 물질은 순식간에 산산조각이 나게 됩니다.

깨뜨릴 수 없는 물질이 존재하지 않듯이, 전적으로 단단한 물질도 존재하지 않습니다. 여러분이 책상 위에 팔꿈치를 올려놓은 채 책을 읽는다면, 그 책상은 팔꿈치의 압력에 아주 조금 밀리게 됩니다. 팔꿈치의 하중 때문에 모양이 일시적으로 변형되는 것입니다. 그러다가 하중이 제거되면 본래의 모양으로 돌아가는데, 이 능력을 그 물질의 탄성도라고 합니다. 고무줄이나 매트리스 같은 물질에만 탄성이 있는 것은 아닙니다. 발 밑에 있는 마룻바닥도 여러분이 걸어가고 난 다음에는 원래의 모습으로 되돌아갑니다.

원래의 모양으로 되돌아가지 않는 물질을 소성체라고 합니다. 익숙한 사례 하나는 완전히 늘어나면 본래의 모습을 잃어버리는 탄력 있는 허리띠입니다. 허리띠는 조금씩 늘어나다가 결국에는 끊어지고 맙니다(그 전에 쓰레기통에 버리지 않았다면 말입니다). 부서지기 쉬운 물질 역시 파괴점(breaking point)에 이르기까지는 탄성이 있습니다. 그러다가 갑자기 부서져 버립니다. 그렇기 때문에 유리같이 강한 물질은 커다란 구조물에 쓸 수가 없습니다. 아무런 경고 없이 갑자기 부서져 버릴 테니 말입니다. 그래서 유연성이 있는 물질은 쉽게 '주장을 바꾸는' 사람 같다고, 그리고 부서지기 쉬운 물질은 모든 것을 다 좋아하는 것처럼 행동하다가 어느날 갑자기 엄청 화를 내는 사람 같다고 말할 수 있습니다.

혹시 여러분은 딱딱한 것과 강도를 혼동하고 있지는 않나요? 딱딱한 물질은 강할 수도 약할 수도 있으며, 유연한 물질 역시 마찬가지입니다. 예를 들어, 여러분이 한밤중에 책을 읽으며 과자를 먹는다고 가정해 봅시다. 여러분이 먹고 있는 포도 젤리는 연하며 약합니다. 손이나 입으로 얼마나 쉽게 잘라집니까! 반면에 크래커는 딱딱하지만 쉽게 부서지고 약합니다. 이 과자는 압력을 조금만 주어도 부서집니다. 그렇지만 크래커를 담아 놓은 접시는 딱딱하고 강합니다. 그리고 잠자리에 들기 전 잇새에 낀 찌꺼기를 제거하는 데 쓰는 치실은 유연하면서도 강합니다.

● 원자와 분자 내부에서 화학 결합은 어떻게 일어날까요? 화학 결합이 파괴점 이상의 힘을 가할 때까지 물질을 하나로 묶는 이유는 무엇일까요?
(77쪽에 있는 '모든 사물이 흩어지지 않는 이유'를 보세요.)

● 과학자들은 화학 구성이 다양한 물질을 만들어 외부의 압력에 다양한 형태로 반응하도록 할 수 있을까요?
(88쪽에 있는 '중합체'를 보세요.)

비누의 위대한 능력은 분열시키는 성질에 있다고 말할 수 있습니다. 그것은 비누의 예쁜 포장 때문이 아니라 열심히 일하기 때문이며, 그렇게 점잖아 보이는 외모가 거품으로 변하기 때문이 아니라 비누 분자 자체가 자신이 원하는 것을 결정할 수 없기 때문입니다.

비누 분자에는 긴 탄화수소 꼬리(탄화수소는 탄소와 수소로 구성된 화합물입니다)와 물에 잘 녹는 머리가 있습니다. 이 머리에는 비누 분자의 혼란스러운 자기 정체가 들어 있습니다. 비누 분자의 머리는 높은 극성을 띠기 때문에 물 같은 극성 물질에 달라붙습니다. 이것을 '친수성'이라고 하는데, 친수성이란 물에 잘 달라붙는다는 뜻입니다. 반면에 비누 분자의 꼬리는 극성이 없기 때문에 기름과 같은 비극성 물질에 달라붙습니다. 이것을 '소수성'이라고 하는데, 소수성이란 물을 거부한다는 뜻입니다.

비누가 물에 녹으면, '미셀(micelle)'이라고 하는 커다란 분자덩어리들이 만들어집니다. 그래서 소수성 꼬리는 미셀의 중심으로 향하고, 친수성 머리는 바깥으로 향합니다. 끊임없이 움직이는 비누 미셀이 얼굴에 있는 기름기와 만나면, 꼬리는 기름기와 달라붙고 머리는 물과 결합합니다. 그래서 비누는 기름기가 물에 녹은 것처럼 보이게 하는 효과를 냅니다. 비누는 기름기가 있는 물질과 물이 만나는 표면에서 작용하기 때문에 '계면 활성제'라고 부릅니다. 물론 비누와 작용이 비슷한 합성 세제 역시 계면 활성제입니다.

미셀의 안쪽 꼬리는 기름을 묻히고 바깥 머리는 물과 결합해 기름 방울을 만듭니다. 그런데 기름 방울은 비누 분자의 전하를 띤 머리들이 반발하므로 하나로 뭉치지 않기 때문에 물에 씻겨 나갑니다. 그러면 얼굴이나 셔츠가 깨끗해지지요. 비눗기가 있는 물과 기름기가 있는 물질이 마주치는 곳에서 일어나는 활발한 소동은 기름 방울을 만들고 옮기는 데 커다란 도움을 줍니다. 쉽게 말해, 열심히 비벼 대는 소동을 벌이기 때문입니다!

비누는 지방과 알칼리, 또는 물에 녹는 소금으로 구성됩니다. 비누는 아마 원시인들이 불에 음식을 구워 먹다가 음식에서 나온 지방이 재에 떨어졌을 때 처음 발견되었을 것입니다. 불을 끄려고 재 위에 물을 쏟아붓자, 지방과 재에서 우러난 잿물이 원시적 형태의 비누를 형성했을 것입니다. 그러다 부엌일을 담당한 사람들이나 불을 담당한 사람들이 이 '비누'가 물건을 깨끗이 하는 데 뛰어난 능력을 발휘한다는 사실을 알게 되었겠지요.

오늘날 비누는 동물의 지방질 대신 팜유나 올리브유를, 그리고 잿물 대신 수산화나트륨(가성소다)을 사용해 만듭니다. 그리고 여러 가지 다른 성분 배합을 통해 거품이 쉽게 일거나, 쉽게 일지 않는 비누를 만들기도 합니다. 비누를 센물, 즉 우물이나 지하수에서 사용하면 그 속에 포함된 칼슘과 마그네슘 때문에 '석회 비누'라고 하는, 물에 녹지 않는 물질이 생겨납니다. 그래서 거품이 잘 일지 않게 되지요. 기름기가 있는 이 침전물은 욕조에 끼는 때로 남을 때가 많습니다. 그렇지만 비누를 제일 먼저 발견한 원시인들은 이런 걱정을 전혀 하지 않았을 것입니다.

● 재 속에 있는 탄소는 어떻게 불에서 남을 수 있을까요?
(102쪽에 있는 '불'을 보세요.)

인체는 세포로 구성됩니다. 그리고 인체의 모든 성장과 활동은 세포 안에서 일어나는 화학 변화의 결과입니다. 그렇지만 우리 머릿속에 있는 것은 어떨까요? 뇌는 물론, 사고와 감정, 기억, 의식, 자아 등 뇌와 관련된 모든 것 말입니다. 뇌의 모든 활동이 화학 과정으로 환원될 수 있다고 말하는 과학자도 있습니다. 그러나 다른 과학자들은 화학이 많은 것을 설명해 주기는 하지만, 모든 것을 다 설명한다고 말하는 것은 시기상조라고 생각합니다.

신경 조직을 구성하는 수십억 개에 달하는 특별한 신경 세포를 '뉴런(neuron)'이라고 부릅니다. 뉴런은 인체 세포 가운데 가장 커다란데, 뉴런 사이에 있는 정교한 통신망 때문에 다른 인체 세포 및 인체 조직과 구분됩니다. 뇌가 인체 외부와 내부의 다양한 정보를 인체의 다른 부분과 주고받고, 깊이 있게 생각할 수 있는 것은 바로 이 통신망이 있기 때문입니다. 감각 뉴런은 접촉이나 온도 같은 감각 정보를 받아 뇌로 전달합니다. 운동 뉴런은 뇌에서 나온 정보를 말초 신경으로 보내 근육과 땀샘의 작용을 일으킵니다. 숫자가 가장 많은 중간 뉴런은 감각 뉴런과 운동 뉴런, 그리고 다른 중간 뉴런과 연결됩니다. 그래서 이들은 인체와 뇌의 복잡한 활동을 조직합니다.

각각의 뉴런에는 세포질이라고 하는 중심이 있는데, 이 중심은 단백질을

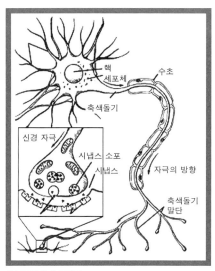

수상돌기와 축색돌기

비롯한 여타 화학 물질로 구성된 얇은 막으로 둘러싸여 있습니다. 이 막은 음전하를 띠는 세포질과 세포질 밖의 양전하를 띠는 액체 사이에서 하나의 장벽처럼 작용합니다. 전하의 차이는 아주 중요한데, 그것은 뉴런에서 다른 뉴런으로 충격이 전달되는 방식을 규정하기 때문입니다. 뉴런의 한쪽 끝에는 가지처럼 뻗어 나온 수상돌기들이 있는데, 이것은 자신이 받은 자극을 세포에 전달합니다. 뉴런의 다른 한쪽 끝에는 축색돌기라고 하는 실같이 길게 뻗은 부분들이 있습니다. 이것은 옆에 있는 세포는 물론 아주 먼 곳에 있는 세포에도 가끔 충격을 전달합니다. 축색돌기는 말 그대로 신경의 말단이라고 하는 곳에서 끝납니다. 각각의 뉴런에 달려 있는 축색돌기는 다른 많은 뉴런에게 자극을 전달하고, 수상돌기는 많은 다른 뉴런이 보낸 자극을 전달받습니다.

어떤 뉴런의 축색돌기에서 나온 자극이 다른 뉴런의 수상돌기까지 이동할 때, 자극은 시냅스(synapse)라는 작은 틈새를 뛰어넘습니다. 그리고 각각의 뉴런은 일방 통행 길입니다. 이는 자극이 오직 한쪽 방향으로만 간다는 뜻입니다. 이 자극은 전기적인 자극을 발생시키는 화학 과정으로써 전달됩니다. 그래서 이 신호를 전기 화학 신호라고 부릅니다. 이 과정은 축색돌기한 개가 신경 전달 물질(neurotransmitter)이라고 하는 화학 물질을 시냅스 건너편에 있는 다른 뉴런의 수상돌기로 방출할 때 시작됩니다. 신경 전달 물질이 수용기 세포와 결합되면, 수용기 세포의 단백질이 열려서 양전하를 띤 입자를 통과시킵니다. 양전하를 띤 이 입자는 세포 내부의 음전하에 달라붙어 균형을 바꾸어서 세포 내부를 양전하로 변화시킵니다. 그러면 옆에 있던 단백질이 똑같은 방식으로 열려 양전하를 띤 입자들을 세포의 중앙으로 들어가게 한 다음, 다시 닫힙니다. 그래서 각각의 세포 영역이 전하를 바꾸면, 예전의 영역은 원래의 음전하로 되돌아갑니다. 이 과정은 세포의 길이를 따라 계속되기 때문에 우리는 이것을 '신경 자극'이라고 부릅니다.

뉴런에게 자극을 발사하라고 명령하는 신경 전달 물질과 더불어 뉴런이 자극을 발사하지 못하도록 하는 신경 전달 물질도 있습니다. 이런 균형이 없다면, 우리 몸 안에 있는 모든 뉴런이 계속 자극을 전달하겠지요. 그러면 모든 사람이 신경쇠약에 걸리고 말 것입니다.

인간의 신경 조직을 단순히 화학으로 생각할 때 문제가 생기는 것은 아마 '단순'이라는 단어 때문이겠지요. 인간의 신경 조직은 전기 화학 정보를 보내는 작은 도구들이 기묘할 정도로 복잡하게 구성된 오케스트라와 같습니다. 정보의 혼합은 믿을 수 없을 정도로 미묘하게 끊임없이 변합니다. 만일 이들을 지휘하는 지휘자가 있다면, 그것은 바로 여러분 자신입니다. 그리고 그 지휘는 결코 '단순한' 것이 아닙니다.

● 우리가 느끼는 대상은 정말 우리 몸 밖에 있는 것일까요, 아니면 단지 우리 머릿속에 있는 것일까요?
(233쪽에 있는 '감각'을 보세요.)

● 두뇌 활동을 가능하게 만드는 전기적 바탕은 무엇일까요?
(64쪽에 있는 '전류'를 보세요.)

● 두뇌 화학은 기억에서 어떤 역할을 할까요?
(293쪽에 있는 '기억'을 보세요.)

● '생각하는 것'에 두뇌가 필요할까요?
(314쪽에 있는 '인공 지능'을 보세요.)

불

물질이 에너지로 전환되는 것을 보여 주는 예로 불보다 좋은 것은 없습니다. 벽난로 옆에 쌓여 있는 장작더미를 생각해 보세요. 그리고 그 아름다운 불꽃과 아늑한 따뜻함을, 거기다 나중에 남는 잿더미를 상상해 보세요. 뒤뜰에 만들어 둔 석쇠 아래 조심스럽게 늘어놓은 숯을, 그 위에 있는 스테이크와 생선을 굽는 빨간 불꽃을, 그리고 마지막으로 남은 검은 찌꺼기를 생각해 보세요. 처음에 불을 지피려고 사용하는 종이마저 흔적도 없이 사라지지 않습니까?

불은 물질이 산소와 결합해서 일어나는 화학 반응의 일종으로, 산화 반응이라고 합니다. '연소'라고 일컫는 불타는 과정은 충분한 열을 받은 연료의 분자가 불안정한 상태가 되어 가까이 있는 산소와 상호 작용하는 것으로 시작됩니다. 성냥 역시 다른 물체의 표면에 비벼서 생겨난 마찰열로써 불이 붙도록 만든 것입니다.

연소를 통해 생겨난 물질들은 최초 물질인 연료와 산소보다 에너지가 적은데, 그것은 에너지가 열과 빛으로 방출되었기 때문입니다. 그리고 방출된 에너지의 일부는 압축 공기의 파동 형태를 취하기도 합니다. 장작이 탈 때 '탁탁' 하고 나는 소리가 바로 이것입니다.

연소의 기본 개념은 이처럼 간단하지만, 실제 과정은 아주 복잡합니다. 가장 간단한 수소와 산소의 연소 반응에서조차 원자들은 최소한 14단계에 달하는 배치와 재배치의 과정을 거칩니다.

연료는 고체와 액체와 기체의 형태가 있습니다. 나무 같은 고체가 탈 때에는 비교적 낮은 온도에서 증발하는 물질이 빠져 나와 제일 먼저 불에 붙습니다. 가끔 나무나 숯에 불이 잘 붙지 않는 것도 바로 이 때문입니다. 반면에 액체 연료에서는 열이 연료 표면에 있는 액체를 증발시키는데, 이 증기가 불에 붙습니다. 그리고 증기가 불에 타면, 더 많은 증기가 증발하게 됩니다. 기체의 온도가 올라가면 분자끼리 강한 힘으로 충돌하므로 원자들의 결합이 깨집니다. 그러면 원자들이 훨씬 더 빠르게 반응하고, 연속적인 연소 반응이 일어납니다. 온도가 충분히 높아지면, 연쇄 반응이 매우 빠르게 일어나 공급된 모든 연료가 동시에 연소됩니다. 이것이 바로 폭발입니다. 쉽게 말해서, 폭발은 아주 빠르게 타는 불일 뿐입니다.

연료가 고체이든 액체이든 기체이든 상관 없이, 연료와 충분한 산소를 공급하는 한 불은 계속 탑니다. 그렇지만 여러분이 불 위로 담요를 던진다면, 산소 공급이 끊어져서 불이 꺼지고 말겠지요.

저절로 일어나는 연소는 마술이 아니라, 대개는 물건을 산더미같이 쌓아 놓았을 때 일어납니다. 물건 내부에 있는 세균이 열을 만들면 물건의 온도가 높아집니다. 그런데 열이 빠져 나갈 공간이 없기 때문에 온도는 더욱 높아집니다. 이 과정이 계속 진행되다가 마침내 불꽃을 내뿜으며 물건이 타게 되는 것입니다.

우리는 물질이 에너지로 전환하는 것으로 이야기를 시작했습니다. 그렇지만 한 발 뒤로 물러나서 살펴보면, 우리가 사용하는 연료들은 모두 에너지가 물질로 전환함으로써 형성된 것임을 알 수 있습니다. 땔감을 제공하는 나무는 태양 에너지를 흡수해서 성장했습니다. 그리고 석유 같은 화석 연료

는 수백만 년 전에 저장된 태양 에너지를 방출합니다. 이 같은 에너지 순환
은 지금도 여러분의 눈 앞에서 진행되고 있습니다!

● 우리는 불에서 나는 열을 느낄 수 있습니다. 그런데 그 열을 눈으로 볼 수
있는 동물이 있을까요?
(241쪽에 있는 '적외선 복사'를 보세요.)

04

수학

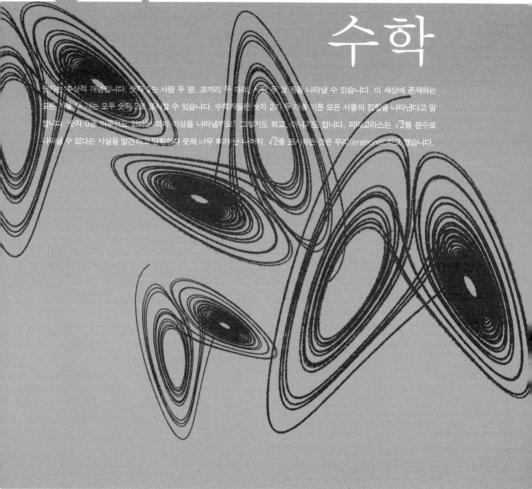

숫자는 추상적 개념입니다. 숫자 2는 사람 두 명, 코끼리 두 마리, 사탕 두 알 등을 나타낼 수 있습니다. 이 세상에 존재하는 모든 사물 두 개는 모두 숫자 2로 표시할 수 있습니다. 수학자들은 숫자 2가 두 개로 이룬 모든 사물의 집합을 나타낸다고 말합니다. 숫자 0은 아무것도 없다는 의미 이상을 나타낼까요? 그렇기도 하고 아니기도 합니다. 피타고라스는 $\sqrt{2}$를 분수로 나타낼 수 없다는 사실을 발견하고 당황하지 못해 너무 화가 난 나머지, $\sqrt{2}$를 표시하는 것은 무리(irrational)라고 했습니다.

영(0)의 개념은 2~3세기경 마야의 칵테일 파티에서 웨이터가 껍데기를 반쯤 깐 굴 요리를 쟁반에 둥글게 늘어놓으면서 처음 생겨났을지도 모릅니다. 마야 사람들에게 영은 텅 빈 굴 껍데기를 상징했기 때문입니다. 그렇지만 역사학자들은 대부분 기원전 500년경에 바빌로니아 사람들이 영을 발명했고, 약 1000년 후에 인도에서 다시 등장했다고 주장합니다. 그 후, 영은 아라비아로 건너가서 아라비아 숫자에 포함되었다가 유럽으로 건너가게 됩니다.

영은 2, 20, 200 등의 차이를 표시하는 위치적 기수로서의 영(0)입니다. 영은 각각의 숫자가 위치에 따라 얼마만 한 크기를 갖는지를 나타냅니다. 영은 구슬로 계산을 하는 관습에서 서서히 생겨났습니다. 초창기의 인류 문명은 대부분 구슬을 셈판에 나란히 배열해서 숫자를 세는 데 사용했습니다.

구슬로 나란히 배열한 줄은 오늘날 우리가 사용하는 기수법과 똑같은 기능을 했습니다. 첫 번째 줄에 있는 구슬 하나는 1의 값을 나타내고, 두 번째 줄에 있는 구슬 하나는 10의 값을 나타내는 식이었지요. 그렇지만 영을 발명하기 전까지는 오늘날 우리가 영을 표시하는 자리를 비워 두었습니다. 10은 두 번째 줄에 있는 구슬 하나로 표시되었고, 첫 번째 줄의 끝은 텅 빈 공간으로 두었던 것입니다. 지금 우리는 영을 사용하는 데 너무 익숙한 나머지, 옛날 사람들이 텅 빈 공간에 알맞은 기호도 없는 상태에서 어떻게 현재의 숫자 체계와 비슷한 구조를 만들어 사용했는지 잘 이해할 수 없습니다.

바빌로니아 사람들이 위치적 기수법의 문제점을 해결할 수 있는 영을 발명한 후, 6세기에 인도와 중국 사람들이 숫자로서의 영을 발견하는 데에는 1000년이라는 세월이 걸렸습니다. 그리고 이 영이 서양에 도착해서 사용되기까지 다시 700년이라는 오랜 세월이 걸렸습니다. 영을 숫자로 생각한다는 것은 인간에게 아주 낯선 일임에 틀림없었나 봅니다. 음수조차도 0보다 빨리 나타났으니 말입니다.

숫자인 0은 아무것도 없다는 의미 이상을 나타낼까요? 그렇기도 하고, 아니기도 합니다. 0은 아무것도 없다는 것을 나타내기도 하지만, 수학적으로 특별한 성질을 가진 독특한 숫자이기도 합니다. 자연수 1, 2, 3, 4, 5,…… 등을 정수라고 합니다. 0 역시 정수입니다. 양수도 음수도 아닌 정수는 0뿐입니다. 정수는 차례대로 연속되는 질서를 가지고 있습니다. 0이 정수라는 사실을 증명하는 방법 하나는 −5에서 +5까지 세어 보는 것입니다. 그러면 −1과 +1은 연속되지 않기 때문에 이 사이에는 0을 놓아야 한다는 것을 알 수 있습니다.

숫자는 추상적 개념입니다. 숫자 2는 사람 두 명, 코끼리 두 마리, 사탕 두 알 등을 나타낼 수 있습니다. 이 세상에 존재하는 모든 사물 두 개는 모두 숫자 2로 표시할 수 있습니다. 수학자들은 숫자 2가 두 개를 이룬 모든 사물의 집합을 나타낸다고 말합니다. 그리고 숫자 3은 세 개를 이룬 모든 것들의 집합을 나타내고, 그 다음 숫자도 마찬가지입니다. 이와 같은 집합은 무수히 많기 때문에 수학자들은 집합을 무한하다고 말합니다. 0은 이런 집합 중 어떤 것도 대표하지 않는 집합입니다. 그래서 수학자들은 ϕ을 '공집합'이라고 부릅니다.

우리는 수를 셀 때 대개 숫자 1로 시작하지만, 수학적으로 볼 때에는 0으로 시작하는 게 옳습니다. 가령 귤의 숫자를 센다고 가정합시다. 귤이 한 개도 없는 텅 빈 집합에서 귤 한 개가 있는 집합으로 가려고 우리는 귤 한 개를 더합니다. 그리고 귤 두 개가 있는 집합으로 가려고 두 번째 귤을 더하는 식으로 귤을 셉니다. 물론 과일이 하나도 없는 텅 빈 집합에서 귤과 참외와 수박을 한 개씩 더하면 과일 샐러드 집합 하나가 생겨날 수도 있습니다.

● 수학자들은 수 집합이 무한히 존재한다고 하는데, 이 말은 무슨 뜻일까요?
(133쪽에 있는 '무한'을 보세요.)

어린이들은 손가락으로 하나, 둘, 셋을 꼽으며 숫자 세는 법을 배웁니다. 수학자들은 이런 자연수를 정수라고 부릅니다. 다음 단계는 분수입니다. 여러분이 마지막 남은 초콜릿 케이크 절반을 받았다고 가정합시다. 그리고 여동생 역시 나머지 절반을 받았습니다. 케이크를 서로 많이 차지하려고 싸우는 아이들은 잘 모르겠지만, 분수는 숫자 두 개의 비율입니다. 1/2이라는 분수는 2에 대한 1의 비율을 뜻합니다. 초기 그리스 시대에 수학자들은 모든 숫자를 비율 또는 분수로 표현할 수 있다고 생각했습니다(4를 4/1로 쓸 수 있는 것처럼 모든 정수는 분모가 1인 숫자로 쓸 수 있다고 생각했습니다).

기원전 6세기경, 피타고라스(Pythagoras)는 유명한 피타고라스의 정리를 발견했습니다. 그런데 직각을 끼고 있는 두 변의 길이가 1이라면, 대각선의 길이는 $\sqrt{2}$가 되어야 합니다. 피타고라스는 $\sqrt{2}$를 분수로 나타낼 수 없다는 사실을 발견하고 당황하다 못해 너무 화가 난 나머지, $\sqrt{2}$를 표시하는 것은 무리(無理:irrational)라고 했습니다. 그래서 무리수라는 개념이 탄생했습니다. 일설에 따르면, 피타고라스의 추종자들은 무리수에 관한 지식이 외부로 퍼져 나가지 못하게 하려고 굉장히 애를 썼다고 합니다.

비율이라는 개념이 다소 추상적이라면, 길이의 단위를 생각해 보세요. 직각을 낀 두 변의 길이가 각각 1과 2인 직각삼각형은 빗변의 길이가 (1^2+2^2)의 제곱근, 즉 $\sqrt{5}$와 같아야 합니다. 그런데 $\sqrt{5}$를 길이로 정확히 표현할 방법은 없습니다. 항상 길이로 표시할 수 없는 나머지가 남기 때문입니다.

유리수와 무리수를 판단하는 간단한 방법이 있습니다. 유리수를 소수로 표시하면 계속 반복해서 나타나는 소수점 아래의 숫자가 있습니다. 예를 들어, 4와 1/3은 4.3333……이 됩니다. 그러나 무리수는 반복해서 나타나는 소수점 아래 숫자가 있을 수 없습니다. 소수점 아래가 동일하게 반복하지 않는 것 가운데 가장 유명한 수는 아마도 원주율(π)일 것입니다. 원주율은 3.14159265358979……로 끝없이 계속됩니다.

무리수 개념이 널리 알려지자, 사정은 훨씬 더 나빠졌습니다. 무리수가 유리수보다 훨씬 많다는 사실이 증명되었기 때문입니다. 그렇지만 무리수를 받아들이면 편리합니다. 무리수가 유리수 사이에 있는 수많은 공간을 채워 주니까요. 유리수 사이에는 무한히 많은 무리수들이 있습니다. 그래서 유리수만 가지고는 수학적으로 연속적인 선을 그을 수 없습니다. 결국 무리수 덕분에 연속적인 선을 그을 수 있는 것입니다.

무리수의 세계가 유리수의 세계보다 훨씬 더 넓다고 하지만, 우리는 유리수로 숫자를 세고 측정하고 계산합니다. 무리수는 수학자들에게 맡겨 놓지요. 수학자들 또한 분수 속에 갇히길 거부하는 무리수의 세계를 고통스런 고문이라기보다 성취욕을 충족시키는 희망의 대상으로 느낀답니다.

● 원주율이란 무엇일까요?
(112쪽에 있는 '원주율'을 보세요.)

● 무리수의 소수점 아래 숫자가 반복하지 않거나 끝이 없다면, 무리수는 무한할까요? 무리수 가운데 무한한 숫자가 있을까요? 유리수는 어떨까요?
(133쪽에 있는 '무한'을 보세요.)

원주율(π)은 오랜 역사를 지녔을 뿐만 아니라, 높은 수학적 지위를 누리고 있습니다. 원주율을 계산하려 했던 영웅적인 시도를 탑처럼 쌓을 수 있었다면 아마 그 높이가 태산 같았을 것입니다. 정확하게 파악이 되지 않은 이 이상한 숫자는 물리의 세계를 수학으로 설명하는 데 아주 중요한 역할을 합니다.

원주율(π=3.1415926535……)은 지름(d)에 대한 원주(c)의 비율입니다(π=c/d). 이 방정식의 c/d에 어떤 숫자를 넣는다 해도, 원주율을 정수 두 개의 비율로 나타낼 수는 없습니다. 그래서 수학자들은 원주율을 무리수라고 부릅니다. 수학자들은 원주율을 초월수라고도 부릅니다. 쉽게 말해서, 원주율은 절대로 대수 방정식의 해가 될 수 없다는 것입니다(대수학은 다른 양을 나타내는 기호들을 사용하는데, 방정식의 양변에 있는 기호들을 엄밀한 규칙에 따라 조작해 모르는 양의 값을 구하는 수학의 한 갈래입니다).

2000년 전에 그리스 사람들은 원주율에 대해 깊이 생각했습니다. 아르키메데스(Archimedes : 기원전 287년경~212년)는 다각형을 이용해 원주율의 근사값을 계산했습니다(다각형이란 변이 많은 도형, 예를 들어 오각형 또는 육각형을 말합니다). 아르키메데스는 원을 하나 그리고, 그 원에 내접하는 다각형과 그 원에 외접하는 다각형을 그렸습니다. 그러면 원주율은 두 개의 다각형에 따라 규정되는 두 개의 극한 사이에 놓이게 됩니다. 이 방법을 사용해 아르키메데스는 원주율의 근사값을 3.1418까지 계산해 냈습니다. 아르키메데스는 223/71과 22/7 사이에 있는 이 수치가 무리수임을 증명하지는 못했지만, 이 수치가 근사값이라는 것은 알고 있었습니다.

18세기 들어 수학자들은 원주율이 무리수라는 것을 증명했으며, 얼마 지나지 않아 초월수라는 것도 밝혀 냈습니다. 원주율이 초월수라는 것은 주어진 사각형의 면적과 똑같은 크기의 원은 그릴 수 없다는 뜻입니다. 그리스 사람들이 만들어 낸 '정사각형과 같은 면적의 원을 그리려고 하는 사람(영어로는 circle-squarer)'이란 말은 '불가능한 일을 시도하는 사람'이라는 뜻으로 아직도 사용되고 있습니다.

원주율이 구와 원기둥 같은 도형의 부피를 구하는 공식에 쓰이고 있다는 것은 그리 놀랄 일이 아닙니다. 모두 동그란 도형이니까요. 그렇지만 모든 닫힌 도형의 넓이를 구하는 데 원주율이 관계된다는 것은 놀라운 사실입니다. 오늘날 원주율은 원의 면적을 구하는 것 이상으로 아주 복잡한 수학의 여러 분야에서 한몫 단단히 해내고 있습니다. 게다가 전자기 법칙을 설명하는 데에도 결정적인 역할을 합니다. 심지어 요즘과 같은 컴퓨터 시대에는 실질적으로 응용되기도 합니다. 컴퓨터는 알고리듬(algorithm)을 이용해 원주율을 계산합니다(알고리듬이란, 일련의 단계를 거치며 문제를 풀어 가는 방법입니다). 그런데 원주율을 계산하려고 개발한 알고리듬 방식이 다시 컴퓨터 응용에 기여했습니다. 또한, 원주율 계산은 컴퓨터 하드웨어와 소프트웨어에서 발생하는 다양한 버그(bug)를 해결하는 아주 좋은 방법이기도 합니다.

무리수의 특징은 비율로 나타낼 수 없다는 것 외에 소수로 계산할 때 일련의 동일 숫자가 반복되지 않는다는 것입니다. 그래서 심심풀이로 원주율을 계산하려고 시도한 사람도 있었지만, 그것을 삶의 목표로 설정한 사람도 있었습니다. 16세기 후반, 루돌프 반 케울렌(L. van Ceulen)이라는 독일 수학자가 원주율을 35자리까지 구했습니다. 케울렌이 사망하자, 사람들은 그의 묘비에 케울렌이 구한 원주율 값을 새겼습니다. 그리고 독일 사람들은 원주율을 루돌프의 수라고 불렀습니다.

여러 세기에 걸쳐 원주율을 구하는 데 전 생애를 바친 사람들은 수십 자리에 이어 수백 자리까지 계산하게 되었습니다. 그런데 컴퓨터 시대가 되면서 새로운 차원이 열렸습니다. 1990년 초반, 뉴욕에 살던 러시아 출신의 형제 데이비드 추드노프스키(D. V. Chudnovsky)와 그레고리 추드노프스키(G. V. Chudnovsky)는 자기 아파트에서 직접 만든 컴퓨터를 이용해 원주율을 소수점 이하 21억 6000만 자리까지 계산했습니다. 추드노프스키 형제는 이상한 취미를 즐기는 괴짜들이 아니었습니다. 두 사람 다 컬럼비아 대학의 연구원이었으니까요. 이 형제의 희망은 지금까지 수학자들의 시선을 교묘하게 피해 다녔던 하나의 정교한 패턴을 찾는 것입니다. 그렇지만 설사 그런 패턴이 있다 하더라도, 그것을 밝혀 내려면 수십억 이상의 숫자가 필요할 것입니다.

● 무리수란 무엇일까요?
(110쪽에 있는 '무리수'를 보세요.)

뫼비우스의 띠는 숨은 재주를 이용해 사교장에서 부업을 하게 해 주는 수학적으로 아주 중요한 발견물입니다. 종이띠 하나를 손에 들고 한쪽 끝을 180° 비틀어 보세요. 그런 다음 풀이나 테이프로 양 끝을 붙입니다. 볼펜으로 종이띠의 중심을 따라 선을 쭉 그어 보세요. 처음 줄을 긋기 시작한 지점이 다시 나올 때까지 계속 그으세요. 줄이 띠의 양면을 다 지나가나요? 이것은 띠에 면이 한 개만 있다는 뜻일까요?

뫼비우스의 띠에는 오직 한 면만(그리고 오직 한 개의 모서리만) 있습니다. 그렇지만 수학자들이 뫼비우스의 띠에서 발견한 가장 흥미롭거나 중요한 사실은 이것이 아닙니다. 수학자들은 이런 측면에서 뫼비우스의 띠를 바라보지 않습니다. 수학자들은 뫼비우스의 띠의 '비정향성'에 관심을 갖습니다.

비정향성이라는 단어가 무슨 뜻인지 파악하려면 또다시 뫼비우스의 띠를 만들어야 합니다. 이번에는 볼펜으로 시력 검사표에 있는 것과 같은 '가'자를 죽 써 보세요. '가'를 계속 써 내려가다 보면, 결국에는 띠에 적힌 '가'의 오른쪽과 왼쪽이 뒤바뀌게 됩니다. 따라서 여러분이 뫼비우스의 띠에 써 내려간 '가'가 오른쪽을 향한다고 할 수도 있고, 왼쪽을 향한다고 할 수도 있습니다.

방향을 정하는 일반적인 방식은 시계 방향과 시계 반대 방향입니다. 뫼비우스의 띠를 하나 더 만들어 보세요. 이번에는 '가' 대신 작은 동그라미를 죽 그립니다. 그리고 동그라미 안에 시계 방향으로 향하는 화살표를 그립니다. 띠를 들어서 불빛에 비추어 볼 때, 다른 면에 있는 화살표라면 시계 반대 방향을 가리키고 있겠지요. 그렇지만 뫼비우스의 띠에는 '다른 면'이 없습니다. 우리는 이미 뫼비우스의 띠에는 한 면밖에 없다는 것을 증명했으니까요!

또한 수학자들은 어떤 표면에 두 개의 면이 있어, 한 면에 검은색을 칠하고 다른 면에 흰색을 칠할 수 있다면, 그리고 이 검은색과 흰색이 두 면의 경계(모서리) 이외의 부분에서 만나지 않는다면, 이 표면은 정향적이라고 말합니다. 그런데 뫼비우스의 띠를 비틀기 전에 한쪽에는 흰색을, 그리고 다른 쪽에는 검은색을 칠한 다음 비틀어서 양 끝을 붙인다면, 검은색과 흰색이 이음새에서 만나게 됩니다.

뫼비우스의 띠는 한 번 이상 비틀어서 만들 수도 있습니다. 긴 종이띠를 세 번 비틀어서 양쪽 끝을 붙여 보세요. 볼펜으로 줄을 그어 보면 증명되듯이, 이번에도 뫼비우스의 띠가 만들어졌습니다. 자, 이번에는 가위를 집어 들고 지금 그은 줄을 따라서 띠를 잘라 보세요. 그러면 뫼비우스의 띠가 사라지고 '세잎 매듭'이라고 하는 매듭 형태가 나타납니다. 이런 식으로 세잎 매듭을 만드는 방법은 실제 생활에서도 응용됩니다. 최소한 화학자들에게는 말이지요.

사람이나 뫼비우스의 띠처럼 분자도 회전성을 가지고 있습니다. 쉽게 말해서, 구조가 똑같은 분자에도 좌선형과 우선형이 있습니다. 화학자는 분자들의 구조를 거울에 비친 모양으로(즉, 좌선형을 우선형으로, 또는 우선형을 좌선형으로) 바꾸는 방법에 대해 대단한 관심을 가지고 있습니다. 그런데 화학자들이 회전 방향을 조작하는 방법 가운데 하나는 분자를 매듭처럼 반대 방향으로 묶는 것 또는 합성하는 것입니다.

도대체 이것이 뫼비우스의 띠와 무슨 관계가 있단 말입니까? 글쎄요, 여러분이 조금 전 종이로 세잎 매듭을 만든 것과 똑같은 방법으로 화학자들이 분자를 매듭으로 묶는 방법을 하나 발견했다면 이해할 수 있겠습니까? 기본적으로 화학자들은 분자로 뫼비우스의 띠를 만든 다음, 띠를 잘라 매듭으로 묶인 분자를 만들어 냅니다. 물론 종이로 하는 것보다 훨씬 더 복잡하겠지요.

뫼비우스의 띠를 처음 발견한 사람은 독일의 천문학자이자 수학자인 뫼비우스(A. F. Möbius)로, 위상수학이라는 수학 분야의 아버지로 간주됩니다. 위상수학에서는 늘이거나 비트는 변형을 가해도 변하지 않는 기하학적 성질들을 탐구합니다. 예를 들어, 럭비공은 위상적으로 야구공과 같은 모양입니다. 쉽게 말해서, 럭비공은 야구공을 눌러 놓은 것과 모양이 같다는 뜻입니다. 그래서 위상수학을 연속성의 수학이라고 부르기도 합니다. 그리고 뫼비우스의 띠는 연속되는 표면을 나타내는 가장 뚜렷한 사례입니다.

● 만일 화학자들이 새로운 분자를 만드는 데 관심을 가지고 있다면, 이들은 새로 만든 분자를 가지고 어떤 종류의 일을 할 수 있을까요?
(88쪽에 있는 '중합체'를 보세요.)

● 뫼비우스의 띠를 자르면 매듭이 생깁니다. 그렇다면 매듭이란 무엇일까요?
(118쪽에 있는 '매듭 이론'을 보세요.)

매듭 이론

우리는 주로 신발끈을 매면서 처음으로 매듭을 접합니다. 그렇지만 거기서 끝나거나 심지어 벨크로라고 하는 찍찍이가 붙은 신으로 후퇴하는 사람도 있습니다. 그런가 하면 돛을 묶는 매듭이나 마크라메 레이스 매듭 장식까지 나아가는 사람도 있습니다. 그리고 매듭에 관한 연구를 일생의 과제로 삼는 과학자들 역시 점차 많아지고 있습니다. 이런 과학자 가운데에는 수학자나 물리학자, 화학자, 생물학자 등이 있습니다.

매듭 하나를 묶은 다음, 앞으로 비어져 나온 양쪽 끝을 붙이면 수학자들이 연구하는 종류의 매듭을 만들 수 있습니다. 매듭 이론에서 제시하는 기본적인 문제는 하나의 매듭을 어떻게 다른 매듭과 구분할 수 있는가 하는 것인데, 이건 생각보다 어려운 문제입니다. 고리를 자르지 않고 당기거나 밀어서 한 매듭을 다른 매듭으로 변형할 수 있다면, 두 매듭은 기본적으로 동일합니다. 그러나 그렇게 하지 못한다고 해서 매듭이 서로 다른 것은 아닙니다. 어쩌면 제대로 당기거나 밀지 않았을지도 모르니까요.

수학자들은 줄이 서로 가로지르는 위치의 숫자(이것을 '교차수'라고 합니다)로써 매듭을 구분합니다. 수학자들은 줄이 서로 교차하지 않는 원을 비매듭(unknot)이라고 부릅니다. 가장 간단한 매듭은 세잎 매듭인데, 이것은 자신을 휘감고 있는 원입니다. 세잎 매듭의 교차수는 세 개입니다. 수학자들은 교차수가 13개 또는 그 이하인 매듭을 거의 13만 개나 구분했습니다. 그러나 매듭을 구분하는 것이 재미있기는 하지만 ― 적어도 수학자들에게는 ― 정말로 재미있는 건 수학과 과학이라는 전혀 다른 분야에서 매듭 이론을 응용한다는 사실입니다.

만일 각각의 매듭을 서로 다른 이름으로 부른다면, 하나의 매듭을 다른 매듭과 쉽게 구분할 수 있을 것입니다. 1980년대 초, 버클리 대학의 대수학 전문가 존스(V. Jones)는 다항식 불변량이라는 대수적 표현 양식을 고안해 매듭에 이름을 붙이는 데 사용했습니다. 하나의 다항식은 다른 다항식과 쉽게 구별할 수 있다는 원리에 근거해서, 매듭을 구분하는 데 여러 가지 다항식을 사용한 것입니다. 이 같은 여러 가지 다항식에 매듭의 본질이 숨어 있는 것 같은데, 수학자들은 아직 그 본질을 파악하지 못하고 있습니다. 그리고 다항식이 다른 두 매듭은 서로 분명히 다르기는 하지만, 이 같은 다항식이 온갖 형태의 매듭을 다 구분할 수 있는 것은 아닙니다.

최근에 이르기까지 DNA를 연구하는 과학자들은 유전 암호를 구성하는 염기쌍들의 배열에 큰 관심을 쏟았습니다(이 때, DNA 가닥은 직선이라고 가정합니다). 그렇지만 DNA 가닥은 복제와 재결합(유전자 접합)이 진행되는 동안에 매듭과 고리 모양을 띠다가 세포 분열이 진행되는 동안에는 곧게 펴집니다. 현재 몇몇 생물학자들은 매듭이 형성되고 풀리는 원리에 대해 연구하고 있습니다. 유전자 접합에서 생물학자들은 특수 효소를 사용해 DNA 가닥을 쪼갠 다음, 그 조각을 다른 곳에다 끼워 넣습니다. 그리고 이 과정에서 나타나는 매듭의 순서를 존스가 개발한 다항식을 이용해서 결정합니다. 생물학자들은 심지어 아직 발견하지 못한 매듭의 형태를 예견하기도 합니다.

화학자들은 동일한 원자의 배열 순서가 다를 때, 어떻게 성질이 다른 분자가 되는지에 대해 많은 관심을 가지고 있습니다. 분자 하나를 매듭으로 묶는 것은 DNA 가닥 하나를 매듭으로 묶는 것보다 훨씬 어렵습니다. 분자가 많은 원자로 구성되어 있지 않는 한 유연성이 많이 떨어지기 때문입니다. 그리고 사슬처럼 연결된 원자들을 조작하는 것도 아주 어렵습니다. 화학자들은 매듭 분자를 합성하는 방법 서너 가지를 개발했습니다. 한 가지 방법은 매듭이 만들어지는 동안 금속 주형을 사용해서 원자들을 한 곳에 묶어 두었다가 매듭이 만들어진 다음에 이 주형물을 제거하는 것입니다. 또 다른 방법은 분자를 비틀어서 뫼비우스의 띠로 만든 다음, 뫼비우스의 띠를 길게 잘라서 매듭을 만드는 것입니다.

매듭 이론을 가장 추상적으로 적용한 분야 가운데 하나가 소립자 물리학입니다. 서로 교차하는 매듭을 설명하는 수학 방식은 소립자 두 개의 상호 작용을 설명하는 데 사용되기도 합니다. 따라서 소립자 사이에 존재하는 다양한 힘을 설명하는 두 이론이 정말 다른지 아닌지를 파악하려고 연구를 되풀이하고 있는 물리학자들은 결국 자신의 연구 과제를 매듭과 매듭 불변량에 관한 문제로 전환시킬 수 있을지도 모릅니다.

매듭 이론의 응용 가능성은 무한한 것 같습니다. 심지어 우주 전체가 시공의 구조 속에 끼어 있는 수많은 매듭으로 구성되어 있다고 제안하는 물리학자들도 있으니까요. 이런 점에서 볼 때, 이제 막 걸음마를 배워 신발끈과 씨름하는 아기들이 사실은 열심히 훈련을 쌓고 있는 천문학자일 수도 있겠지요.

● 뫼비우스의 띠란 무엇일까요?
(115쪽에 있는 '뫼비우스의 띠 : 하나뿐인 면'을 보세요.)

● 과학자들은 유전자를 바꿀 수 있을까요? 그렇다면 그 목적은 무엇일까요?
(269쪽에 있는 '유전공학'을 보세요.)

확률

과학과 수학의 많은 영역에서 중요한 역할을 차지하는 확률 이론은 처음에 도박에서 시작되었습니다. 카지노와 복권 추첨이 생기기 오래 전에도 사람들은 동물 뼈를 깎아서 만든 주사위로 도박을 했습니다. 이 때가 약 4만 년 전입니다. 확률 게임에 관한 최초의 안내서는 16세기의 이탈리아 물리학자이자 수학자인 카르다노(Cardano)가 썼으며, 1718년에 갈릴레오는 『주사위에 대한 몇 가지 발견』(*Sopra le Scoperte de i Dadi*)이라는 책을 발간했습니다. 물론 그 때나 지금이나 주사위를 던져 더 좋은 점수를 얻는 데 지대한 관심을 쏟는 사람이라고 해서 확률의 수학을 많이 알고 있는 것은 아닙니다. 사실, 도박을 좋아하는 사람들 대부분과 우산을 가지고 나가야 할지 그냥 나가야 할지 결정해야 하는 사람들 대부분은 확률의 법칙에는 상반되는 신념에 충실한 경우가 많습니다.

확률의 적용에 가장 익숙한 사례는 동전던지기입니다. 동전을 던졌을 때 앞면이 나올 확률은 얼마나 될까요? 뒷면이 나올 확률은? 물론 그 대답은 어린아이들도 모두 알 만큼 쉽습니다. 각각 50%입니다. 수학자들이 어떤 사건의 발생 가능성을 파악하는 방식 역시 여러분이 동전의 앞면이나 뒷면이 나올 확률을 파악하는 방식과 비슷합니다. 만일 여러분이 동전을 100번 던져서 앞면과 뒷면이 각각 몇 번씩 나왔는지 기록한다면, 그 결과는 대체적으로 각각 50번 정도가 될 것입니다. 그렇지만 반드시 그런 건 아닙니다. 시행 횟수가 많을수록 결과는 더 믿을 만해집니다. 동전을 열 번만 던지는 실험을 한다면 앞면이 나올 가능성은 여섯 번이나 일곱 번, 심지어 열 번이 될 수도 있습니다. 그러나 100번 던지는 실험을 한다면, 100번 다 앞면이 나오거나 100번 다 뒷면이 나올 가능성은 극히 낮기 때문에 그런 결과가 나오도록 동전을 변형시켰다는 의심을 살 수도 있습니다. 통계학자들이 하는 작업 가운데 하나는 믿을 만한 결과를 얻으려면 실험 횟수를 어느 정도로 정해야 하는가 — 또는 얼마만 한 크기의 표본 조사를 해야 하는가 — 를 판단하는 것입니다. 보험 회사처럼 통계에 의존하는 회사가 표본 조사를 할 때, 표본을 크게 하면 그만큼 비용과 시간이 많이 들기는 하지만, 반대로 표본을 작게 하면 신뢰성이 낮은 결과가 나올 수도 있습니다.

확률 이론의 어떤 측면은 직관과 어긋나기도 합니다. 실제로 '그렇다는 느낌'과 정반대일 수 있다는 것입니다. 예를 들어, 구름이 조금 끼고 비가 올 확률은 30%라는 동일한 일기 예보를 듣는다고 해도 6주 동안 비가 오지 않았다면 2주 동안 비가 오지 않은 경우에 비해 우산을 가지고 나갈 확률이 높습니다. 그리고 만일 숙모가 1억 원짜리 복권에 당첨된다면, 여러분은 숙모에게 다시 복권에 당첨될 확률이 극히 적으니 복권은 그만 사라고 권할지도 모릅니다. 하지만 글쎄요. 두 가지 계산 모두 틀릴 수 있습니다. 날씨 조건이 동일하다고 가정할 때, 6주 동안 비가 오지 않은 경우가 2주 동안 비가 오지 않은 경우에 비해 비가 올 확률이 높다고 할 수는 없습니다. 그리고 숙모가 두 번째 복권에 당첨될 확률 역시 복권이 처음 당첨될 때와 똑같습니다(원래 확률 자체가 극히 낮긴 하지만). 두 경우 모두 확률이 동일한 이유는 서로 독립된 사건이기 때문입니다. 다시 말해서, 기상 시스템은 마지막으로 비가 온 게 언제인지 알거나 모르거나 신경 쓰지 않는다는 것입니다. 그리고 복권 역시 지난 주에 누가 당첨되었는지 아무 상관이 없습니다. 바로 이 것이 동전을 열 번 던지면 앞면이 일곱 번이나 여덟 번 나올 수 있는 이유입니다. 공중으로 던져진 동전은 앞서 던진 결과가 어떻게 나왔는지와는 전혀 무관합니다. 확률은 오로지 통계상의 평균일 뿐입니다.

확률 이론은 대기 행렬(쉽게 말해서, 줄을 선 채 기다리는 열)과 같은 다른 관련 분야를 탄생시켰습니다. 은행은 하룻동안 시간대에 따라 창구를 몇 군데나 열어야 할 것인지 결정할 때 대기 행렬 이론을 사용합니다. 그리고 우리 같은 일반인 역시 대기 행렬 이론에 근거해서 점심 시간 때 은행에 갈 것인지 더 늦게 갈 것인지를 결정합니다. 네 군데에서 업무를 보지만 줄이 모두 다 길게 늘어선 점심 시간에 가는 것이 나을까요, 아니면 업무를 보는 창구는 한 군데뿐이지만 이용자 역시 별로 없는 오후 늦은 시간에 가는 것이 나을까요? 물론 창구를 한 군데밖에 열지 않을 때 은행에 갔다가 스무 명이나 되는 사람이 길게 줄서서 기다리는 장면을 발견할 가능성이 없는 건 아니지만 말입니다.

확률은 원자 차원에서 에너지 전이를 다루는 양자역학이나 질서가 무질서로 나아가는 경향성을 다룬 엔트로피를 포함한 과학의 모든 영역에 관여합니다. 그러나 아무리 정교하고 복잡한 과학 분야라고 해도, 확률의 법칙은 동전던지기나 복권 당첨을 규정하는 법칙과 똑같습니다.

● 확률은 엔트로피와 어떤 관계가 있을까요? 계는 질서 상태에서 무질서 상태로 나가는 게 쉬울까요, 무질서에서 질서로 나가는 게 쉬울까요?
(47쪽에 있는 '엔트로피'를 보세요.)

● 확률 이론은 게임을 하는 규칙을 정하는 하나의 방법이기도 합니다. 게임에 대해서 판단하는 다른 방식으로는 어떤 것들이 있을까요?
(124쪽에 있는 '게임 이론'을 보세요.)

어떤 결정을 내릴 때 종종 우리는 긍정적인 결과와 부정적인 결과, 그리고 다른 사람이 취할 조치와 같은 일련의 요소들을 놓고 저울질하곤 합니다. 우리는 다양한 생각과 느낌, 직감 등에 근거해 판단을 합니다.

예를 들어, 여러분이 파티를 계획한다고 해 봅시다. 수진과 찬수는 사이가 아주 좋습니다. 그 두 사람은 현준을 아주 싫어하는데, 현준은 여러분과 사업상 아주 중요한 관계를 맺고 있습니다. 여러분은 감히 세 사람 모두를 초대할 수는 없습니다. 따라서 수진과 찬수는 초대하고 현준은 빼고 싶은 유혹을 느낍니다. 그렇지만 이미 초대한 사촌 민호가 현준에게 파티에 대해 이야기할 가능성이 있어서 걱정스럽습니다. 이것은 여러분이 지금 수학자들이 말하는 의사결정 단계에 놓여 있다는 의미입니다. 이럴 때, 여러분은 될 대로 되라는 식으로 봉지 안에 들어 있는 핫도그의 숫자 같은 임의의 상태에 근거해 결정을 내릴지도 모르겠지만, 수학자들은 의사결정을 하는 공식적인 규칙 몇 가지를 고안했습니다. 이 규칙들을 통틀어서 '게임 이론'이라고 합니다.

게임 이론은 최초로 디지털 컴퓨터를 제작한 팀의 일원이던 헝가리 출신의 수학자 폰 노이만(J. von Neumann)이 기초를 세웠습니다. 1944년, 노이

만은 미국인 경제학자 모르겐슈테른(O. Morgenstern)과 함께 『게임 이론과 경제 행동』(*Theory of Games and Economic Behavior*)이라는 책을 출간했습니다. 두 사람이 게임의 다양한 전략과 전술에 근거해서 책을 집필한 이유는 경제학자들과 군사 전략가처럼 합리적인 결정을 내려야 하는 사람들에게 도움이 되기를 원했기 때문입니다.

게임 이론에 따르면, 어떤 게임이든 참가자들 저마다에게 가장 적합한 전략이 하나 있습니다. 게임 참가자 각자의 전략에는 예측할 수 없는 변수나 다른 게임 참가자의 전략 등과 같은 요소가 당연히 포함되어야 합니다. 게임 이론에서 설명하는 가장 간단한 게임으로 두 명이 시합하는 '제로섬 게임'이 있는데, 이것은 한 사람이 점수를 얻은 만큼 상대편이 점수를 잃는 게임입니다. 따라서 게임 참가자 각자는 점수를 얻으려고 노력할 수밖에 없습니다. 여기서 게임을 한 단계 발전시키려면 형평성을 첨가시켜야 하는데, 그렇게 되면 게임 참가자는 상대편 때문에 발생하는 점수 손실을 최소한으로 줄이는 데에 주의를 기울여야 합니다. 게임을 더 복잡하게 발전시키려면 게임 참가자가 두 명 이상이어야 하는데, 여기에는 단체도 포함될 수 있습니다.

게임 이론의 철학적 근거는 사람들이 협력과 착취라는 두 가지 기본 방식으로 서로를 대한다는 것입니다. 대체로, 게임 참가자의 전략은 이 두 가지 가운데에서 선택됩니다. '죄수의 딜레마'라는 유명한 게임에서 이 같은 선택의 문제가 가장 두드러지게 나타납니다. 이 게임에서는 두 명의 죄수가 있어야 합니다. 죄수들은 각각 다른 죄수가 범죄를 저질렀는지 아닌지에 대한 질문을 받습니다. 죄수 각자의 딜레마는 상대편 죄수에게 이로운 증언을 할 것인가, 하지 않을 것인가를 결정해야 한다는 것입니다. 예를 들어, 두 죄수가 서로에게 이로운 증언을 한다면(서로 다른 죄수에게 죄가 없다고 말한다면), 죄수 각자에게 5점씩 준다고 합시다. 그리고 두 사람이 서로에게 이로운 증언을 하지 않는다면(서로 다른 죄수에게 죄가 있다고 말한다면), 각자에게 2점씩 준다고 합시다. 그런데 한 사람은 이롭게 말하고 다른 사람은 그렇게 하지 않는다면, 전자에게는 아무 점수도 주지 않고 후자에게는 7점을 준다고 합시다. 얼핏 생각하면 이로운 말을 하지 않고 7점을 얻는 게 가장 좋은 것처럼 보입니다. 그렇지만 두 사람 모두 이렇게 생각한다면 두 사람은 2점씩만 얻게 됩니다. 따라서 게임을 한 번 이상 할 경우, 게임 참가자 각자는 자신의 결정이 상대편의 다음 결정에 끼치는 영향을 고려해야 합니다.

이 게임은 장사나 외교 등 다양한 현실 생활에 있어서도 많은 것을 암시합니다. 단기적 관점에서는, 협력을 통해 얻을 수 있는 보상보다 착취를 하는 사람이 더 많이 얻을 때가 종종 있습니다. 엄밀하게 말해서, 게임 이론에서는 도덕적, 사회적 문제를 당연히 무시합니다. 그렇지만 실제 생활의 착취자는 죄의식과 주변의 비난을 감수하며 살아야 할 것입니다.

● 게임 참가자들은 어떤 조치나 결정으로 빚어지는 결과를 어떻게 예측할 수 있을까요?
(121쪽에 있는 '확률'을 보세요.)

● 게임 이론을 이해하거나 스스로 게임할 수 있는 기계를 만들 수 있을까요?
(314쪽에 있는 '인공 지능'을 보세요.)

혼돈 이론

　어떤 과학자나 철학자는 우주 전체를 톱니바퀴가 아주 많은 거대한 시계로 생각하곤 합니다. 천문학의 관측 내용은 이런 견해를 뒷받침해 줍니다. 태양은 날마다 뜨고 지며(즉, 지구는 날마다 자전을 하며), 여러 행성이 태양 주위를 돌고, 달은 찼다가 기웁니다. 이 같은 현상은 지금까지와 마찬가지로 앞으로도 계속 진행될 것으로 보입니다. 모든 사물이 서로 조화를 이루고 있을 뿐만 아니라, 현재의 상태를 파악하면 미래의 상태를 예측할 수 있습니다. 그래서 19세기의 천문학자이자 수학자인 라플라스(P. S. de Laplace)는 우주에 있는 모든 분자의 초기 상태를 파악하면 우주의 미래 전체를 예측할 수 있다고 주장하기도 했습니다.

　우주 전체에 비해 규모는 훨씬 작지만 적절하게 비교할 수 있는 사례 하나를 살펴봅시다. 우선 컵과 접시와 소금 그릇을 나란히 붙여 놓았다고 가정합니다. 그런데 컵을 접시 방향으로 15cm 민다면, 컵은 접시를 15cm 밀 것이며, 그 결과 접시는 소금 그릇을 15cm 밀게 된다는 것을 우리는 정확히 예측할 수 있습니다. 그렇지만 시스템이 훨씬 복잡하다면 어떨까요? 컵 한 개가 접시 세 개를 밀고, 각각의 접시가 소금 그릇 여덟 개를 민다면 어떻게 될까요?

이제 혼돈(chaos) 이론으로 들어가 봅시다. 혼돈 이론은 흐르는 물이나 기후와 같은 커다란 계의 작동을 설명합니다. 혼돈 이론에서 말하는 '혼돈'은 우리가 일상적으로 사용하는 혼돈과 동일한 의미로 사용되지는 않습니다. 옷이나 책을 비롯한 온갖 잡동사니를 1주일 동안 밤마다 침대 밑으로 아무렇게나 던져 놓아 방이 엉망진창이 되는 혼돈을 의미하지는 않는다는 뜻입니다. 혼돈의 작용은 예측 불가능합니다. 예측 불가능한 이유는 과학자들의 표현대로 '초기 조건에 극도로 민감하기' 때문입니다. 대표적인 예로 들 수 있는 것이 중국 베이징에 있는 나비 한 마리가 날개를 퍼덕거리면 한 달 후 뉴욕에 엄청난 폭풍이 일어난다는 이른바 나비 효과입니다. 쉽게 말해서, 베이징에 있는 나비 한 마리가 일으킨 사소한 공기의 파동이 점차 커지고 복잡해지다가 마침내 뉴욕에서 폭풍으로 발전할 수 있다는 것입니다. 초기 조건에 민감하다는 말은 초기 조건에 약간의 차이가 생기면 결국 엄청나게 다른 결과가 일어날 수 있다는 것을 암시합니다.

혼돈 작용의 예측 불가능성은 무작위성과는 다릅니다. 무작위적 사건은 이 쪽 아니면 저 쪽으로 나아갑니다. 우리가 무작위적 행위라고 말할 때, 그것은 대체적으로 특정 결과를 불러일으킬 다양한 요소를 아무렇지 않게 무시하는 경우를 의미합니다. 그렇지만 손으로 툭 던진 동전조차 던지는 손의 미묘한 압력과 공기의 흐름에 영향을 받습니다. 진짜 무작위 사건은 오직 원자 차원에서만 발생합니다. 방사성 핵이 붕괴하는 정확한 순간은 본질적으로 예측 불가능합니다. 양자 행위는 통계 차원에서만 예측될 수 있습니다.

혼돈계는 대부분 일반적인 유형으로 전개되지만, 구체적인 부분은 예측 불가능합니다. 만일 강둑에 앉아서 — 또는 덜 낭만적이지만 비바람이 몰아친 뒤 도랑 가장자리에 서서 — 물이 흘러가는 모습을 바라본다면, 잔물결이 비슷한 모습으로 흘러가긴 하지만 끊임없이 변한다는 것을 알 수 있습니다. 혼돈계는 대부분 이처럼 일정 기간 규칙적인 형태를 전개하다가 급격한 변화를 일으키고, 다시 규칙적인 형태로 돌아옵니다. 강물은 조용히 흐르다가 전혀 예측하지 못한 소용돌이에 갑자기 휘말릴 수 있습니다. 이 같은 급격한 변화를 예측하기 어려운 이유는 이런 변화가 온갖 차원에서 발생하기 때문입니다. 하나의 커다란 소용돌이 안에는 작은 소용돌이가 여러 개 들어 있고, 각각의 작은 소용돌이 안에는 더 작은 소용돌이가 여러 개 들어 있습니다. 이런 식으로 계속 파고들다 보면 결국 움직이는 물방울이 여러 개 들어 있는 데까지 내려가야 하겠지요.

혼돈 이론은 질서와 무작위 사이, 그리고 통제와 무기력 사이에 있는 틈새를 연결하는 과학적이며 철학적인 도구입니다. 혼돈 이론은 불규칙하게 뛰는 심장 박동에서 별의 생성에 이르기까지 다양한 현상의 작용을 연구하는 데 필요한 도구를 과학자들에게 제공합니다.

● 혼돈계에 나타나는 '일반적인 형태'를 설명하는 것은 무엇일까요?
(130쪽에 있는 '이상한 끌개'를 보세요.)

이상한 끌개

수학이나 과학에서 눈에 보이는 이미지는 표현 수단 그 이상입니다. 그림보다 더 깊은 존재이지요. 이 이미지는 바로 개념의 구체화입니다. 끌개를 이용하는 경우가 그렇습니다. 끌개는 과학자들이 위상 공간이라고 부르는 특수한 그래프 위에 형상을 그립니다. 과학자는 하나의 계를 수학적으로 설명하는 각각의 변수를 위상 공간에다 그립니다. 흔들리는 추처럼 간단한 것도 하나의 계입니다. 이 추가 마찰이 없는 환경에서 흔들리고 있어 속도가 떨어지지 않고 영원히 흔들리게 된다면, 위치와 속도라는 두 개의 차원으로 이 추의 운동을 나타내야 합니다. 그 결과, 추의 운동을 나타내는 그래프는 원이나 고리 모양이 될 것입니다. 설사 추가 공기의 흐름에 방해를 받는다 해도, 이 궤도는 기본적으로 원이나 고리 모양에서 크게 벗어나지 않을 것입니다. 마찰을 받는 추는 움직임이 서서히 감소되어 결국 위치가 고정되고 속도가 영(0)인 지점에 도착할 것입니다. 이 경우, 끌개는 단일한 점입니다. 다시 말해서, 추의 궤도는 단일한 점으로 끌게 됩니다.

과학자는 누구나 —학생들도 대부분— 외부의 영향을 전혀 받지 않고 흔들리는 추의 운명을 예측할 수 있습니다. 그렇지만 대부분의 현상은 예측 불가능합니다. 바로 이런 현상을 과학자들은 '혼돈스럽다' 또는 '혼돈을 일으킨다'라고 말합니다. 가장 좋은 예는 흐르는 물입니다. 주전자 꼭지에서 흘러나온 물부터 심하게 요동치는 강물에 이르기까지 물결의 흐름과 소용돌이는 끊임없이 변하며, 이 같은 흐름 속에는 고요한 순간이 자리잡기도 합니다. 계가 급격하게 변하는 과정은 예측 불가능하기 때문에 이것에 대한 정의는 결코 반복되지 않습니다. 한번 되풀이되면 나머지 패턴은 충분히 예측 가능할 테니까요. 1963년, 로렌츠(E. Lorentz)라는 기상학자가 대기의 흐름을 수학적으로 설명하는 그래프를 만들었습니다. 대기에 존재하는 다양한 변수를 도면에 담은 결과, 8자 모양 또는 나비의 날개 모양을 닮은 일련의 그래프(위상 공간 도형)가 만들어졌습니다. 기류의 진행 과정을 정확하게 예측하는 것은 불가능했지만, 기류의 흐름은 이 위상 공간 도형에 그려진 나비 모양과 언제나 비슷했습니다. 이 이미지는 매우 추상적이지만, 계의 물리 운동에 대해 일정한 느낌을 주었습니다. (실제) 계의 열기가 올라가서

대기에 존재하는 다양한 변수가 8자(나비 날개) 모양을 닮은 일련의 그래프로 나타났다.

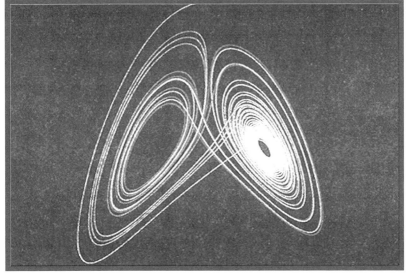

기류가 한쪽 방향으로 돌게 되면 궤도는 한쪽 날개 주변을 돌았고, (실제) 계가 거꾸로 되면 다른 쪽 날개 쪽으로 갔습니다. 1970년대 초반, 벨기에 출신의 물리학자 뤼엘(D. Ruelle)과 네덜란드 수학자 타켄스(F. Takens)는 로렌츠가 만들어 낸 것을 증명하고, 그것에 '이상한 끌개(strange attractor)'라는 이름을 붙였습니다.

과학자들이 급격히 변하는 또다른 계를 설명해 주는 새로운 이상한 끌개를 점차 발견해 내면서, 이상한 끌개가 '프랙탈(fractal)'이라는 사실이 알려지게 되었습니다. 프랙탈의 작은 부분을 확대해 보면, 전체 도형과 똑같은 배열이 확대된 부분 안에서 반복된다는 사실을 발견할 수 있습니다. 과학자들은 프랙탈의 이런 특성을 '자기 닮음(self similarity)'이라고 합니다. 고전적인 사례가 해안선입니다. 해안선의 일정 부분을 확대하면 전체 해안선과 똑같은 배열이 나타나기 때문입니다. 로렌츠 끌개의 두 '날개'는 얼핏 보면 대체로 중심이 같은 고리처럼 보입니다. 그렇지만 인접한 두 개의 고리를 확대하면, 네 개의 고리가 나타납니다. 그리고 네 개의 고리를 확대하면, 여덟 개가 나타나는 식으로 되풀이됩니다.

이상한 끌개는 예측 불가능한 것을 나름대로 예측할 수 있게 해 줍니다. 그러나 그건 어느 정도일 뿐입니다. 이것은 여러분이 친구 두 명에게 육상 트랙을 돌다 보면 만나게 된다고 말하는 것과 비슷합니다. 친구들은 특정 시간에 여러분이 어느 지점에 있을지 정확히 모릅니다. 그렇지만 여러분이 뛰어갈 궤도가 트랙이 정한 틀 안에 있다는 것만큼은 알고 있습니다.

● 이상한 끌개와 혼돈 이론을 이용해서 지구의 기상과 같은 복잡한 계를 효율적으로 파악할 수 있을까요?
(166쪽에 있는 '기상 시스템'을 보세요.)

무한은 두 방향으로 나아갑니다. 점점 더 큰 쪽과 점점 더 작은 쪽이 그것입니다. 쉽게 말해서, 계속 더하거나 계속 나눌 수 있습니다. 무한을 직관적으로 이해하는 게 어렵지는 않지만, 무한에 대해 생각하는 철학자들이나 수학자들은 무한을 애초에 생각한 것보다 훨씬 복잡한 대상으로 만드는 다양한 역설(paradox)의 해답을 만들려고 노력하고 있습니다.

사람들은 무한이라는 개념에 대해 오랫동안 열광해 왔습니다. 이 개념을 최초로 추적한 철학자로 알려진 사람은 기원전 384년에 태어나 기원전 322년까지 살았던 그리스 철학자 아리스토텔레스(Aristoteles)입니다. 아리스토텔레스는, 무한정 크든 무한정 작든 상관 없이, '실제로' 무한한 존재는 단 하나도 없다고 주장했습니다. 무한할 가능성만 존재한다는 것입니다. 다시 말해서, 어떤 유한한 사물의 집합에는 계속 덧붙일 개체가 잠재적으로 존재할 수 있다는 것이지요. 무한은 단지 잠재적으로만 존재한다는 아리스토텔레스의 신념을 따르는 철학자들이 오늘날에도 있습니다.

무한에 대해 추구한 그리스의 또다른 유명한 철학자로는 제논(Zenon)이 있는데, 그는 아리스토텔레스보다 약 50년 늦게 태어났습니다. 제논은 일련의 역설을 고안해 냈습니다. 사람들은 그것을 '제논의 역설'이라고 합니다.

가장 유명한 역설은 발이 빠른 아킬레스와 거북의 경주입니다. 만일 느린 거북이 계속 한 발짝씩 앞서 나가는 조건이라면, 아킬레스가 거북을 어떻게 따라잡을 수 있을까요? 거북이 지나간 지점에 아킬레스가 도착할 때마다 거북은 이미 그 앞으로 나아간 상태일 테니 말입니다. 이 역설은 무한하게 많은 점이 어떻게 유한한 시간 속에 포함될 수 있는가에 대한 물음에 근거하고 있습니다.

무한에 대한 내용을 바꾼 현대의 사색가는 19세기 후반에 러시아에서 태어난 독일계 수학자 칸토어(G. Cantor)입니다. 그는 무한수 이론이라는 것을 발견했습니다. 아리스토텔레스와 달리 칸토어는 무한이 실제로 존재한다고 주장했습니다. 칸토어가 무한에 대해 생각하는 방식은 우리가 숫자에 대해 일상적으로 생각하는 방식에 위배됩니다. 수학자들은 사물을 집단으로 만드는 게 다루기 편하다는 사실을 발견했습니다. 그러고는 집합이나 그룹이나 모임이라는 명칭을 붙였습니다.

그래서 '모든 정수의 집합은 무한 집합'이라는 개념을 설정할 수 있게 되었습니다. 숫자를 아무리 많이 세도 계속 새로운 숫자가 나온다는 것이지요. 그렇지만 모든 짝수의 집합이라 해도, 이것 역시 무한합니다. 짝수 역시 아무리 많이 센다 해도 끝이 없을 테니까요. 그러므로 어떤 무한이 다른 무한보다 작다고 주장하고 싶지 않은 한, 여러분은 부분(짝수)이 전체(정수)와 같은 크기라는 사실을 인정하지 않을 수 없습니다.

이 역설을 받아들인 칸토어는 모든 정수만큼 많은 짝수(또는 홀수)가 있다는 생각에 만족했습니다. 동시에 칸토어는 무한 집합의 크기가 다양하다고 주장했습니다. 즉, 어떤 무한 집합은 다른 무한 집합보다 원소를 더 많이 가지고 있다는 것입니다.

과학자들 중에 수학자들만 무한에 대해 생각하는 것은 아닙니다. 천문학자들 역시 우주가 무한하게 팽창할 것인지 아닌지 궁금해합니다. 그리고 화학자들은 무한하게 전환할 수 있는 반응에 대해서 연구합니다. 그렇지만 천문학자들과 화학자들은 무한에 대한 정의 자체 때문에 고생하지는 않아도 됩니다. 그것에 대한 정의는 수학자들의 책임이기 때문입니다. 그리고 칸토어의 발견은 이들에게 해결해야 할 의문점들을 많이 남겼습니다. 어쩌면 이런 의문점은 정수의 집합과 같을 수 있습니다. 아무리 많은 의문점을 풀어도 계속 새로운 의문점이 나올 테니까요.

● 시간은 영원히 계속될까요?
  (18쪽에 있는 '시간의 화살'을 보세요.)

● 분수를 소수로 나타내면 소수점 아래가 영원히 계속될 수 있을까요?
  (110쪽에 있는 '무리수'를 보세요.)

05

지구의 안과 밖

가끔 강력한 지진이 일어나 신문의 전면을 장식할 때를 제외하면, 우리는 대체적으로 우리 발 밑이 단단한 물체로 되어 있다고 생각합니다. 판 구조론에 따라 대륙이 끊임없이 움직이고 있다는 것을 알고 있으면서도, 우리는 그것이 지구의 바깥쪽 표면인 지각에만 해당하는 것이라고 생각합니다. 그렇지만 지각에서 핵의 용광로 '바다'에 이르는 지구 전체를 꿰뚫는 운동이 있습니다.

지구의 나이

지구의 나이를 묻는 질문에 과학자들은 대부분 45억 년이라고 대답할 것입니다. 그렇지만 이 간단한 대답 뒤에는 아주 복잡한 의문들이 많이 놓여 있습니다. 우리는 지구의 나이를 정확히 알 수 있을까요(행성은 정확히 어떤 한순간에 태어나지 않습니다)? 지구의 나이를 아는 데 사용할 수 있는 증거에는 어떤 것들이 있을까요? 지구의 나이를 안다는 것은 왜 중요할까요?

지구는 생일이라고 기록할 수 있는 어떤 한순간에 태어난 것은 아니지만, 지구의 생성 과정은 지질적으로 말해서 약 1억 년도 되지 않는 상대적으로 짧은 기간에 진행되었습니다. 천문학자들은 태양이 생성될 때 빨려들지 않은 먼지와 얼음 조각들이 미행성체라고 부르는 작은 덩어리에 응집되면서 태양계에 있는 각각의 행성들이 형성되었다고 생각합니다. 미행성체들 가운데 일부가 점차 커지면서 진짜 행성이 되었다는 것입니다. 물론 이 같은 행성 가운데 하나가 지구입니다.

지구의 나이를 판단하는 한 가지 방법은 가장 오래 된 물질, 즉 암석의 나이를 측정하는 것입니다. 그렇지만 지구가 형성되는 동안 모든 암석은 아주 격렬한 변화를 겪었습니다. 맨틀의 대류 때문에 지각의 판들이 서로 부딪치거나 찢겨 나갔으며, 지구의 지각 일부는 용광로와 같은 맨틀 속으로 가라

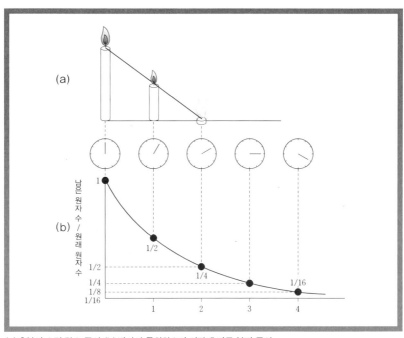

(a) 촛불의 소멸 감소 곡선 (b) 방사선 동위원소의 시간에 따른 붕괴 곡선

앉기도 하고 일부는 다시 표면으로 밀려 올라와 새로운 지각을 형성했습니다. 그리고 개중에는 높이 밀려 올라와 산맥을 형성하기도 했습니다. 설사 이 같은 변화를 겪지 않고 제자리에 그대로 머물러 있었던 암석이라고 해도 그 동안 침식 작용으로 닳았을 것입니다. 따라서 암석의 나이로 지구의 나이를 판단하려는 시도는 손톱의 나이를 밝혀서 그 사람의 나이를 파악하려는 시도와 비슷하다고 할 수 있습니다.

태양계 전체가 상대적으로 짧은 기간에 형성되었기 때문에 달이나 운석에서 얻은 물질을 이용해 지구의 나이를 파악할 수도 있습니다(우주에 있던 돌멩이가 지구의 대기를 통과하면서 다 타지 않고 땅에 떨어진 것을 운석이라고 합니다). 달과 운석은 맨틀의 대류에 따른 변화를 겪지 않았기 때문에 원래의 성질을 그대로 가지고 있습니다. 따라서 지구 자체보다 지구의 나이를 더 정확하게 알려 주는 지표라고 할 수 있습니다.

과학자들은 '방사성 연대 측정'이라고 부르는 방법으로 달 암석과 운석의 나이를 측정합니다. 광물 중에는 원자의 핵이 일정한 비율로 붕괴되면서 방사성 입자를 방출하는 것들이 있습니다. 과학자들은 이런 물질의 반감기(이 물질의 반이 붕괴하는 데 걸리는 시간)를 이용해 그 물질의 나이를 측정합니다. 즉, 그 물질 속에 있는 안정된 원자와 방사성 원자의 비율을 파악하고, 반감기에 적용하면 그 물질의 나이를 판단할 수 있습니다. 예를 들어, 어떤 물질의 반감기가 100만 년이고 원자의 3/4이 방사성을 띠고 있다면, 과학자들은 그 물질의 나이가 50만 년이라는 것을 알 수 있습니다.

인간이면 누구나 다른 사람의 나이에 관심을 가지듯이, 우리가 지구의 나이를 궁금해하는 것은 어쩌면 자연스러운 일이라 할 수 있습니다. 그렇지만 답 자체는 그다지 중요하지 않습니다. 이 답이 진정 가치가 있는지는 지구의 분리(핵, 맨틀, 지각 등 여러 층으로)에 대한 것처럼 우리가 지구의 역사를 아는 데 도움을 줄 수 있는지 여부에 달려 있습니다. 나이 그 자체가 설사 아무런 의미가 없다 해도, 우리는 지구의 나이가 약 45억 년이라는 사실 하나만 알고 있어도 꽤히 만족스럽습니다.

● 지구에 있는 암석을 분석해서 지구의 나이를 파악하는 것을 어렵게 만드는 판 구조란 무엇일까요?
(151쪽에 있는 '판 구조론'을 보세요.)

● 만일 우리 태양계가 비교적 짧은 기간에 생성되었다면, 다른 모든 행성이 생성된 기간도 비슷할까요?
(142쪽에 있는 '지구와 다른 행성의 공통점'을 보세요.)

우리 태양계에 있는 행성들은 기본적으로 태양계 안쪽에 위치한 작고 단단한 행성들과 바깥쪽에 위치한 커다란 기체 행성의 두 무리로 나누어집니다. 작고 단단한 행성으로는 지구와 수성, 금성, 화성이 있습니다(행성은 아니지만, 달도 가끔 이 목록에 속할 때가 있습니다). 기체로 이루어진 큰 행성으로는 목성과 토성, 천왕성, 해왕성이 있습니다. 가장 바깥쪽 궤도를 돌고 있는 명왕성은 가장 알려지지 않은 행성인데, 얼어붙은 기체가 대부분을 차지할 것으로 추측되고 있습니다.

지구와 가장 비슷한 행성은 금성과 화성입니다. 금성은 지구와 크기가 가장 비슷한데, 질량은 지구의 4/5 정도입니다. 금성의 내부는 지구와 같이 핵, 맨틀, 지각 등으로 구성되어 있는 것 같습니다. 화성은 질량이 지구 질량의 1/10 정도밖에 안 되기 때문에, 핵과 맨틀 사이에 뚜렷한 구별이 있는 것 같지 않습니다.

금성과 화성은 지구처럼 대기권이 있습니다. 그렇지만 대기권에 있는 원소의 종류는 지구와 다릅니다. 금성과 화성의 대기권은 질소도 포함하고 있지만, 대부분 이산화탄소 기체로 이루어져 있습니다. 반면에 지구의 대기권에는 질소가 가장 많습니다. 산소도 약 20%를 차지하는데, 이 산소는 생명의 진행 과정을 통해 유지됩니다. 바다는 오직 지구에만 있습니다. 화성은 너무 추운 나머지 물이 모두 얼음 상태로 존재할 수밖에 없으며, 금성은 너무 뜨거운 나머지 물이 모두 수증기로 증발했을 것이기 때문입니다.

수성은 지구형 행성 가운데 태양과 가장 가까운 궤도를 도는 행성입니다. 수성은 대기권이 없는 대신 두꺼운 먼지층으로 덮여 있습니다. 수성은 밀도가 아주 높은데, 이는 핵 대부분이 철로 이루어져 있다 — 지구의 핵에 비해 철의 비율이 훨씬 높습니다 — 는 것을 알려 줍니다.

기체로 이루어진 큰 행성들은 모두 지구와 매우 다릅니다. 가장 큰 행성인 목성과 토성은 주로 수소와 헬륨으로 이루어져 있다는 점에서 태양과 아주 비슷합니다. 천왕성과 해왕성은 엄청난 양의 수소, 헬륨과 더불어 몇 가지 무거운 원소로 이루어져 있습니다. 천왕성과 해왕성은 대기권이 매우 두껍습니다.

태양계 행성 가운데에서 과학자들이 가장 잘 모르는 행성은 명왕성입니다. 명왕성은 아주 작은 행성으로, 질량이 달의 1/5 정도밖에 안 됩니다.

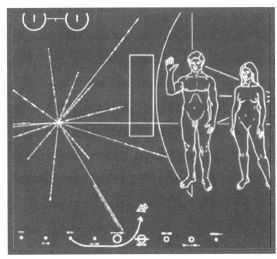

파이오니아에 실어 우주로 보낸 그림 엽서. 지구인 남녀가 그려져 있다.

명왕성은 얼어붙은 기체로 형성되어 있으며, 대기권에 메탄이 포함되어 있는 것으로 보입니다. 명왕성은 원래 해왕성의 위성이었는데, 지나가는 물체의 중력 때문에 태양의 궤도로 끌려들어갔다고 추측하는 과학자들도 있습니다.

사람들이 지구와 다른 행성의 유사성에 대해 궁금해하는 가장 큰 이유는 다른 행성에 생명체가 존재할 가능성을 알고 싶기 때문일 것입니다. 그렇다면 유사성이라는 단어는 그 의미가 지나치게 협소합니다. 생명체를 배태시킨 지구의 여러 가지 조건은 아주 정밀합니다. 예를 들어, 지구가 태양에서 조금만 더 멀리 있었다면 물이 모두 얼어버려 우리가 오늘날 알고 있는 생명체는 존재할 수 없었을 것입니다.

지구와 조건이 가장 비슷한 행성은 금성과 화성입니다. 그렇지만 금성은 너무 뜨거워 생명체를 부양할 수 없습니다. 화성은 대기권도 있고 온도도 적당하기 때문에 생명체를 부양할 가능성이 가장 큰 후보입니다. 그러나 화성에는 수분이 거의 존재하지 않습니다. 그래서 다른 행성에 생명체가 있다고 믿고 싶어하는 사람들은 예전에 화성에 생명체가 있었는데, 화성 전체가 빙하기에 접어들어 모두 죽었다는 이야기를 만들어 내기도 했습니다. 따라서 언젠가 빙하기가 끝나면 지구와 가장 비슷한 행성인 화성에 다시 생명체가 생겨날 수 있다는 것이지요.

● 생명의 진행 과정은 지구의 산소를 어떻게 유지할까요?
(192쪽에 있는 '광합성'을 보세요.)

화석

많은 시간이 흐르는 동안 식물과 동물은 계속 죽어 갔으며, 자신의 짧았던(상대적으로) 생애의 자취는 전혀 남기지 않았습니다. 그렇지만 극히 일부는 기가 막힐 정도로 오랫동안 보존되어 몸 전체나 일부가 화석으로 굳었습니다. 극히 짧은 생애를 보낸 이 생물체는 화석으로 다시 태어나 지구의 역사를 연구하는 지질학자, 그리고 지구 생명체의 역사를 연구하는 고생물학자에게 매우 유용한 정보를 주고 있습니다.

화석의 기록은 본질적으로 부분적일 수밖에 없습니다. 대개 뼈, 이빨, 딱딱한 껍데기같이 단단한 부분만 화석이 되기 때문입니다. 가죽이나 피부 조직처럼 부드러운 부분은 일반적으로 죽자마자 썩기 때문에 암석에 그 흔적을 거의 남기지 않습니다. 얼음이나 석유 구덩이 속에 보존되었다가 발견된 극히 예외적인 화석들도 있습니다. 알래스카나 시베리아에서는 온전한 형태로 얼음 속에 죽어 있는 매머드를 발견했습니다. 폴란드에서는 빙하기의 털이 많은 코뿔소가 석유가 스며 나오는 곳에 보존되어 있다가 발견되었는데, 입 안에 음식이 남아 있을 정도로 완벽한 상태였습니다!

화석은 대부분 유기체가 돌같이 굳거나 암석으로 변한 결과입니다. 이런 과정은 세 가지 방식으로 진행될 수 있습니다. 첫째는 지하 광물이 생물체

조직의 아주 미세한 공간을 채우는 것입니다. 둘째는 이 광물이 원래의 물질을 대체하는 것입니다. 이러한 대체는 분자 대 분자로 일어나기 때문에 원래 조직의 세세한 부분까지 모두 보존됩니다. 그렇지만 원래 모습처럼 뚜렷한 형태는 아니겠지요. 화석은 대부분 광물이 조직의 빈 공간을 채우고 이 광물이 원래의 물질을 대체한 결과입니다. 그리고 셋째는 탄소, 수소, 산소 등의 복합물로 구성된 부드러운 조직이 '분해 증류(destructive distillation)'라는 과정을 거친 결과입니다. 부드러운 몸체의 동물이나 잎의 모습을 담고 있는 탄소층만 남을 때까지 이산화탄소와 물이 방출되어 화석이 만들어집니다.

화석은 주형과 주물로 이루어집니다. 주형은 여러분이 코를 석고로 덮었다가 떼어 내면 얻을 수 있는 속이 빈 형틀입니다. 그리고 주물은 주형에 진흙을 채운 다음 주형을 조심스럽게 떼어 내면 얻을 수 있습니다. 화석 주형과 주물 역시 비슷한 방식으로 만들어집니다. 퇴적물이 유기체 주변에서 단단하게 굳은 다음, 유기체가 분해되면 주형이 생깁니다. 그렇게 생긴 공간을 광물이 채우면, 이 광물이 주형의 주물을 형성합니다. 발자국은 천연적으로 생긴 주형이므로, 이 발자국이 채워져서 주물을 형성할 때가 많습니다.

화석 하나하나가 커다란 매력을 지니고 있지만, 과학자들은 개별 화석보다는 다른 화석과의 관련성 속에서 화석 연구에 몰두합니다. 특히, 지질학자들은 퇴적암층의 연대를 측정하는 데 화석을 이용합니다. 지구의 지각(단단한 표면) 중 약 75%를 차지하고 있는 퇴적암은 암석이 풍화와 침식을 거치면서 만들어집니다. 한편, 다른 종류의 암석을 만드는 화산처럼 좀 더 격렬한 힘들이 형성 중인 화석들을 모두 파괴합니다. 그리고 대량 절멸이든 새로운 종으로 진화하는 형태로든 모든 종들은 결국은 사라지기 때문에 암석층에 특정 화석이 존재한다는 사실을 근거로 지질학자들은 암석이 형성된 시기를 대략적으로 파악할 수 있습니다. 이러한 사실은 지리적으로 멀리 떨어진 지역의 암석층을 비교하는 데 특히 유용합니다. 똑같은 화석이 두 군데 지역에서 나타나면, 지질학자들은 두 지역이 동일한 시기에 형성되었다는 사실을 파악할 수 있습니다. 화석은 오래 전 지리 및 기후 조건에 대한 단서를 제공하기도 합니다. 거대한 대지의 암석에서 물고기 화석을 찾으면, 지질학자들은 과거 어느 시점에 물고기가 살기에 충분한 양의 물이 그 곳에 있었다는 사실을 알 수 있습니다.

　고생물학자들은 진화 과정을 연구하는 데 지질학자들의 지식을 활용합니다. 지질학의 기본 가정은 더 오래 된 암석이 새 암석 밑에 놓인다는 것입니다. 그러므로 밑에서 발견된 화석일수록 위에서 발견된 화석보다 오래 된 것입니다. 고생물학자들은 한 지층의 바닥에서 꼭대기까지 연속적으로 조사해서 발견한 사실들을 하나로 묶어 진화에 대한 이야기로 엮습니다. 이것은 세탁업을 하는 고생물학자가 여러분의 옷장 안에 쌓여 있는 더러운 옷더미를 검사하는 것과 똑같습니다. 바닥에 멋진 셔츠와 양복이 있고, 진 바지와 헐렁한 스웨터가 그 위에 덮여 있다면, 그리고 또 그 위에는 땀 냄새 나는 러닝 셔츠가 놓여 있다면, 고생물학자는 여러분이 대략 언제쯤 멋진 파티에 갔는지 알 수 있을 것입니다. 그리고 그 다음에는 여러분이 진 바지에 헐렁한 스웨터를 걸친 채 집 주변을 어슬렁거렸으며, 그리고 가장 최근에는 달리기를 했다는 것을 알 수 있겠지요.

　물론 화석을 찾는 작업은 더러운 세탁물을 찾는 작업보다 훨씬 어렵습니다. 고생물학자들은 결과에 대한 아무런 확신도 없이 광활한 암석 지대를 치밀하고 끈기 있게 조사하고, 발견된 미약한 화석을 매우 조심스럽게 처리해야 합니다. 그 다음에는 오래 전에 죽은 생물의 화석에서 생명의 역사를 읽어 내려고 온갖 추리력과 상상력을 동원해야 합니다.

● 고생물학자들은 진화 과정이 얼마나 빠르게 진행되었는지 알 수 있을까요?
(171쪽에 있는 '진화는 점진적인가, 급작스러운가?'를 보세요.)

가끔 강력한 지진이 일어나 신문의 전면을 장식할 때를 제외하면, 우리는 대체적으로 우리 발 밑이 단단한 물체로 되어 있다고 생각합니다. 판 구조론에 따라 대륙이 끊임없이 움직이고 있다는 것을 알고 있으면서도, 우리는 그것이 지구의 바깥쪽 표면인 지각에만 해당하는 것이라고 생각합니다. 그렇지만 지각에서 핵의 용광로 '바다'에 이르는 지구 전체를 꿰뚫는 운동이 있습니다.

지구는 다양한 껍질, 즉 다양한 층으로 구성되어 있습니다. 가장 바깥층인 지각은 두께가 겨우 16~40km에 지나지 않습니다. 지각은 산맥, 계곡, 바다 등 우리가 지리 시간에 많이 들었던 지형 지물들이 자리하고 있는 매우 익숙한 층입니다. 지진은 우리가 경험하는 가장 격렬한 지각 운동입니다. 지진은 대부분 갑자기 발생하지만, 지진학자들은 작은 동요의 흔적을 끊임없이 추적해 대규모 지진의 발생을 예측해 냅니다.

지각 밑에는 맨틀이 있는데, 맨틀은 거대한 암석으로 이루어져 있습니다. 지질학자들은 맨틀의 암석이 밖으로 드러난 표면을 가끔 발견합니다. 맨틀은 두께가 약 2800km입니다. 맨틀 밑에는 핵이 있으며, 핵은 반지름이 약 4800km입니다. 핵은 철과 니켈 등의 금속이 녹아 있는 아주 뜨거운 액체 상태의 외핵과 그 중심에 있는 단단한 내핵으로 구분됩니다. 약 6900°C의 액체는 어떤 물질도 한순간에 증발시킬 만큼 뜨겁습니다. 과학자들은 이 열의 일부는 지구가 생성될 때 발생한 엄청난 압력 때문에 만들어졌고, 일부는 방사성 물질의 붕괴 과정에서 만들어진다고 생각합니다.

대륙을 만들고 지탱하는 다양한 판(plate)의 운동과 충돌은 지구의 내부 깊숙한 곳에 있는 열과 운동이 지구의 가장 바깥층으로 전달되면서 일어납니다. 지각 밑으로 단 몇 km만 내려가도 맨틀 상부가 외핵의 열에 반응해 천천히 움직입니다. 외핵에서 일어나는 운동은 단순히 아주 높은 열을 받는 분자의 충돌이 일어나는 것만은 아닙니다. 외핵 그 자체가 순환합니다. 이 순환으로 지구 자기장이 생깁니다. 그렇지만 과학자들은 아직도 순환을 통해 자기장이 생성되는 복잡한 과정을 완벽하게 이해하지 못하고 있습니다. 여러분이 보기에는 아주 느린 움직임 같지만, 지구의 자극(磁極)은 지구가 생겨난 이후 300번 이상 바뀌었습니다. 수백 년에서 수천 년에 걸쳐 한 번씩 남쪽과 북쪽의 자극이 완전하게 자리를 바꾼 것입니다. 지금 현재도 양

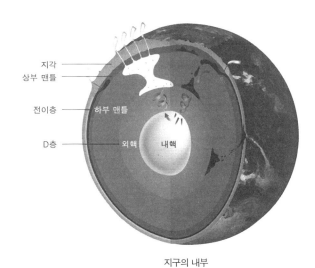

지구의 내부

쪽의 자극은 해마다 몇 km씩 움직입니다.

직접 들어가서 살펴볼 수도, 표본을 가져올 수도 없는 지구의 내부 깊숙한 곳에 무엇이 있는지 어떻게 알 수 있을까요? 지구의 움직임을 통해서 파악한다는 게 그 대답입니다. 지진을 연구하는 지진학자들은 자신들이 조사한 수많은 자료에 근거해 지구의 조성과 역사에 관한 이론을 세웁니다. 지진학자들은 지진계라는 기구를 사용해서 지진과 화산, 핵 조사 때 나오는 폭발 등의 운동에서 발생하는 음파를 기록합니다. 음파는 물질에 따라 다르게 전파되므로, 지진학자들은 자료에 근거해 음파가 통과한 물질이 무엇인지 추론합니다. 과학자들은 충분한 연구를 통해, 지구의 구조와 조성이 운석과 비슷하다고 가정합니다.

아직도 지구의 내부에 대해서는 많은 것이 알려져 있지 않습니다. 지구의 핵은 거리상으로 보면 어떤 천체보다 가까운 곳에 있지만, 너무 뜨겁기 때문에 달나라보다 접근하기가 더욱 어렵습니다.

● 지구 깊숙한 곳에 있는 뜨거운 물질이 지표로 분출된 적이 있을까요?
(154쪽에 있는 '화산'을 보세요.)

● 지구의 자기장이란 무엇일까요?
(160쪽에 있는 '자석인 지구'를 보세요.)

지도책을 보면, 남아메리카의 동쪽 해안선과 아프리카의 서쪽 해안선이 퍼즐 조각처럼 꼭 맞는 것을 볼 수 있습니다. 1912년, 독일의 기상학자 베게너(A. Wegener)는 '대륙 이동설'이라는 이론을 발표했습니다. 이 이론에 따르면, 남아메리카와 아프리카의 해안선이 일치하는 것처럼 보이는 것은 예전에 이것들이 하나의 거대한 대륙이었다가 쪼개져서 분리되었기 때문입니다. 이 이론은 두 대륙에서 발견된 암석과 화석이 서로 비슷하다는 점을 통해서도 입증되었습니다. 그래서 오늘날에는 모든 과학자들이 대륙 이동설을 당연하게 받아들입니다. 그러나 처음 발표된 후 50여 년 동안, 이 이론을 진지하게 받아들인 과학자는 거의 없었습니다. 대륙을 움직일 만한 힘이 무엇인지를 설명하기가 쉽지 않았기 때문입니다. 그런데 1960년대에 들어서 '판 구조론'이라는 새로운 이론이 등장했습니다. 이 새로운 이론은 대륙의 이동과 그와 관련된 여러 가지 현상을 명쾌하게 설명해 냈습니다.

판 구조론에 따르면, 지구의 바깥쪽 표면인 지각은 10개 정도의 단단한 판으로 구성되어 있습니다. 그렇지만 판은 대륙과 똑같지는 않습니다. 이들은 대륙뿐만 아니라 해저를 움직이기도 합니다. 끊임없이 움직이는 판은 산맥 형성, 화산 활동, 지진 활동 등과 같은 다양한 지질 활동의 근원입니다.

우리가 말하는 판은 접시처럼 납작하고 둥그런 판이 아닙니다. 지각을 구성하는 판은 두께가 수십 km나 되니까요. 그리고 우리가 말하는 움직임 역시 여러분이 가만히 서서 정신을 집중하면 느낄 수 있는 그런 움직임이 아닙니다. 각각의 판은 1년에 겨우 몇 cm 정도밖에 안 움직이니까요.

판의 운동은 용해되어 있는 맨틀층(핵과 지각 사이에 있는 층)의 대류가 지각에 영향을 주어 생기는 것입니다. 대류란, 뜨거워진 물질이 부피가 늘어나고 밀도가 떨어지면서 위로 올라가고, 위에 있던 차가운 물질이 내려와 그 자리를 채우는 형태의 순환을 뜻합니다. 이처럼 맨틀에서 일어나는 대류 운동을 따라 판이 움직이게 되는 것입니다.

판은 기본적으로 세 가지 형태의 운동을 합니다. 첫째, 두 개 이상의 판이 서로 멀어지는 운동입니다. 둘째, 판 하나가 다른 판 밑으로 파고들면서 두 개의 판이 하나로 모이는 운동입니다. 셋째, 두 개 이상의 판이 서로 미끄러지듯 지나가는 운동입니다. 이 세 가지 형태의 운동에서는 판의 가장자리만

지각의 구조

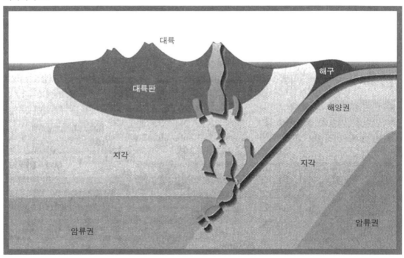

변형됩니다. 판의 내부는 상대적으로 영향을 받지 않은 채 남아 있습니다. 두 개 이상의 판이 분리되거나 흩어지면, 맨틀에 있는 뜨거운 물질이 그 틈새를 따라 올라와 굳어져서 새 지각을 형성합니다. 지구는 크기가 항상 똑같기 때문에, 두 개 이상의 판이 갈라져서 새로운 지각이 형성되면, 이와 균형을 맞추려고 다른 곳에 있는 지각이 제거됩니다. 이것은 두 개 이상의 판이 하나로 모이는 형태로 진행됩니다. 다른 판 밑으로 파고 들어간 판의 일부는 맨틀 속으로 들어가 엄청난 열에 녹아 버립니다. 그래서 그것은 갈라진 판을 따라 위로 올라와서 다시 지각을 만들지 모릅니다. 하나로 모인 두 개의 판 위에 거대한 땅덩어리가 있다면, 두 개의 판이 충돌한 경계선은 쭈글쭈글해져서 산맥을 형성합니다. 예를 들어, 알프스 산맥은 이탈리아가 유럽에 결합될 때 밀려 올라간 것입니다. 세 번째 형태의 운동에서는 두 개의 판이 서로 미끄러지듯 또는 비비듯이 지나가며 지진대를 형성합니다.

최근 몇몇 지질학자들은 1억 8000만 년 전에 하나의 거대한 대륙이 존재했으나, 판 자체의 운동 때문에 분리되어 오늘날의 대륙들이 되었다는 주장을 제기했습니다. 이들에 따르면, 맨틀 기둥(외핵과 맨틀의 경계에서 생겨난 용해된 암석 기둥)이 솟구쳐 올라 맨틀과 지각을 뚫고 나오게 되자, 고대의 초대륙인 '곤드와나 대륙'이 현재의 대륙으로 분리되었습니다.

영원한 것은 하나도 없습니다. 대륙도 영원하지 않습니다. 따라서 여러분이 지금 어느 나라에 있든 오랫동안 살 수만 있다면, 설사 해외로 나가지 않더라도 해외가 여러분을 찾아올지 모릅니다.

● 맨틀의 대류 운동을 일으키는 열의 근원은 무엇일까요?
 (148쪽에 있는 '지구의 중심'을 보세요.)

● 맨틀의 대류 외에 지구의 생존 조건에 영향을 주는 또다른 대류가 있을까요?
 (166에 있는 '기상 시스템'을 보세요.)

화산

　물집, 슬러리, 쇠똥 폭탄, 튀긴 침. 이것들은 코미디 프로에 나오는 이야기가 아니라 지질학자들이 화산이 폭발하는 과정을 묘사할 때 사용하는 단어들입니다. 화산 활동이 빈번하게 일어나는 지역에 살지 않는 한, 여러분은 화산을 몇 년에 한 번씩 일어나 수많은 목숨을 앗아가는 끔찍한 천재지변 정도로 생각할 것입니다. 하기야 끔찍한 이야기와 구호 성금을 보내는 기사가 신문에 자주 등장하기도 합니다. 그러고는 천재지변이 다시 일어날 때까지 화산 활동에 관한 이야기는 지면에서 사라집니다. 정상적인 사람이 터뜨리는 납득할 수 없는 분노처럼 화산이 가끔 돌발적으로 폭발하는 것같이 보이긴 하지만, 작은 폭발은 비교적 흔해 1년에 평균 50~60번 정도 일어납니다. 전세계에는 약 500개의 활화산이 있는데, 활화산이란 과학자들이 생각하기에 일정 시간이 지나면 다시 폭발할 수 있는 화산을 의미합니다. 화산은 우리 인간에게 지구 내부를 살펴볼 기회를 제공합니다. 그리고 우리는 화산을 통해 생겨난 장엄한 풍경을 보며 감탄을 하기도 합니다.

　화산 산맥은 지진대를 따라 집중되어 있습니다. 이런 지진대 가운데에는 태평양을 둘러싸고 있는 환태평양 지진대가 있는데, 북캘리포니아의 래슨 산(Lassen Peak)에서 콜롬비아에 있는 가리발디 산(Mount Garibaldi)에 이르는 지역은 이 지진대의 일부입니다. 세인트헬렌스 산(Mount St. Helens)도 이 지진대에 포함됩니다. 지진을 일으키는 지진 활동은 지구의 지각을 구성하는 여러 개의 커다란 판의 운동이기도 합니다. 지구의 지각이 단단한 것처럼 보여도, 이 지각은 끊임없이 움직이고 있습니다. 그래서 두 개 이상의 판이 서로 분리될 때가 있습니다. 그러면 그 틈을 타고 맨틀에서 물질이 표면으로 올라와 새로운 화산 지형을 만듭니다. 두 개의 판이 충돌해 서로 다른 판을 마멸시키며 캘리포니아에 있는 산안드레아스(San Andreas) 단층 같은 긴 지진 단층대를 만들기도 합니다. 그리고 판 하나가 다른 판 밑으로 밀려 들어갈 때도 있습니다. 그러면 밀려 들어간 판의 일부는 맨틀로 들어가서 그 속에 녹아 있다가 화산이 폭발할 때 틈새를 따라 마그마로 분출됩니다.

마그마는 지각과 맨틀에서 분출하는 물질입니다. 그런데 마그마가 지각 안에서 식어 암석으로 굳어 버리기도 합니다. 그렇지 않으면 마그마는 용암의 형태로 구멍을 따라 밖으로 터져 나옵니다. 용암이 식어서 누적된 곳에는 우리가 언덕이나 산이라고 부르는 원추형 화산이 생깁니다.

화산이 토해 낸 물질은 용암과 가스, 먼지, 암석 부스러기 등입니다. 가스는 화산 분출의 직접적인 원인입니다. 마그마는 주변에 있는 암석보다 가볍기 때문에 지각을 향해 올라옵니다. 마그마가 표면 가까이 접근함에 따라 용암 안에 용해되어 있던 가스가 끓어 오릅니다. 가스의 팽창력으로 용암이나 단단한 암석 조각이 구멍을 통해 밖으로 분출됩니다. 보통 1100 ~1200°C에서 분출되는 용암은 액체 상태에서 끈적끈적한 점성 물질 형태로 변합니다. 농도가 옅은 액체 상태의 용암은 아주 먼 곳까지, 때로는 폭발한 곳에서 수십 km 떨어진 곳까지 이동합니다. 용암과 가스, 그리고 바위 조각으로도 모자란 듯, 화산 폭발은 산사태나 이류, 또는 엄청난 해일의 원인이 되기도 합니다.

따라서 화산학이 위험한 학문이란 것도 놀랄 일이 아닙니다. 개중에는 이론만 추구하는 연구자도 있지만, 대부분의 시간을 '현장에서' 보내는 연구자들도 많습니다. 이 때, 현장이란 앞으로 어떤 일이 일어날지 모르는 활화산의 언저리일 경우가 많습니다. 1993년, 분화구가 갑자기 폭발하는 사건이 두 군데에서 일어나 연구하고 있던 화산학자 여덟 명이 모두 목숨을 잃었습니다. 1991년에는 화산이 폭발하는 장면을 생생한 필름으로 찍어서 유명해진 프랑스인 부부가 박사 과정을 마치고 연구를 계속하던 미국인 친구와 함께 일본의 운젠 산에서 사망하는 참사가 발생하기도 했습니다. 스릴을 즐기려고 그런 곳에 가는 사람도 있겠지만, 화산학자 대부분은 여전히 신비에 싸여 있는 현상에 매료되어, 그리고 화산 활동을 정확히 예측해 생명을 구하는 데 도움을 주려는 희망 때문에 활동을 합니다.

여담이지만 물집은 작은 물질의 입자이고, 슬러리는 이류(액체 진흙)이며, 쇠똥 폭탄은 말 그대로 부드러운 방울 모양이고, 튀기는 침이란 땅에 떨어질 때 튀기는 거품이 부글부글 끓는 용암 파편을 말합니다.

● 용암은 어디에서 나오며, 그렇게 뜨거운 이유는 무엇일까요?
(148쪽에 있는 '지구의 중심'을 보세요.)

● 지구의 표면을 형성하는 판들은 왜 움직일까요?
(151쪽에 있는 '판 구조론'을 보세요.)

세계 지도를 보면, 대륙과 바다가 눈에 띕니다. 그 속에 무엇이 있는지 생각해 보면, 우선 암석이 있을 테고, 그 다음에는 훨씬 안쪽에 용암, 그리고 핵이 있습니다. 그렇지만 지구의 지각에는 건조한 암석만 포함되어 있는 것은 아닙니다. 지표면 바로 밑에는 — 심지어 사막 지대조차 — 암석을 관통해 물이 흐르고 있습니다. 지질학자들은 이처럼 지표면 밑을 흐르는 물을 지하수라고 부릅니다.

지하수는 대부분 흙 속으로 스며든 비와 녹은 눈이 모여서 형성됩니다. 물은 암석에 도달하면 암석 사이의 갈라진 틈이나 공간은 물론 암석에 뚫려 있는 구멍도 모두 채웁니다. 그런 다음, 열려 있는 연결망을 통해 흐릅니다. 그렇지만 흐른다는 것이 속도를 가진다는 것을 뜻하지는 않습니다. 지하수는 하루 평균 약 1.2m에서 연평균 약 1.2m에 이르기까지 아주 느리게 아무 곳으로나 흘러가니까요.

지질학자들은 지하수가 있는 암석층을 두 개의 지대로 나눕니다. 통풍대 (通風帶)라고 부르는 꼭대기 지대에는 암석 구멍을 비롯한 공간에 물과 공기가 함께 있습니다. 통풍대 밑에 있는 지역은 포화대(飽和帶)라고 부르는데, 이 곳에는 공기가 없고 모든 공간이 물로 가득 채워져 있습니다. 포화대가

지하 600m까지 내려간 경우는 거의 없습니다. 포화대 위쪽 표면을 '지하수면'이라고 합니다. 일반적으로 지하수면은 그 위에 있는 지형의 모습을 하고 있습니다. 지형이 평평하면 지하수면도 평평하고, 굴곡이 있으면 지하수면도 그 굴곡에 따라 올라갔다 내려왔다 합니다. 늪, 호수, 강은 지하수면이 지표면에 자리잡고 있는 곳인 셈입니다. 그러니까 이런 곳은 포화대 위에 통풍대가 없습니다.

우물을 통해 우리는 지하수를 얻을 수 있습니다. 우물은 통풍대를 거쳐 포화대까지 파내려간 구멍일 뿐입니다. 암석 구멍에 있던 물이 구멍 속으로 흘러나와 지하수면의 높이만큼 차오릅니다. 그래서 우물에서 물을 너무 많이 퍼내면 지하수면이 수십 m까지 내려갈 수 있습니다. 지하수는 아주 느리게 흐르기 때문에 지하수면을 다시 예전 수준까지 높이려면 수백 년이 걸릴 수도 있습니다.

그런데 지하수가 호수나 강보다 훨씬 더 극적으로 지표면에 나타나는 지역이 있습니다. 예를 들어, 아이다호의 트윈 폴스(Twin Falls) 근처에 있는 '천 개의 샘(The Thousand Springs)'은 초당 약 14만ℓ의 물을 뿜어 냅니다. 샘보다 훨씬 더 볼 만한 게 간헐천인데, 간헐천은 구멍이 많은 암석이나 동굴에 있는 지하수의 압력이 너무 커 온도가 오를 때마다 물이 한순간에 증기로 변하면서 분출됩니다. 바닥에 있던 물이 엄청난 압력을 받아서 끓어 오르면, 증기가 밑에 있는 물을 하늘 높이 밀어 올립니다. 분출이 끝나면 동굴이나 암석은 다시 물로 채워져 이 과정이 계속 되풀이됩니다. 올드페이스풀(Old Faithful) 같은 간헐천은 분출이 일어난 후 빈 공간이 빨리 채워지므로, 종종 분출을 예측할 수 있습니다. 그렇지만 분출 사이의 간격이 긴 간헐천에서는 변수가 많기 때문에 분출을 예측할 수 없습니다.

많은 사람들은 부지불식간에 지하수가 만들어 낸 여러 가지 모양들을 보아 왔습니다. 동굴 속에 자리잡은 기괴한 모습의 종유석과 석순을 점적석이라고 부르는데, 이것은 틈새로 스며든 지하수에 녹아 있던 탄산칼슘 침전물이 누적되어 만들어집니다. 위에 매달려 있는 종유석은 스며 나와 아래로 떨어지는 지하수에서 만들어집니다. 그리고 석순은 종유석을 타고 아래로 방울방울 떨어진 지하수 속의 탄산칼슘이 쌓여서 만들어집니다. 일단 종유석과 석순이 만들어지면, 둘은 종종 하나의 기둥 형태로 합쳐집니다. 지하수는 나무 속으로 스며들어 나무 조직을 실리카(silica:규토)로 대체시키는 예술적 기교를 발휘하기도 합니다. 그러면 결국에는 우리가 '규화목(硅化木, petrified wood)'이라고 부르는 것이 생겨납니다. 실리카와 점적석의 조각한 듯한 단단한 형상은 물이 지표면 아래의 모든 곳을 천천히 순환하고 있음을 생각나게 해 줍니다.

● 물은 무엇으로 이루어졌고, 왜 그렇게 중요할까요?
(82쪽에 있는 '물'을 보세요.)

● 다른 행성에도 지하수가 있을까요?
(142쪽에 있는 '지구와 다른 행성의 공통점'을 보세요.)

자석인 지구

지구가 거대한 쇠막대기같이 생기진 않았지만, 행성 전체는 하나의 자석처럼 움직입니다. 자석은 그 크기에 상관 없이 두 개의 극이 있습니다. 우리가 북쪽과 남쪽이라고 부르는 지구의 자극은 지리적인 북극 및 남극과 일치하지 않습니다. 나침반에서 잔잔하게 흔들리는 조그만 바늘은 지리적인 북극을 가리키는 것이 아니라, 자기상의 북극을 가리킵니다. 이것은 과학적으로도 흥미로운 사실이지만, 여러분이 등산을 갔다가 숲에서 길을 잃고 방황할 때에도 아주 중요합니다.

액체 상태인 지구의 외핵에는 철과 니켈이 들어 있습니다. 이 같은 금속은 자기성 물질로, 원자 하나하나가 자축을 따라 정렬되어 있습니다. 그런데 어떤 힘이 원자의 정렬 상태를 지속시키지 않는 한, 원자들은 무작위적으로 움직이는 성질이 있기 때문에 결국엔 정렬 상태가 깨지게 됩니다. 액체 상태의 외핵은 고체 상태인 내핵에 비해 상대적으로 지속적인 운동 상태에 있습니다. 과학자들은 이 같은 움직임이 대류를 일으켜 전기를 발생시키고, 이 전기가 자기장을 생성한다고 생각합니다. 그런데 이 자기장은 지표면 위 수백 km 높이까지 뻗쳐오르기 때문에 우리는 지구가 하나의 거대한 자석같이 움직인다고 말합니다.

과학자들이 볼 때, 지구가 자석으로 움직이는 것은 그 자체만으로도 흥미롭지만, 다른 많은 현상을 설명한다는 측면에서도 매우 흥미롭습니다. 프랑스의 물리학자 퀴리(P. Curie)는 일정한 온도를 넘으면 금속이 자성을 잃는다는 사실을 발견했습니다. 이 온도는 나중에 '퀴리 온도'라고 불리게 되었습니다. 이것을 거꾸로 생각하면, 뜨거운 열에 녹아 있던 금속이 식어서 퀴리 온도에 도달했을 때 자성을 띠게 된다는 것을 알 수 있습니다. 고생물학자들은 금속의 이런 특징을 유용하게 활용할 수 있다는 것을 알게 되었습니다. 용암은 아주 빨리(대략 몇 주 안에) 식기 때문에 화산암 속에 있는 금속 결정의 정렬 상태로써 용암이 퀴리 온도까지 식을 때 어떤 정렬 상태를 하고 있는지 알아 낼 수 있습니다. 그런데 이 때의 정렬 상태는 한순간에 얼어붙은 작은 자석 같은 상태입니다. 이 얼어붙은 자석들에서 발견한 첫 번째 놀라운 사실은 지구가 생긴 이래 지구의 자극이 수없이 바뀌었다는 것입니

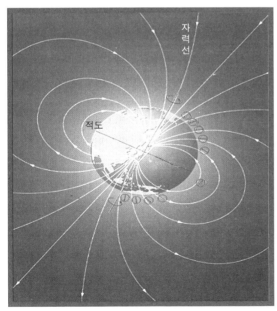

지구는 거대한 자석이다. 지구의 자축은 자전축(지축)에서 약 11° 기울어져 있다.

다. 가장 최근에 바뀐 것은 약 73만 년 전입니다. 과학자들은 두 개의 극이 약해진 다음에 바뀌었는지, 아니면 갑자기 — 여기서 말하는 '갑자기'는 1000~5000년의 기간을 의미합니다 — 바뀌었는지에 대해선 아직 확실히 모르고 있습니다. 하나의 자석 시대는 수백만 년 동안 지속됩니다. 그 동안에 순간적으로 자극이 바뀌는 일이 발생해서 그 상태가 수천 년에서 20만 년 동안 지속되는데, 이것을 '자기 사건'이라고 부릅니다.

암석에 '얼어붙은' 이 자석들은 판 구조론을 입증할 수 있는 증거를 제공하기도 합니다. 두 개 이상의 판이 서로에게서 멀어지면 맨틀에서 새로운 용해 물질이 판 사이의 틈새를 뚫고 위로 올라와 굳습니다. 이런 과정은 계속 반복됩니다. 즉, 판이 벌어지게 됨에 따라 기존의 물질이 분리되면서 맨틀에 있는 좀 더 새로운 물질이 그 자리를 채우게 됩니다. 해양층을 따라 지구의 자극이 바뀌는 사건은 중앙 해령이라고 불리는 해저 산맥 양 옆에 있는 암석에 줄무늬 형태를 만들어 놓았습니다. 이 능선의 갈라짐은 과학자들이 '확대되는 해양층'이라고 말하는 것의 원인이 됩니다. 1년에 5cm 정도씩 움직이는 해양층의 운동은 판 구조 전체 운동의 중요한 부분입니다.

이제부터는 숲에서 길을 찾을 때 휴대용 나침반을 이용하도록 하세요. 물론 지구의 자극이 완전히 바뀐다 하더라도, 나침반은 여전히 길을 찾는 데 도움이 되는 유용한 도구입니다. 바늘의 N극과 S극 자리를 바꾸어야 한다는 사실을 명심하고 있는 한은요.

● 굉장히 오랫동안 지속되는 자기 시대가 무수하게 많이 바뀌었다면, 지구의 나이는 도대체 얼마나 되는 것일까요?
(139쪽에 있는 '지구의 나이'를 보세요.)

코리올리의 힘에 대해 제일 먼저 알아야 할 것은 그것이 힘이 아니라는 사실입니다(힘이란, 물체를 가속시키는 영향력입니다. 정지된 차를 미는 인간의 힘이 좋은 사례입니다). 따라서 코리올리 효과라고 하는 게 더 정확한 표현입니다. 코리올리 효과에 대해 두 번째로 알아야 할 것은 — 우리가 흔히 알고 있듯이 — 이것이 북반구에서는 욕조의 물이 시계 반대 방향으로, 남반구에서는 욕조의 물이 시계 방향으로 소용돌이치며 빠져 나가게 하는 원인은 아니라는 점입니다. 그러니까 코리올리 효과는 대기의 흐름이나 해류 같은 아주 거대한 계에서만 그 영향력을 나타냅니다.

코리올리 효과란, 북반구와 남반구 모두에서 극점을 향해 던져진 물체는 동쪽 방향으로 비껴 가고, 적도를 향해 던져진 물체는 서쪽으로 비껴 가는 현상을 말합니다. 프랑스의 공학자이자 수학자인 코리올리(G. G. Coriolis, 1792~1843)가 회전 기계의 역학을 연구하다 이 현상을 발견했습니다. 기본 개념은 아주 간단합니다. 이 효과는 모든 회전계에 적용할 수 있지만, 지구에서 이 효과가 어떻게 작동되는지 살펴볼 때 그 원리를 가장 분명하게 알 수 있습니다. 지구는 24시간에 한 바퀴씩 돕니다. 지구 원주의 길이(즉, 적도)는 양 극에 가까운 곳의 원주의 길이보다 길기 때문에, 적도에 있는 물체

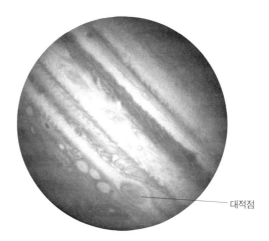

대적점

거대한 폭풍우인 목성의 대적점은 코리올리 효과를 극적으로 보여 준다.

는 양 극에 가까운 지점에 있는 물체보다 24시간 동안 더 긴 거리를 이동합니다. 즉, 양 극점에 있는 물체는 전혀 이동하지 않는 반면, 적도에 있는 물체는 약 3만 9000km를 이동합니다. 따라서 적도에 있는 물체는 한 시간에 약 1600km의 속도로 동쪽으로 이동합니다. 로켓 같은 물체가 적도에서 출발해 북극을 향해 날아간다면(이해하기 쉽게 로켓 자체의 속도를 무시할 경우) 로켓은 관성 때문에 한 시간에 약 1600km의 속도로 동쪽을 향해 움직입니다. 그런데 한 시간에 1600km의 속도로 나아가던 로켓이 한 시간에 800km를 이동하는 위도를 지날 때에는 로켓이 원래 동쪽으로 움직이던 속도가 훨씬 빠르기 때문에 경로가 동쪽으로 휘어지게 됩니다.

사람들은 코리올리 효과를 전축의 턴테이블이나 회전목마를 예로 들어 설명하곤 합니다. 돌아가는 레코드의 중심에서 가장자리로 선을 그어 보면 비스듬히 휘는 것을 볼 수 있습니다. 그리고 회전목마의 중심에서 가장자리를 향해 걸어갈 때에도 비슷한 현상이 일어납니다. 그러나 코리올리 효과를 회전에 따른 단순한 이동과 혼동하면 안 됩니다. 쉽게 말해서, 여러분이 회전목마의 가장자리에 있는 백마를 향해 접근할 때 백마 자체도 이동하기 때문입니다.

우리들 대부분은 목표물을 향해 날아가는 로켓이나 비행기를 조종하는 것에 대해 걱정할 필요가 없습니다. 그렇지만 기후의 패턴에 있어서는 사정이 다릅니다. 코리올리 효과가 뚜렷하게 나타나는 사례로는 사이클론과 허리케인, 그리고 토네이도가 북반구에서는 시계 반대 방향으로 회전하는 경향이 있고, 남반구에서는 시계 방향으로 회전하는 경향이 있다는 사실을 들 수 있습니다. 그렇지만 폭풍우 같은 작은 기상 시스템에서는 이 영향을 무시해도 좋습니다.

코리올리 효과는 회전하는 모든 물체에 나타납니다. 아마도 가장 극적인 예는 목성의 대적점(Great Red Spot)일 텐데, 이것은 목성의 남반구에서 시계 반대 방향으로 회전하는 거대한 폭풍우입니다.

● 관성은 로켓과 같이 이동하는 물체에 어떤 영향을 줄까요?
(59쪽에 있는 '관성'을 보세요.)

● 날씨가 나타나는 원인은 무엇일까요?
(166쪽에 있는 '기상 시스템'을 보세요.)

날씨는 열과 습기, 구름과 바람, 압력과 강수량, 시계(視界) 등을 포함하는 많은 요소가 결합된 결과입니다. 이 요소들은 모두 대기권, 즉 지구의 표면을 둘러싸고 있는 공기층의 조건을 나타냅니다. 따라서 대기권이 없는 행성이나 위성에는 날씨가 없습니다.

우리는 대부분 아침에 라디오를 켤 때, 날씨가 더울지 추울지, 그리고 비나 눈이 올지 안 올지만을 알려고 할 뿐입니다. 그렇지만 기상학자에게 이러한 요소들은 기상 시스템이라는 거대하게 구조화된 그림의 일부입니다. 기상 시스템은 대기권의 끊임없는 변화의 결과이며, 이 변화는 끊임없이 변하는 온도 때문에 일어납니다.

대류 현상은 날씨의 기본적 패턴을 결정하는 모든 공기 운동의 원인이 됩니다. 지표면의 온기가 공기를 데우면, 공기는 팽창해 밀도가 떨어집니다. 공기의 밀도가 떨어지면(그래서 가벼워지면) 공기는 상승합니다. 그러면 차가운 공기가 아래로 내려와 빈 자리를 채웁니다. 이 공기는 다시 따뜻해져 공중으로 상승하고, 다시 찬 공기가 내려와서 그 자리를 채웁니다. 이처럼 끊임없는 교환 때문에 공기의 순환 운동이 일어납니다. 적도 지방의 공기는 추운 극지방의 공기보다 빨리 데워지므로 공기가 더 빨리 상승하는데, 그러면 북쪽(남반구에서는 남쪽)에 있는 찬 공기가 그 자리로 밀려듭니다. 그런데 지구의 자전은 이 형태를 복잡하게 만듭니다. 적도의 둘레는 양 극점에 가까운 지역의 둘레보다 훨씬 큽니다. 지구는 24시간에 한 바퀴씩 회전하므로, 적도의 공기는 극지방의 공기보다 더 긴 거리를 이동해야 합니다. 따라서 적도의 공기가 극지방의 공기보다 빠른 속도로 움직이는 것은 당연합니다. 이 같은 속도의 차이 때문에 기류(氣流)는 동쪽(남반구에서는 서쪽)으로 비껴 가게 됩니다. 적도에서 양 극을 향해 이동하는 공기는 동쪽으로 기울고, 양극에서 적도를 향해 이동하는 공기는 서쪽으로 기울게 되는 것입니다. 과학자들은 이런 현상을 코리올리 효과라고 부릅니다.

북미 대륙의 상공을 지나는 가장 커다란 기류는 '강력한 편서풍'입니다. 이 편서풍은 북반구와 남반구의 온대 지역에서는 서쪽에서 동쪽으로 붑니다. 남반구에서는 바람이 북극을 향해 북쪽으로 불지 않고 남극을 향해 남쪽으로 붑니다. 적도와 가까운 지역에서는 흐름이 뒤바뀝니다. 즉, 서쪽을 향하는 북동 무역풍(적도 위에서)과 남동 무역풍(적도 아래에서)이 각각 붑니다. 적도에는 정체된 공기덩어리가 자리잡곤 하는 '적도 무풍대'가 놓여 있습니다.

물론 지구의 표면은 동일하지 않습니다. 대륙은 흡수한 태양 에너지를 바다보다 빨리 복사합니다. 이렇게 해서 생긴 온도 차이는 회전하는 거대한 공기덩어리를 발생시키는데, 이를 고기압과 저기압이라고 합니다. 고기압일 때에는 날씨가 잔잔하고 쾌청한 반면, 저기압일 때에는 폭풍우가 몰아치곤 합니다.

일반적인 날씨 패턴은 상당히 일관되지만, 우리 지방의 날씨(우리가 라디오에서 들으려고 하는 오늘의 날씨)는 다른 많은 요인에 영향을 받습니다. 가장 중요한 요소 가운데에는 '기단'이라는 공기덩어리가 있습니다. 이것은 수백 km^2, 심지어 수천 km^2의 지역을 덮을 정도로 커다란 공기덩어리입니다. 기단은 이동하면서 자신이 지나가는 지표면의 온도와 습도 상태에 영향을 받습니다. 기상학자들은 두 개의 기단이 부딪쳐 생긴 경계를 '전선'이라고 부릅니다. 전선이 형성되면 날씨는 대개 나빠집니다. 일기 예보는 기본적으로 기단 활동을 예측하는 것입니다.

날씨에 영향을 주는 다른 요인으로는 계절의 변화, 제트 기류(북반구의 서쪽에서 동쪽으로, 높은 고도에서 아주 빠르고 아주 좁게 부는 기류), 그리고 온도와 압력, 습도 같은 지역적 차이가 있습니다. 우리가 온도 다음으로 관심을 많이 기울이는 날씨의 한 측면은 물의 순환인데, 물의 순환이란 비나 눈이 오는 것을 깜찍하게 표현한 말입니다. 날마다 열은 지표면의 물을 공중으로 증발시킵니다. 그래서 가열된 공기가 상승하면 공기는 공중에서 차가워지고, 수증기는 구름으로 응축됩니다. 그리고 이 구름은 특정한 대기 속에서 비나 눈으로 변합니다.

날씨의 변화 과정이 지나치게 복잡해서 과학자들은 날씨를 혼돈 이론(예측할 수 없는 혼돈스러운 계에 대한 이론)의 가장 좋은 사례로 간주합니다. 이처럼 기상 시스템은 매우 복잡하기 때문에, 며칠 이상을 정확하게 예측하는 것은 거의 불가능합니다. 날씨는 성가신 존재일 수 있지만, 우리에게 최소한의 이야깃거리를 제공하기도 합니다.

● 혼돈 이론은 무엇일까요, 그리고 기상 시스템의 연구에 왜 유용하게 사용될까요?
(127쪽에 있는 '혼돈 이론'을 보세요.)

● 대류는 공기가 운동하도록 만듭니다. 그런데 이것이 지구 자체도 운동하도록 만들 수 있을까요?
(151쪽에 있는 '판 구조론'을 보세요.)

06
생태학과 진화

우리는 과거를 생각할 때 흔히 미켈란젤로나 잔 다르크와 같은 유명한 천재나 영웅들을 떠올립니다. 모두 우리와 비슷한 모습에 우스꽝스러운 의상과 머리 모양을 하고 있는 사람들입니다. 이와 마찬가지로, 우리는 미래를 상상할 때에도 우리와 모습이 비슷한 사람들을 그리는 경향이 있습니다. 그런데 옛날 네안데르탈인처럼, 미래를 살아갈 우리 후손들 역시 우리와 다른 모습을 하고 있을 가능성은 없을까요?

진화는 점진적인가, 급작스러운가?

모든 과학자는 다윈(C. Darwin)의 진화론이 뉴턴의 만유 인력 법칙이나 멘델레예프의 원소 주기율표만큼이나 우리가 살고 있는 세계를 정확하게 설명한다는 데 동의합니다. 여러분이 떨어뜨린 물체는 모두 다 땅으로 떨어지게 마련이고, 발견된 화학 원소는 모두 주기율표에 맞게 마련입니다. 이와 마찬가지로, 여러분이 만난 모든 동물들에게는 진화하기 이전의 조상이 있습니다. 그러나 모든 과학 분야가 그렇듯이 — 바로 이 점이 과학을 흥미롭게 만듭니다 — 진화론 속에도 과학자들이 날카롭게 대립하는 점들이 있습니다. 거의 25년이나 계속되어 온 논쟁의 핵심은 진화의 속도에 관한 것입니다. 즉, 진화가 점진적으로 진행되었는가, 아니면 갑자기 급작스럽게 진행되었는가 하는 것입니다. 전자의 견해를 '점진적 진화론'이라고 부르고, 후자의 견해를 '계단식 진화론'이라고 부릅니다.

다윈 자신은 진화가 일정한 속도로 천천히 일어나기 때문에 여러 가지 사소한 변화가 누적되어 커다란 변화가 일어날 때까지 점진적으로 진행된다고 생각했습니다. 다윈이 지질학의 영향을 매우 강하게 받았기 때문에 진화가 점진적으로 일어났다고 생각하게 되었다고 보는 사람들도 있습니다. 지구의 지형이 천천히 바뀐다면, 그 곳에 사는 유기체들도 서서히 바뀐다고 보는 게 자연스러울 수 있습니다.

　오늘날 점진주의자들은 DNA(유전 암호를 전달하는 물질)에 대한 최신 지식으로 무장하고, 다윈이 관찰한 그 이상을 연구합니다. 점진주의자들은 비록 어떤 종의 일정한 물리적 특징은 다소 불규칙한 속도로 진화할 수 있다 하더라도, DNA의 변화는 모두 동일한 속도로 진행된다고 말합니다. 이들은 이것을 '분자 시계'라고 부르는데, 종의 DNA가 바뀐 숫자를 세면 하나의 조상에서 서로 다른 종이 분리되어 나온 이래 얼마나 오랜 시간이 지났는지 판단할 수 있다고 주장합니다.

　반면, 계단식 진화론을 주장하는 과학자들은 다양한 종이 기본적으로 100만 년 정도는 변하지 않은 채 남아 있다가 짧은 기간에 급작스러운 변화를 겪는다고 주장합니다. 바로 이 짧은 기간에 예전의 종에서 새로운 종이 갈라져 나온다는 것입니다. 이들은 변화의 중간 단계를 보여 주는 화석이 없는 것 자체가 자신들의 주장을 뒷받침하는 증거라고 지적합니다. 화석을 연구하는 고생물학자들은 중간 단계를 보여 주는 화석이 아직 발견되지 않았을 뿐이라고 주장합니다. 그렇지만 계단식 진화론자는 그런 화석은 존재하지 않기 때문에 발견되지도 않는다고 말합니다.

　진화의 속도에 관한 논쟁을 해결하는 데 있어 가장 중요한 문제는 증거를 찾는 것입니다. 하나의 동물이 다른 동물에서 진화했다고 판단할 수는 있지만, 지금 야외로 나가 진화의 과정에 있는 동물을 발견하는 것은 불가능합니다. 화석은 진화가 일어났다는 것을 알려 주는 가장 중요한 증거입니다. 오래 된 화석은 새로운 화석보다 더 깊은 암석층에 묻혀 있으므로, 고생물학자들은 생물체의 화석이 시간의 변화 속에서 어떻게 변화하는지를 연구해서 그것이 진화한 역사를 추적하곤 합니다. 그렇지만 화석은 기껏해야 대략적인 것을 보여 줄 뿐입니다. 대개 뼈처럼 단단한 부분만 화석이 될 뿐, 부드러운 부분은 썩기 때문입니다. 게다가 수많은 동물이 서로 협의해서 시간별로 밑에서부터 차례대로 화석이 되었을 리도 없습니다. 어떤 암석에서는 갑작스러운 변화를 보여 주는 화석이 다른 암석에서는 아주 느린 변화를 보여 줄 수도 있습니다.

진화의 속도는 점진적이기도 하고 급작스럽기도 한 것으로 판명될지도 모릅니다. 농약 때문에 새로운 종의 곤충이 진화하듯이, 환경의 압력이 강한 시기에는 변화가 좀 더 빠르게 일어날 수 있습니다. 그렇지만 뚜렷한 결론이 나오기 전까지 고생물학자들은 계속 땅을 파고 논쟁을 벌일 것입니다.

● 멸종된 종도 화석에 담겨 있을까요?
(177쪽에 있는 '사라지는 개구리'를 보세요.)

일상생활에서 우리가 인간 이외의 종을 의식적으로 생각하는 경우는 매우 드뭅니다. 집에서 기르는 고양이와 개, 어쩌면 생쥐와 시궁쥐 정도, 좀더 나아가면 파리와 금붕어, 지렁이, 미나리와 양배추 정도를 떠올리는 게 고작일 것입니다. 그런데 잠깐! '지렁이'는 하나의 단일한 종(種)이 아니라는 사실을 알고 있나요? 즉, 1만 2000여 종의 지렁이가 보고되어 있다는 사실을 알고 있나요? 종이란, 동물이나 식물이 자기 무리 안에서 교접해 생식 능력이 있는 후손을 낳을 수 있는 범주를 말합니다. 예를 들어, 말과 당나귀를 하나의 종처럼 교접시킬 수는 있지만, 그 후손인 노새는 생식 능력이 없으므로 말과 당나귀는 같은 종이 아닙니다. 지구에는 수백만에 달하는 종이 있지만, 그 가운데 상당수는 아직 발견되지 않았습니다. 과학자들은 쓰레기 한 줌만 있어도 그 안에서 새로운 박테리아와 바이러스를 수천 종이나 발견할 수 있습니다. 대체적으로 볼 때, 몸집이 큰 동물일수록 종의 숫자가 적습니다. 포유류는 고작 4000종에 지나지 않지만, 이와 대조적으로 곤충은 발견된 것만 해도 75만 종에 이릅니다. 그리고 곤충학자들은 곤충이 1000만 종은 족히 될 것이라고 생각합니다.

구체적으로 정의하는 방식은 서로 다르지만, 생태학자들은 이처럼 종이 엄청나게 많이 존재하는 것을 '생물 다양성'이라고 부릅니다. 아직 세세한 부분에 대한 연구가 더 필요하지만, 과학자들은 생물 다양성이 지구의 건강을 유지하는 데 절대적으로 중요하다는 사실만큼은 이미 알고 있습니다. 과학자들은 식물의 종이 다양한 지역일수록 태양 에너지를 더욱 효율적으로 활용한다는 사실을 밝혀 냈습니다. 그리고 생물이 다양한 지역일수록 가뭄과 같은 자연 재해에 대한 저항력이 강하고, 피해에 대한 회복력이 뛰어나다는 사실도 이미 밝혀져 있습니다.

지구상에서 생명의 역사는 과학자들이 대량 절멸이라고 부르는 사태로 한 번씩 분기점을 맞곤 합니다. 이 분기점은 기간으로 따지면 최고 수백만 년에 이르는데, 많은 종이 미처 적응할 시간을 갖지 못해 결국 모두 죽고 마는 극심한 환경 변화나 천재지변이 그 원인이 됩니다. 가장 유명한 대량 절멸로는 공룡이 완전히 사라진 사건을 들 수 있습니다. 그런데 어떤 과학자들은 산업과 자연 개발을 포함한 다양한 인간 활동 때문에 현대에 와서 새로운 대량 절멸이 진행되고 있다고 주장합니다. 심지어 지금 진행되는 대량 절멸이야말로 과거에 일어났던 그 어떤 것보다도 거대한 규모가 될 가능성이 있다고 주장하는 과학자들도 있습니다.

생물 다양성에 대해 관심을 가지고 있는 많은 과학자나 자연 보호론자들은 다음과 같은 두 가지 이유 때문에 열대 우림을 지키는 데 많은 노력을 기울이고 있습니다. 첫째, 열대 우림에는 전세계 생물 종의 절반 이상에 이르는 엄청나게 다양한 종이 살고 있습니다. 둘째, 벌목과 개간으로 해마다 플로리다 주만 한 규모(약 15만 1900km²)의 열대 우림이 사라지고 있습니다. 인간은 철학적 이유(자연 세계의 풍요로움을 훼손하면 안 된다)와 실용적 이유(인간이 생존하려면 생물 다양성이 필요하다) 때문에 생물 다양성을 보호해야 한다고 생각하는 사람이 아주 많지만, 이것만으로는 열대 우림을 파괴해 경제적 이익을 얻는 사람들에게 개발 방식을 바꾸도록 설득하기가 쉽지 않습니다. 그렇지만 열대 우림을 손상시키지 않고도 열대 우림에서 경제적으로 이득을 얻는 새로운 방법을 찾을 수 있습니다. 예를 들어, 코스타리카에서는 '국립생물다양성연구소(National Biodiversity Institute)'가 의약품 생산에 이용할 수 있는 아직 알려지지 않은 종을 찾고 있습니다. 그런 의약품을 개발할 가능성은 아주 희박하지만, 만약 개발하기만 한다면 그 대가는 수백만 달러 이상의 이익을 보장할 것입니다. 그래서 가능성 있는 화합물이 발견되면 제일 먼저 살펴볼 권리를 보장받는다는 조건으로 최소한 한 군데 이상의 세계적인 제약회사가 연구소에 연구 기금을 내놓을 정도로 이 일에 관심을 보이고 있습니다.

단지 인류의 생존 때문에 환경에 관심을 갖는 사람들조차 얼마나 많은 종이 사라지면 인류의 생명을 지탱해 주는 생태계가 완전히 붕괴될지 궁금해합니다. 그렇지만 직접 관찰을 통해 궁금증에 대한 해답을 찾을 정도로 많은 종이 사라지는 사태가 일어나지 않기를 우리 모두는 간절히 바라고 있습니다.

● 인간이란 종은 자기도 모르는 사이에 멸종을 자초하고 있는 것은 아닐까요?
(186쪽에 있는 '인구'를 보세요.)

사라지는 개구리

　개구리가 예쁘다고 생각하는 사람이 없는 건 아니지만, 우리는 대개 개구리를 징그럽다고 여기며, 심지어는 귀찮은 존재로 생각하기도 합니다. 따라서 세계적으로 개구리가 사라지고 있다는 사실을 대부분의 사람들이 모르고 있다는 것도 그리 놀랄 일이 아닙니다. 사람들은 누구나 판다를 좋아합니다. 그리고 늑대나 야생 독수리에 대해서는 일종의 낭만마저 느낍니다. 그러나 열 살이 넘은 나이에 개구리를 걱정하는 사람은 과연 몇 명이나 될까요? 양서류(개구리나 두꺼비, 도롱뇽, 도마뱀 등과 같은 척추동물 무리를 말합니다)를 연구하는 생물학자들은 최근 몇 년 동안 개구리가 사라지고 있는 것에 대해 걱정하고 있습니다.

　개구리는 피부에 털이 없고 투과성이기 때문에, 환경 변화에 특히 민감합니다. 그래서 개구리를 살아 있는 생체 지표라고 하는 사람들도 있습니다. 광산의 카나리아처럼 말입니다. 광산에서는 갱도에 들어가는 광부들이 가스 누출 여부를 확인하는 데 카나리아를 이용하곤 했습니다. 카나리아가 죽으면 갱도에 위험한 가스가 있는 셈이지요. 그렇지만 엄밀하게 따져서, 구체적인 위험과 직접적인 상관 관계를 가져야 생체 지표라고 할 수 있습니다. 이런 점에서 보면 개구리를 생체 지표라고 말하는 것은 적절하지 않습니다. 개구리가 사라지는 것이 생태계 전반에 문제가 있다는 암시를 주기는 하지만, 그것이 어떤 구체적인 위험을 나타내지는 않기 때문입니다.

개구리가 사라지고 있는 것은 분명합니다. 오스트레일리아에서 서식하던, 알을 위(위장)에 품는 개구리는 1980년에 멸종했고, 코스타리카의 몬테베르데 숲에 살던 황금색 두꺼비도 1980년대에 멸종했습니다. 아니, 거의 멸종 상태에 이르렀습니다. 그리고 캘리포니아에서 살던 다리가 황금색인 개구리와 요세미테두꺼비도 눈에 띌 정도로 줄어들었습니다. 모든 동물은 자기가 살고 있는 생태계에 의존합니다. 과학자들은 개구리의 종이 감소하거나 멸종하는 주된 이유로 인간의 환경 파괴를 지목합니다. 예를 들어, 영국에서는 농약과 산성비, 관목의 파괴가 결합해 개구리의 숫자를 끔찍할 정도로 급속하게 감소시켰습니다.

상업적 요인도 개구리의 운명에 한몫을 합니다. 얼마 전만 하더라도 인도는 유럽에 엄청난 양의 개구리 다리를 수출했습니다(다행히도, 개구리 다리 요리를 좋아하는 프랑스인들이 개구리 보호법을 통과시켰습니다). 인도의 어떤 지역에서는 개구리가 거의 멸종한 대신, 모기와 작은 쌀벼룩 같은 해충이 창궐했습니다. 인도가 마침내 개구리 수출을 금지시키자, 인도네시아가 유럽의 주요 공급원으로 자리를 잡았습니다. 그래서 지금은 인도네시아의 개구리가 사라지고 있습니다.

멸종이란 단어가 끔찍하게 들리긴 하지만, 멸종은 '자연스러운' 것입니다. 진화의 역사에서 수많은 종이 멸종하거나 다른 종으로 대체되었습니다. 화석을 보면 이 같은 사실이 증명됩니다. 종이 개별적으로 사라지기도 하지만, 주기적으로 소위 대량 절멸을 겪기도 합니다. 2억 4500만 년 전에 일어났던 가장 커다란 대량 절멸 기간에 지구에 존재하던 종 가운데 90%가 사라졌습니다. 공룡이 사라진 6500만 년 전의 대량 절멸 때에는 약 65%가 사라졌습니다. 대량 절멸은 최고 수백만 년에 걸쳐(지질적인 기준으로 보면 짧은 기간입니다) 진행되기 때문에, 설사 우리가 지금 대량 절멸의 한가운데에 있다 하더라도 당장 우리의 생명에는 큰 지장이 없습니다.

그런데 만일 멸종이 '자연스러운' 것이라면, 우리가 걱정해야 하는 이유는 무엇일까요? 무엇보다도 인간 자신의 이익을 위해서입니다. 우리는 현재 생존하고 있는 종을 좋아하고, 이 종들이 계속 유지되기를 바랍니다. 많은 종이 멸종하고서도 우리가 살아남을 수 있다 해도, 생태계의 건강과 생명력을 나타내는 지표는 생물 다양성의 정도입니다. 생물 다양성이 급속하게 줄어드는 데 절대적인 책임을 져야 할 인류는 이제 그 피해를 복구하려는 노력에 최선을 다해야 합니다.

● 생물 다양성이란 무엇이며, 왜 중요할까요?
   (174쪽에 있는 '생물 다양성'을 보세요.)

● 공룡이 멸종한 이유는 무엇일까요?
   (183쪽에 있는 '공룡이 단 한 마리도 살아남지 못한 이유는?'을 보세요.)

인간 진화의 미래

우리는 과거를 생각할 때 흔히 미켈란젤로나 잔 다르크와 같은 유명한 천재나 영웅들을 떠올립니다. 모두 우리와 비슷한 모습에 우스꽝스러운 의상과 머리 모양을 하고 있는 사람들입니다. 이와 마찬가지로, 우리는 미래를 상상할 때에도 우리와 모습이 비슷한 사람들을 그리는 경향이 있습니다. 아마 조그마한 우주선을 타고 우주 공간을 날아다니는 사람들이겠지요. 그러나 우리가 3만~12만 년 전에 살았던 네안데르탈인과 다른 모습을 하고 있듯이, 미래를 살아갈 우리 후손들 역시 우리와 다른 모습을 하고 있을 가능성은 없을까요? 머리는 ET처럼 커다랗고, 몸에는 털이 하나도 없고, 육체는 허약해 보이는 모습으로 바뀔 가능성은 없을까요?

인간은 그 동안 우스꽝스러운 모습에 털이 많고 별로 영리하지 않은 원시인에서 오늘날의 단정하고 털이 적고 재치 있는 인류로 진화했습니다. 오늘을 사는 우리는 원시인에게서 별다른 동질감을 느끼지 못하지만, 그리고 상대편을 모욕할 때 원시인 같다는 표현을 사용하기도 하지만, 원시인은 한가지 측면에서 우리와 놀랄 정도로 닮았습니다. 그것은 바로 두뇌의 크기입니다. 사실, 인간의 두뇌는 지난 10만 년 동안 별로 커지지 않았습니다. 아니, 네안데르탈인은 오히려 현대인보다 두뇌 용량이 컸습니다. 그리고 몸에

난 털은 점차 줄어드는 경향이 있는지도 모릅니다. 그렇지만 먼 조상의 몸에 난 털은 화석에 보존되지 않기 때문에 이 같은 경향성을 확인할 방법은 없습니다. 우리가 네안데르탈인보다 힘이 약할지는 모르지만, 키와 몸무게는 더 크고 무겁습니다. 우리가 고대 조상보다 더 나은 영양분과 건강 상태를 향유하고 있기 때문입니다. 서구식 식생활과 의료 제도가 확산되는 추세이므로 아마 이 같은 경향은 계속되겠지만, 먼 미래에도 이럴 것이라고 가정할 수는 없습니다.

진화론은 다른 모든 생명체와 마찬가지로 인간도 틀림없이 진화하고 있다고 주장합니다. 또한 무작위적인 돌연변이가 여러 형태로 나타나고, 그래서 환경에 가장 잘 적응하는 돌연변이가 후손을 가장 많이 낳는다고 합니다. 그러나 환경이 앞으로 어떻게 변할지 알 수 없기 때문에, 인간이 앞으로 어떻게 변화할지 예측하는 것도 아주 어렵습니다. 만일 우리가 ET 같은 모양의 생물체로 변한다면, 그건 새로운 종으로 진화한다는 것을 의미합니다. 어떤 종에게 유전적 변화가 아주 많이 누적되다가 마침내 새로운 종으로 발전하는 경우가 종종 있습니다. 그리고 같은 종의 두 집단이 지리적으로 격리되어, 결국 유전적으로 서로 격리되는 경우도 있습니다. 그래서 이들은 많은 세대를 거치는 동안 서로 다른 환경의 도전에 적응하는 서로 다른 특징을 발전시켜 나가다가 결국에는 서로 다른 종으로 격리되기도 합니다. 인류가 이러한 시나리오를 통해 극적으로 변화할 가능성은 극히 적습니다. 인류의 지리적 이동 때문입니다. 현대 사회에서는 수송과 통신 수단이 발달해 완전히 고립된 지역은 거의 찾아볼 수 없습니다. 심지어 극지방조차 탐험가와 여행객이 찾아가고 있습니다. 그리고 이 지역에 살던 원주민도 다른 지역에 나가서 살다가 새로운 생각과 새로운 약품, 그리고 새로운 잡동사니와 음식들을 가지고 다시 고향으로 돌아가곤 합니다. 인종에 따라 육체적, 문화적으로 차이가 크지만, 현대인은 생물학적으로 하나의 거대한 가족이며,

이것은 아무리 오랜 시간이 지나도 변할 가능성이 거의 없습니다.

미래에는 우주 여행을 통해 새로운 종이 출현하는 격리가 일어날 수도 있습니다. 만일 인류가 태양계 또는 다른 태양계에 있는 어떤 행성을 식민지로 개발한다면, 그래서 한 무리의 인류가 그 곳으로 이민을 간다면, 마침내 ET 같은 생명체가 생겨날 단서를 제공할 수도 있습니다. 그렇다고 이들이 ET와 같은 모습을 한다고 볼 수는 없습니다. 진화하는 과정은 전혀 예측할 수 없기 때문에 영화 속 등장 인물과 똑같은 모습이어야 할 이유는 전혀 없습니다.

● 현대 의학으로 치료할 수 없는 질병 때문에 인류가 멸종될 수도 있을까요?
(198쪽에 있는 '의약품에 대한 저항력이 커지는 세균'을 보세요.)

● 인구 과잉으로 인류가 멸종될 수도 있을까요?
(186쪽에 있는 '인구'를 보세요.)

6500만 년 전 백악기가 거의 끝날 무렵, 공룡은 다른 많은 종과 함께 대량 절멸을 당했습니다. 과학자들은 대량 절멸의 원인이 무엇인지 확실히 모르지만, 비교적 그럴듯한 그림을 그리고 있는 중입니다. 멸종에는 기본적으로 두 종류가 있는데, 외부 요인으로 일어나는 멸종과 진화의 결과로 일어나는 멸종—어떤 종의 성질이 너무 많이 변화해서 하나 이상의 종으로 진화한 결과로 일어나는—이 그것입니다.

그런데 과학자들은 대부분 외부 요인으로 공룡이 절멸했다는 점에, 그리고 적어도 그 외부 요인 가운데 하나는 지구에 부딪친 운석이라는 점에 동의합니다. 운석 그 자체가 공룡을 비롯한 수많은 종을 멸종시킨 것은 아닙니다. 충돌 때문에 발생한 재와 먼지가 여러 해 동안 햇빛을 막았기 때문입니다. 1990년, 과학자들은 멕시코에 있는 커다란 운석 구덩이의 연대를 측정해 보았는데, 공룡이 멸종한 시기와 정확히 일치했습니다(물론 '정확히'란 단어는 우리가 2주 전에 일어난 일에 대해 말할 때와 6500만 년 전에 일어난 일에 대해 말할 때 그 의미가 전혀 다릅니다). 지름이 180km나 되는 이 운석 구덩이는 지구에서 가장 큰 것입니다. 만일 운석이 공룡 멸종의 원인으로 작용한 게 사실이라면, 동식물의 일부가 대량 절멸에서 살아남은 이유도 설명할

미국 애리조나 주에 있는 크레이터. 수천 년 전 운석이 충돌해 생겨난 것으로 추정된다. 공룡의 대량 절멸도 이러한 운석의 충돌 때문은 아닐까?

수 있습니다. 비교적 조그만 동물들에게는 추위를 피할 은신처가 그만큼 많았을 것이며, 식물들은 동면 상태로 오랫동안 살아남을 수 있었기 때문입니다.

그런데 설사 운석이 지구에 부딪쳤다 하더라도, 그것은 이미 약해질 대로 약해진 공룡에게 가해진 마지막 일격에 지나지 않았을 것이라고 주장하는 과학자들도 있습니다. 이들은 해수면이 낮아져 예전에 떨어져 있던 대륙이 서로 연결되었다고 말합니다. 그런데 특정 환경에서 살던 동물들이 다른 환경으로 이주할 때 새로운 질병과 기생충도 몸에 지니고 가는데, 이 질병과 기생충이 다른 환경에 살던 동물들에게 치명적으로 작용했다는 것입니다. 그리고 또다른 가설은 포유류가 진화하면서 공룡의 알을 먹어치우는 바람에 공룡의 멸종을 재촉했다고 주장합니다. 그렇지만 포유류는 공룡이 지구를 지배한 1억 년 동안 함께 존재하고 있었습니다.

오늘날 단 한 마리의 공룡도 살아남지 못한 이유는 다른 무엇보다도 공룡을 비롯한 모든 종이 발달한 과정과 관계가 있습니다. 자연에 대한 적응력이 바로 그것입니다. 하나의 종 안에는 돌연변이나 새로운 특징을 가지고 태어난 개체들이 있습니다. 물론 돌연변이로 태어난 생명체 대부분은 죽어 없어집니다. 그렇지만 환경에 대한 적응력이 더 뛰어난 돌연변이는 생존 가능성이 더 높습니다. 이 같은 돌연변이는 후손을 더 많이 낳고, 그 후손 역시 더 많은 후손을 낳습니다.

그런데 환경의 변화가 급격한 시기에는 정상적으로 돌연변이를 일으키는 속도, 즉 자연적으로 적응하는 속도가 너무 느려 생명체 대부분이 변화에 대응할 수 없습니다. 만일 공룡이 급변하는 환경에 적응할 만큼 유전적으로 유연했다면, 이들은 적응하지 못하고 멸종한 다른 종보다 살아남을 가능성이 훨씬 많았을 것입니다. 그렇다면 공룡이 번창해서 아직도 지구의 생물을 지배하고 있겠지요. 과학자들은 공룡이 혼자 살아남아 존재할 가능성도 부정하는데, 그 이유는 유전적 다양성을 보장할 만큼 숫자가 충분하지 않고 ─ 근친 교배가 심하면 좋지 않습니다 ─ 배우자의 숫자 역시 충분하지 않는 한 어떤 종이든 생존할 수 없기 때문입니다.

호수 깊숙한 곳에 살고 있는 공룡을 발견하는 공상을 하는 것도 즐겁긴 하지만, 우리 인류로서는 공룡이 멸종한 게 천만다행입니다. 그렇지 않았더라면, 인류는 공룡의 뼈를 조립해 과학적인 이론을 만들어 낼 정도로 커다란 두뇌를 가지고 있음에도 하나의 종으로 발전하지 못했을 테니까요.

● 만일 운석이 공룡을 멸종시켰다면, 그 운석은 어디서 생겨났을까요?
(27쪽에 있는 '소행성대'를 보세요.)

1798년, 영국의 정치경제학자 맬서스(T. Malthus)는 『인구론』(*Essay on the Principle of Population*)에서 인구는 생계 수단보다 훨씬 빨리 증가하는 경향이 있다고 주장했습니다. 그는 인구 증가가 사회 계획이나 기근, 질병, 전쟁 등과 같은 재앙으로 저지되지 않는 한, 우리 행성은 광범위한 가난과 궁핍으로 고통을 받게 될 것이라고 경고했습니다. 맬서스의 인구론은 특정한 유전적 변이는 살아남고 다른 유전적 변이는 도태된다는 다윈의 자연선택설에 많은 영향을 주었습니다(다윈의 생각은 무작위적인 돌연변이에 근거를 두고 있지만, 결국은 '적자생존설'입니다). 그렇지만 어떤 저명한 역사가는 그 당시 다윈은 자신의 개념을 거의 구체적으로 정립할 시점이었기 때문에 그가 읽은 모든 책이 같은 영향을 주었을 것이라고 말합니다.

과학자들은 지구의 '수용 능력', 즉 지구가 부양할 수 있는 인구 수준에 대해 말합니다. 이 개념은 간단해 보이지만, 두 가지 요인이 이 개념에 대한 해석을 복잡하게 만듭니다. 첫 번째는 지구의 수용 능력에 대한 평가가 다양하게 존재한다는 것입니다. 최근에 실시한 평가에서는 30억 명(우리는 이미 이 수준을 넘었습니다)에서 440억 명 사이라는 결론이 나왔습니다. 그렇지만 그 범위를 77억~120억 명으로 좁히는 과학자들도 있습니다. 이 범위는 국제 연합(UN)이 계획하고 있는 2050년의 세계 인구(78억~125억 명)와 비슷합니다. 두 번째는 지구의 수용 능력 자체가 식량 생산 같은 요소의 변화에 따라 달라지게 된다는 것입니다.

인구 수준과 자원 사이의 상관 관계를 알아보기 위해, 사회과학자들은 기대 수명과 수입 수준, 기술 등과 같은 변수를 조사합니다. 그리고 어떤 과학자들은 이산화탄소 배출량과 같은 아주 특수한 요소를 조사하기도 합니다. 그러나 상황을 어떻게 묘사하든, 조사자들 대부분은 우리 행성의 인구가 계속 늘어나고, 그래서 자원이 계속 고갈되어 간다면 결국 인류는 곤경에 빠질 수밖에 없을 것이라고 생각합니다.

인구는 얼마나 빠른 속도로 늘어나고 있을까요? 평균 인구 증가율을 보면, 1세기에 0.04%이던 것이 1970년대에는 2.1%로 높아졌습니다. 그런데 1970년대를 정점으로 인구 증가율이 1.6%로 떨어졌습니다. 1.6%의 비율이라고 하면 그다지 크게 느껴지지 않으니, 구체적인 숫자를 살펴보는 것이 훨씬 더 실감날 것입니다. 오늘날 전세계 인구는 약 57억 명입니다. 이 인구가 해마다 평균 1.6%의 속도로 늘어난다면, 43년 후에는 지금 인구의 두 배인 110억 명 이상이 됩니다. 빈부의 격차는 더욱 빠르게 커지고 있습니다.

자세히 살펴보면 많은 일들이 뒤죽박죽되고 있습니다. 인구가 빠르게 증가하는 나라가 환경에 더 큰 위협이 된다고 생각하는 사람도 있을 것입니다. 그러나 인구 증가율이 낮은 나라일수록 부자 나라가 많고, 1인당 에너지 소비량도 훨씬 높습니다. 그리고 가난한 나라의 국민일수록 경작할 수 있는 땅이 적기 때문에 숲을 없애야 하는 경우가 많습니다. 어쩌면 이것이 장기적으로 환경에 더 커다란 해가 될 수도 있습니다.

기술은 지지자와 반대자 모두에게 열정을 불러일으킵니다. 최근까지만해도 인간이 환경에 끼칠 수 있는 영향력을 파악하지 못한 결과, 우리는 오염 물질을 무모하게 버려서 주변 환경을 오염시켰고, 미래에 대한 아무런 생각도 없이 자원을 낭비했습니다. 이제는 기술을 통제해 이미 발생한 손실의 일부를 복구하고 미래의 손실을 최소화하며 에너지 소비를 줄여 나가야 할 것입니다. 이렇게 하려면 연료를 많이 소모하는 자동차를 운전하기 좋아하는 사람들의 생활 방식을 바꾸도록 설득하는 것 이상의 노력이 필요할 것입니다.

● 온실 효과란 무엇이며, 인구가 온실 효과에 끼치는 영향은 무엇일까요?
  (195쪽에 있는 '온실 효과'를 보세요.)

● 인구 증가와 자원 남용은 생물 다양성에 어떤 영향을 줄까요?
  (174쪽에 있는 '생물 다양성'을 보세요.)

식충 식물

식물학자가 아닌 사람들은 식물이 육식을 한다는 말을 들으면 오싹해질 것입니다. 식물이 의도적으로 함정까지 파 놓고 먹이를 집어 삼키는 건 아닌가 하는 생각마저 들 것입니다. 물론 의도 같은 것은 이 일과 아무 관계도 없습니다. 이것은 오로지 식물 구조와 화학의 문제일 뿐입니다. 고기를 먹는 식물(식충 식물)은 자신이 뿌리를 내린 늪지(항상 물에 잠겨 있는 산성 토양)에 적응해 왔습니다. 부족한 질소를 얻으려고, 식충 식물은 자신이 잡은 곤충이나 조그만 동물에서 질소를 빨아먹는 능력을 발달시켰습니다. 북아메리카에 있는 식충 식물들은 대부분 버지니아에서 텍사스까지 길게 뻗은 지대를 따라, 특히 멕시코만 해안을 따라 서식하고 있습니다. 가장 많이 알려진 식충 식물로는 파리지옥, 끈끈이주걱, 그리고 벌레잡이풀 등이 있습니다.

다윈이 지구상에서 가장 경이로운 식물이라고 생각한 파리지옥은 잎의 끝 부분에 있는 샘에서 달콤한 액을 분비해 무심히 날아다니는 곤충을 유인합니다. 그 이름과는 달리, 파리지옥은 파리보다는 거미와 개미를 식사거리로 삼는 경우가 훨씬 많습니다. 반쪽으로 나누어진 각각의 잎은 관절과 같은 운동을 해서 입구를 닫을 수 있습니다. 그리고 잎 표면에는 털이 있어서 방아쇠 역할을 합니다. 어떤 곤충이 20초 안에 털 한 개를 두 번 건드리거

끈끈이주걱은 촉수에서 분비되는 끈끈한 소화액으로 곤충을 잡아먹는다.

나, 나란히 있는 털 두 개를 건드리면 전기 신호가 함정 문을 닫아 버립니다. 그러면 닫힌 잎에서 먹이를 소화하는 효소가 분비됩니다.

끈끈이주걱은 작은 나뭇잎 모양의 식물로, 초대에 응할 만큼 미련한 곤충을 포획하는 끈끈이 액을 촉수에 비밀스럽게 감추고 있습니다. 곤충이 들어오면 수많은 촉수로 둘러싼 다음, 소화액이 분비되는 나뭇잎 표면으로 곤충을 누릅니다. 끈끈이주걱이란 이름을 얻게 된 것은 촉수에서 분비하는 끈끈한 액 때문인데, 이 액은 아침 햇살을 받은 이슬처럼 반짝거립니다.

인상적인 모습의 벌레잡이풀은 잎이 길고 두건을 씌워 놓은 길쭉한 관 모양으로 생겼는데, 그 잎은 마치 피처(pitcher : 귀 모양의 손잡이가 달린 물주전자, 이 식물의 이름이 pitcher plant라는 것을 생각해 보시길!)를 닮았습니다. 두건과 가장자리에서 달콤한 액체를 내뿜어 곤충을 유혹하는데, 가끔은 지네와 전갈도 끌어들입니다. 일단 미끌거리는 가장자리에 내려앉은 곤충은 대부분 벌레잡이풀의 바닥에 자신의 운명을 던집니다. 안으로 들어온 곤충이 도망가지 못하도록 잎 안쪽에 붙어 있는 수많은 털이 아래를 향해 위를 막고 있기 때문입니다. 벌레잡이풀 바닥에는 소화액이 담긴 물이 가득하며, 개중에는 희생자를 기절시키는 '약'을 포함하고 있는 것도 있습니다.

벌레잡이풀이 손님 접대를 엉망으로 하지만, 이 식물과 공생 관계를 유지하는 생물체도 있습니다. 북아메리카에만 16종이 있는 이 생물체는 애벌레 기간 동안 잎 안에서 지내며 소화액 속에 있는 곤충의 몸을 먹어치웁니다. 과학자들은 이 애벌레들이 벌레잡이풀의 소화액 속에서 어떻게 살아남을 수 있는지 확실히 모르지만, 몸에서 반효소(anti-enzyme)를 생산해서 자신을 보호할 것이라고 추측합니다. 놀랍게도 애벌레들이 곤충의 몸을 먹음으로써 곤충은 벌레잡이풀에 필요한 영양소로 분해됩니다. 게다가 애벌레 자신도 질소가 풍부한 배설물을 배출합니다.

　불행하게도 식충 식물의 고향이라고 할 수 있는 습지는 지금까지 제대로 보존되지 않았습니다. 그래서 어떤 습지는 말라 버렸고, 어떤 습지는 소나무 조림지나 농장으로 바뀌었습니다. 다른 고상한 목적에 희생된 습지도 많습니다. 방화를 통해 습지 부근에 있는 관목과 나무들을 없애지 않는 한, 이들이 습지에 침입해서 그 곳에 있는 물을 모두 빨아들이게 됩니다. 1930년대에 미국 산림청은 스모키를 중심으로 삼림 지역과 비삼림 지역 모두에서 화재를 예방하자는 캠페인을 벌였습니다. 그래서 빈번하게 발생하던 화재가 일어나지 않게 되자, 습지들이 사라졌습니다. 그러나 식충 식물이 줄어들게 된 직접적인 원인은 이 식물들을 캐는 화초 재배업자들에게서 찾아야 합니다. 화초 재배업자들은 식충 식물이 이국적인 아름다움을 지니고 있어 수요가 많다는 사실을 알아챘습니다. 이 육식 식물은 이들을 찬양하는 인간들에게는 아무런 위협도 가하지 않으니까요.

● 일반 식물이 식충 식물로 진화하는 데에는 얼마나 걸릴까요?
　　(171쪽에 있는 '진화는 점진적인가, 급작스러운가?'를 보세요.)

● 식충 식물도 햇빛이 필요할까요?
　　(192쪽에 있는 '광합성'을 보세요.)

많은 과학자들은 세상이 작용하는 원리를 알고 싶은 일념을 충족시키려고 연구를 수행합니다. 자신의 연구 결과가 실제 생활에 응용되는지 여부는 과학자들에게 있어 가장 중요한 연구 동기가 아닙니다. 그렇지만 어떤 연구 분야는 응용과 무척 밀접하게 연결되어 있어 연구와 응용을 구분하기 어려운 경우도 있습니다. 이런 분야 가운데 하나가 광합성에 대한 연구입니다.

과학자들은 광합성 자체를 이해하려는 연구와 더불어 태양 에너지를 화학 에너지로 만드는 분자를 합성할 수 있는 방법을 찾고 있습니다. 광합성을 인위적으로 수행하는 기계를 만들어 낸다면, 값싸고 풍부한 자원(빛, 물, 이산화탄소)을 이용해 에너지를 만들어 낼 수 있을 것입니다. 이렇게 되면 이산화탄소의 비율을 낮추는 데에도 도움이 되어 온실 효과도 완화시킬 수 있을 것입니다.

지구에 있는 모든 생명체의 근본이 되는 광합성은 크게 두 가지 과정으로 이루어집니다. 첫 번째는 식물이 태양 에너지를 받아 화학 에너지로 바꿉니다. 두 번째는 암반응이라고도 하는데(빛이 없어도 진행되기 때문에 이런 이름이 붙었습니다), 식물은 이 화학 에너지를 이용해 이산화탄소와 물을 탄수화물과 산소로 전환시킵니다. 탄수화물은 인간을 포함한 모든 동물들에게 생존에 필요한 음식물을 제공하고, 산소는 인간과 동물들이 호흡하는 데 필요한 모든 산소를 제공해 줍니다. 산소를 생산한다는 관점에서 보면 식물은 절대로 게으름뱅이가 아닙니다. 예를 들면, 녹색 조류 세포 하나가 한 시간에 생산하는 산소의 부피는 무려 자기 자신의 30배에 달합니다.

광합성은 식물을 녹색으로 만드는 색소인 '엽록소'가 들어 있는 작은 구조물에서 시작되는데, 이 작은 구조물을 '엽록체'라고 합니다. 엽록소 분자가 어떻게 햇빛을 흡수하는지 아직 충분히 밝혀지지 않았습니다. 광자(빛 입자)가 엽록소 분자에 부딪치면 엽록소 분자는 전자 한 개를 방출하는데, 이 전자는 분자에서 분자로 뛰어넘으면서 무수한 전자들을 발생시킵니다. 그 마지막 산물은 전자들을 저장하는 분자의 창조물인데, 이 분자는 이름이 너무 길어서 머리글자만 따서 NADPH라고 간단하게 부릅니다. 이 분자를 만드는 도중에 전자는 자신의 에너지 일부를 상실합니다. 이 에너지는 마찬가지로 머리글자만 따서 ATP라고 부르는 합성물 안에 모입니다.

암반응이라고 하는 다음 단계에서는, NADPH와 ATP 분자에서 나온 에너지가 이산화탄소와 물을 식물 생장에 필요한 탄수화물로 전환시킵니다. 엽록소는 첫 번째 광자와 부딪쳤을 때 잃어버린 전자를 되찾아야 하는데,

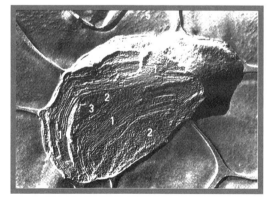

시금치에서 분리된 엽록체의 전자현미경 사진(1. 라멜라, 2. 스트로마, 3. 녹말 알갱이)

이것은 식물에 들어 있는 촉매의 작용으로 물 분자의 전자를 엽록소에게 건네주도록 함으로써 가능합니다. 이 과정에서 물 분자는 수소와 산소로 분리됩니다. 바로 이 산소가 대기 속으로 방출되는 것입니다.

과학자들은 광합성을 인위적으로 일으키려고 핵심 전략을 세웠습니다. 바로 무수한 전자를 계속 발생시키는 작업을 모방할 수 있는 비생물 분자를 찾아 내는 것입니다. 식물에서는 아직까지 파악하지 못한 어떤 메커니즘이 전자를 한 방향으로 계속 이동시킵니다. 과학자들이 고안할 시스템 역시 이런 기능을 수행해야 합니다. 그렇지만 지금까지 고안한 시스템들은 아직 이런 기능을 수행하지 못합니다. 전자가 왔던 곳으로 되돌아가 버리기 때문입니다.

경제성 있는 인공 광합성 시스템을 만들려면 아직도 많은 세월이 필요하겠지만, 결국에는 조화(造花)란 단어가 비단으로 만든 꽃이나 플라스틱으로 만든 담쟁이덩굴 이상을 의미하는 날이 올 것입니다.

● 대기 중에서 증가된 이산화탄소는 어떻게 온실 효과를 일으킬까요?
(195쪽에 있는 '온실 효과'를 보세요.)

● 태양 에너지를 전기 에너지로 전환할 수 있는 방법이 있을까요?
(61쪽에 있는 '태양 전지'를 보세요.)

온실 효과

과학자들이 어떤 현상에 붙인 용어 가운데 일부는 단지 기발할 뿐입니다. 예를 들어, 쿼크 이론에서 사용하고 있는 색(color)이나 맛(flavor)이나 매력 (charm) 등과 같은 용어가 여기에 해당합니다. 그렇지만 개중에는 현상 그 자체를 완벽하게 표현하는 용어도 있습니다. '온실 효과'라는 용어가 좋은 예입니다.

대기 중에 있는 특정 기체, 특히 이산화탄소는 온실의 유리창과 같은 역할을 합니다. 이런 기체는 햇빛이 지표면에 도달하도록 통과시키기는 하지만, 지표면에서 반사되는 열은 우주로 달아나지 못하도록 막아 버립니다. 화석 연료, 즉 석탄, 석유, 천연 가스 등을 태우는 것이 대기 중의 이산화탄소를 증가시키는 주요 원인입니다. 이런 연료를 화석 연료라고 하는 이유는 이 연료가 유기체의 썩은 잔해에서 생성되기 때문입니다. 그래서 화석 연료가 타면, 연료 속에 들어 있던 탄소가 산소와 결합해서 이산화탄소를 만들어 냅니다.

온실 효과의 개념을 이해하는 것은 어렵지 않지만, 그 실체와 잠재적 영향력에 대한 격렬한 논쟁이 과학계와 정치계 모두에서 벌어지고 있습니다. 그리고 현실 세계에서 원인과 결과를 결정하는 것은 실험실에서보다 훨씬 더 어렵습니다. 통제할 수 없는 변수가 무척이나 많기 때문입니다. 1880년대 이후부터 지금까지 대기 중의 이산화탄소 농도는 30% 증가했고, 지구 대기권의 온도가 $0.3 \sim 0.7°C$ 정도 높아졌다는 것에 이의를 제기하는 과학자는 거의 없습니다. 과학자들이 논쟁을 벌이는 것은 이러한 현상 자체를 부정하는 것이 아니라, 과연 이 두 가지 현상 사이에 인과 관계가 있는가 하는 것입니다. 일부 과학자들은 온도가 상승하는 이유로 태양 광도의 규칙적이며 장기적인 변동을 듭니다. 다른 과학자들은 온실 효과의 초기 현상은 구름의 증가인데, 이렇게 증가된 구름이 햇빛을 가려 지구가 더워지는 것을 막는다고 주장합니다.

과학자들은 컴퓨터로 합성한 기후 모형에 근거해 온실 효과가 어떤 결과를 가져올지 예측하기도 합니다. 이 기후 모형에 따르면, 앞으로 온도가 전반적으로 오르는 것말고도 짧은 기간에 강력한 폭풍우가 몰아치면서 훨씬 많은 양의 눈비가 내린다고 합니다. 과학자들은 이런 현상이 이미 발생하고 있다는 증거를 가지고 있습니다. 미국의 경우만 보더라도, 1984년부터 1994년 사이에 가뭄과 폭설, 강력한 폭우가 발생한 비율이 훨씬 증가했기 때문입니다.

만일 온실 효과가 실제로 존재하는데도 아무런 조사가 이루어지지 않는다면, 끔찍한 결과가 발생할 수 있습니다. 과학자들은 극지방에 있는 빙하가 모두 녹을 가능성은 없지만, 일부만 녹는다 해도 해수면이 높아져서 해안 지역이 침수되고 마을들이 파괴될 것이라고 우려합니다. 허리케인을 비롯한 다른 열대성 폭풍우도 더욱 증가할 테고요.

여러 연구진이 독자적으로 합성한 컴퓨터 모형은 각각 다른 결과를 제시합니다. 그래서 온실 효과의 존재에 대해 의문을 제기하는 과학자들은 각각의 모형이 서로 다른 결과를 제시한다는 사실을 지적합니다. 그렇지만 최근에는 온실 효과를 심각하게 받아들이는 경향이 강해지고 있으며, 지금까지 중립을 취하던 과학자들마저 그 대열에 합류하고 있습니다. 그래서 많은 과학자들은 이제 산업계 및 정부 관계자와 함께 정말로 온실 효과가 있는지에 대해 논쟁하는 것보다는 어떤 조치를 취해야 하는지에 몰두하고 있습니다.

● 식물은 온실 효과를 물리치는 데 도움이 될까요?
(192쪽에 있는 '광합성'을 보세요.)

 2500년 전, 중국 사람들은 곰팡이가 핀 콩기름을 전염병 치료에 사용했습니다. 아마 이것이 항생 물질을 최초로 질병 치료에 사용한 사례일 것입니다. 금세기에는 플레밍(A. Fleming)이 1928년에 초기 형태의 페니실린을 발견했습니다. 그렇지만 항생 물질이 광범위하게 사용된 것은 1940년대부터입니다. 낙천주의자들은 항생 물질의 발견으로 공중보건에 새로운 시대가 열리고, 결핵이나 폐렴 같은 전염병이 사라질 것이라고 생각했습니다. 이들의 생각은 거의 맞아떨어지는 것 같았습니다. 지난 수십 년 동안 항생 물질을 사용해, 사람들을 공포의 도가니로 몰아넣던 많은 질병을 통제할 수 있었기 때문입니다. 그러나 전염병을 일으키는 세균은 과학자들의 생각을 뛰어넘었습니다. 세균이 인간이 만든 항생 물질에 저항력을 갖게 된 것입니다.

 전염병은 세균, 바이러스, 균류 등이 일으킵니다. 세균과 바이러스를 혼동하는 사람들이 많은데, 바이러스는 일반 감기에서 후천성 면역 결핍증(AIDS:에이즈)에 이르기까지 광범위한 질병을 일으키는 기생 유기체입니다. 인간은 기본적으로 바이러스 감염에 대처할 방법이 없습니다. 반면, 단세포 유기체인 세균은 바이러스와 달리 독자적으로 재생산해서 거대한 무리를 만들 수 있습니다. 세균은 기관지염, 정맥두염, 뇌막염 같은 많은 전염병을 일으킵니다. 세균(그리고 균류)은 화학 물질을 만들어 다른 유기체를 죽입니다. 인간은 이 같은 '미생물 킬러'를 배양해 특정 세균을 죽이는 데 이용하기도 합니다. 예를 들어, 페니실린은 균류인 푸른곰팡이에서 얻은 것입니다. 그렇지만 과학자들은 항생 물질 대부분을 실험실에서 만들어 냅니다. 항생 물질은 다양한 방법으로 세균을 죽이거나 세균의 성장을 막습니다. 새로운 세균이 세포벽을 형성하지 못하게 하거나 이미 존재하는 세균의 세포벽을 부식시켜 오즈의 마법사에 나오는 심술궂은 서쪽 나라 마녀처럼 세균을 해체시킵니다. 그리고 세균 세포 안에서 단백질이 형성되는 것을 막거나 DNA가 새로운 세균을 재생산하지 못하게 하고, 세균의 물질 대사 각 단계를 차단하기도 합니다.

항생 물질이 이와 같이 다양한 방법을 사용한다는 것은 뒤집어 생각하면, 세균 자신도 항생 물질의 허를 찌르려고 그만큼 다양한 방법을 사용한다는 말이 됩니다. 허를 찌른다고 해서 세균 하나하나가 열심히 생각해서 새로운 방법을 찾아 내는 것은 아닙니다. 그보다는 진화의 법칙에 따라서, 항생 물질에 저항력을 갖춘 돌연변이 세균이 생겨나는 것입니다. 이러한 세균이 그렇지 못한 세균보다 살아남을 가능성이 훨씬 많으며, 따라서 재생산 역시 훨씬 성공적으로 수행하게 될 것입니다. 예를 들어, 페니실린은 세균이 세포벽을 만드는 데 필요한 효소를 차단해 세균을 파괴합니다. 그래서 어떤 세균은 페니실린이 자신을 파괴하기 전에 페니실린을 파괴하는 또다른 효소를 생산하는 형태로 진화합니다. 그리고 페니실린이 무력화할 수 없는 효소를 만드는 방향으로 진화하는 세균도 생깁니다.

세균이 항생 물질에 저항하는 데 사용하는 가장 영리한 무기는 세균의 염색체에서 분리된 DNA 조각, 즉 플라스미드입니다. 페니실린을 파괴하는 효소의 유전자는 플라스미드로 운반됩니다. 세균의 관점에서 볼 때, 플라스미드의 장점은 그것이 하나의 세균에서 다른 세균으로, 심지어 하나의 종에서 다른 종으로 이동하며 돌연변이 DNA를 퍼뜨릴 수 있다는 점입니다. 때로는 세균 안에서 기생하는 바이러스가 하나의 세균 무리에서 다른 무리로 플라스미드를 옮겨 주기도 합니다. 그런데 플라스미드가 퍼지는 가장 일반적인 형태는 세균식 섹스를 통해서입니다. 세균은 단성이지만, 플라스미드를 가지고 있는 세균은 플라스미드가 없는 세균의 마음을 사로잡게 됩니다. 그래서 두 세균은 잠시 결합합니다. 이 때, 플라스미드를 가진 세균은 자기 플라스미드를 복제해 상대편에게 건네줍니다. 그런 다음 두 세균은 다시 분리됩니다. 그래서 두 세균 모두 플라스미드를 갖게 되는 것입니다.

항생 물질을 널리 사용한 결과, 사람의 몸 안에서 살고 있는 세균은 대부분 페니실린 파괴 효소를 만드는 유전자를 갖게 되었습니다. 그래서 과학자들은 새로운 항생 물질을 찾아 내 세균보다 한 발 앞서려 합니다. 그렇지만 이제 세균은 대부분 하나 이상의 항생 물질에 저항력을 가지고 있으며, 서로 그 저항력을 전해 줍니다. 그래서 과학자들이 '약에 대한 복합적인 저항력'이라고 부르는 현상이 생겨났습니다. 그 결과, 공중보건 관리들이 거의 사라졌다고 생각한 결핵도 복수를 하러 돌아왔습니다. 심지어 인류가 이용 가능한 모든 항생 물질에 저항력을 갖고 있는 변종 세균도 생겨났습니다. 그래서 세균을 퇴치하려면 다른 방법을 취해야 한다고 믿는 과학자도 생겨났습니다. 세균 예방 백신 같은 물질을 개발하자는 것입니다.

만일 의사가 여러분에게 일정한 양의 항생제를 처방했다면, 괜찮아지는 느낌이 들더라도 도중에 투약을 중단하지 마세요. 세균 몇 마리가 기력을 회복할 날만 고대하며 여러분의 몸 어딘가에 숨어 있을지도 모르니까요.

● 세균이 항생 물질에 대한 저항력을 발전시킬 수 있다는 사실은 계단식 진화론을 지지하는 근거가 될 수 있을까요?
(171쪽에 있는 '진화는 점진적인가, 급작스러운가?'를 보세요.)

07

창조물과 그 특징

양서류가 한 단계 더 발전하면서 생겨난 파충류는 육지 거주에 좀 더 적합한 조건을 갖추게 되었습니다. 건조한 피부에, 알을 보호하는 껍데기가 생겨났으며, 폐는 좀 더 복잡하게 발전했습니다. 그러나 파충류 역시 육지 거주자로서 실패할 수밖에 없었는데, 그 이유는 급격한 온도 변화를 견딜 수 없었기 때문입니다. 이 문제에 적응해 온도를 조절하는 신체를 발전시킨 두 무리가 생겨났습니다. 조류는 깃털을 발전시켜서 열을 보존했고, 포유류는 털가죽을 발전시켰습니다.

척추동물의 진화

어떤 사람보고 "뼈가 없다."라고 말한다면, 그것은 그 사람이 '무르다, 의지가 약하다'는 뜻입니다. 그렇지만 등뼈가 가지는 진화상의 장점은 힘이 아닌 유연성의 강화입니다. 즉, 등뼈는 훨씬 넓은 범위의 운동을 가능하게 해서 감각 기관 개발과 뇌 용량 확대의 토대를 마련했습니다.

잘 휘는 등뼈는 단단한 골격으로 된 '척색'에서 발달했습니다. 척추동물의 시조인 척색을 가진 해양생물은 털같이 생긴 섬모를 이용해 먹이를 걸러 냈습니다. 4억 5000만 년 전에 생겨난 최초의 척추동물은 섬모를 이용해 먹이를 걸러 내는 시스템 대신, 근육을 이용해서 먹이를 걸러 내는 좀 더 효율적인 시스템을 개발했습니다. 근육을 이용해 먹이를 걸러 내는 시스템에서 한 단계 더 발전한 것이 움직이는 턱입니다. 입을 다물게 하느라 턱에 철사줄을 걸고 있는 사람에게는 이 말이 끔찍하게 들릴 것입니다. 그렇지만 턱이 움직이는 물고기들에게 먹이를 깨물어 먹을 수 있다는 건 아주 중요한 발전이었습니다. 심지어 서로를 깨물어 먹을 수도 있었으니 말입니다!

턱의 발전보다 훨씬 중요한 발전은 물에서 육지로 이동한 것입니다. 그러려면 적응을 굉장히 많이 해야 했는데, 아마 대부분은 적응에 실패해 육지에 사는 생물이 되지 못했을 것입니다. 개구리와 도롱뇽 같은 양서류의 후손은 아직도 물에 의존해 살아갑니다. 양서류의 알은 부드럽고 쉽게 마르기 때문에 양서류는 알을 물 속에다 낳습니다. 그리고 축축한 피부 역시 물기가 마르면 위험합니다. 어쨌든 육지에 처음 올라온 생물체는 물 속에서와는 달리 온몸으로 중력을 받게 되면서 신체 구조를 완전히 새로운 형태로 바꾸어야만 했을 것입니다. 지느러미는 다리로 발전했으며, 점차 강해졌습니다. 고생물학자 굴드(S. J. Gould)는 물고기들 대부분이 다리로 발달하는 데 적합한 지느러미를 갖추지 못했지만, 극소수는 다리로 발달할 가능성이 있는 이상한 지느러미 구조를 진화시켜 나갔다고 지적합니다.

양서류가 한 단계 더 발전하면서 생겨난 파충류는 육지 거주에 좀 더 적합한 조건을 갖추게 되었습니다. 건조한 피부에, 알을 보호하는 껍데기가 생겨났으며, 폐는 좀 더 복잡하게 발전했고, 팽창 가능한 흉곽이 생겨났습니다. 그래서 파충류는 목이 마를 때가 아니면 물이 필요 없게 되었습니다. 그러나 파충류 역시 육지 거주자로서 실패할 수밖에 없었는데, 그 이유는 급격한 온도 변화를 견딜 수 없었기 때문입니다. 물에 의존할 때만 해도 이것은 문제가 되지 않았습니다. 물 속의 온도는 상대적으로 일정하니까요. 이 문제에 적응해 온도를 조절하는 신체를 발전시킨 두 무리가 생겨났습니다. 바로 조류와 포유류입니다. 조류는 깃털을 발전시켜서 열을 보존했고, 포유류는 털가죽을 발전시켰습니다.

조류와 포유류의 뚜렷한 차이는 생식 체계입니다. 조류는 알을 낳지만, 포유류는 몸 안에서 후손을 부화하는 수단을 진화시켰습니다. 그래서 포유류는 후손을 부화하는 동안에도 움직일 수 있었습니다. 둥지에 앉아 있을 필요가 없어진 것입니다. 게다가 유선(乳腺)의 발달로 포유류는 어린 새끼의 먹이를 사냥해야 하는 부담에서도 벗어나게 되었습니다.

그렇지만 결국에는 뇌의 크기가 조류와 포유류의 가장 큰 차이가 되었습니다. 과학자들은 포유류의 뇌 용량이, 특히 영장류의 뇌 용량이 가장 큰 이유를 다양하게 설명합니다. 어떤 과학자들은 손의 진화가 그 원인이라고 주장합니다. 티라노사우루스나 캥거루같이 똑바로 서는 동물들은 대부분 앞다리가 점차 짧아졌습니다. 인간의 팔이 긴 이유는 인간의 조상이 나무에서 살았다는 증거일 수 있습니다. 예를 들어, 원숭이는 나뭇가지 사이를 건너뛰어 다니지만, 원숭이보다 몸무게가 더 나가는 침팬지는 기다란 앞발을 이용해 그네 타듯 매달려 나무 사이를 건넙니다. 그래서 인간이 손으로 배운 다양한 기술이 뇌 성장을 촉진했다는 것입니다.

인간이 다른 동물들처럼 발정기에 제한을 받지 않고 1년 내내 교미할 수 있다는 것을 가장 중요한 요인으로 꼽아야 한다고 주장하는 과학자들도 있습니다. 이것은 남성이 여성과 짝짓기를 하려고 다른 남성과 경쟁하는 대신, 한 남성이 한 여성하고 안정된 관계를 확보한 채 다른 남성들과 협동해 일할 수 있게 되었다는 것을 의미합니다. 그래서 복잡한 사회가 형성될 수 있었고, 뇌의 성장에 공헌했다는 것입니다.

우리는 인간으로 발전하는 것이 진화의 초점이라고 생각하고 싶어하지만, 굴드는 진화 과정이 다른 방향으로 나아갈 가능성도 많았다는 사실을 지적합니다. 포유류가 처음 생긴 이후 1억 년 동안, 이들은 지구를 지배하는 공룡을 피해서 숨어 살던, 털이 북슬북슬한 조그만 생물체에 지나지 않았습니다. 따라서 대량 절멸 기간에 공룡이 모두 죽지 않았다면, 지금 현재도 여전히 똑같은 상황이 전개될 수 있었다는 것입니다.

● 만일 조류가 파충류에서 진화했다면, 비늘이 어떻게 깃털로 진화했을까요?
(206쪽에 있는 '비늘에서 깃털로'를 보세요.)

● 공룡은 왜 멸종했을까요?
(183쪽에 있는 '공룡이 단 한 마리도 살아남지 못한 이유는?'을 보세요.)

비늘에서 깃털로

'진화' 하면 사람들은 대부분 물고기가 파충류가 되어 물에서 기어 나오거나 원숭이처럼 생긴 포유류가 처음으로 똑바로 걷기 시작하는 그림을 떠올릴 것입니다. 그러나 아직 그려지지 않은 장면이 훨씬 더 많습니다. 현재 과학자들 대부분이 진화를 기정사실로 받아들이기도 하지만, 좀 더 구체적으로 파악해야 할 사실과 좁혀야 할 이견이 아직도 많이 남아 있습니다. 진화론자들이 앞으로 탐구해야 할 가장 중요한 과제는 어떤 종의 어떤 물리적 특징이 다른 종의 물리적 특징으로 어떻게 진화했는가를 밝혀 내는 것입니다. 이러한 과제 중에는 파충류의 비늘이 어떻게 조류의 깃털로 진화했는지에 대한 것도 있습니다.

진화는 성공적 돌연변이의 과정입니다. 식물이나 동물의 모든 계통에서는 언제나 새로운 유전자 결합이 나타나고 있습니다. 무작위로 나타나는 이 같은 결과를 '돌연변이'라고 부릅니다. 성공적인 진화는 재생산으로 정의됩니다. 어떤 종의 후손이 많을수록 그 종은 성공적으로 진화했다고 할 수 있습니다. 경쟁자에 비해 기능이 뛰어난 돌연변이는 성공할 가능성이 더 많습니다. 예를 들어, 개펄에 사는 어떤 갑각류가 해안가에 사는 작은 물고기를 잡아먹고 산다고 해 봅시다. 그런데 이 갑각류 가운데 발 일부분이 먹이를 잡는 데 편리하게 돌연변이를 일으켰다면, 그 갑각류는 많은 이익을 누릴 수 있습니다. 먹이가 부족할 때에는 그 장점이 특히 두드러지게 나타나겠지요. 그래서 그 돌연변이 갑각류는 더 오랜 기간을 살면서 더 많이 번식해서 돌연변이가 일어난 유전자를 더 많은 후손에게 전달하게 됩니다. 이런 과정을 통해 개펄에 사는 모든 후손에게 먹이를 잡는 발이 생겨나서 집게발로 진화했을 것입니다.

새들은 '고대 새'를 뜻하는 시조새(Archaeopteryx), 즉 새처럼 생긴 작은 공룡에서 진화했을 가능성이 가장 높습니다. 시조새의 초보적인 깃털은 나는 데 쓰이기보다는 아마 다른 기능을 수행했을 것입니다. 이 기능에 관해서는 몇 가지 가설이 있습니다. 그 중 하나는 초기의 깃털이 보온성 단열재로 사용되었다는 것입니다. 다시 말해, 최초의 털코트인 셈이지요. 또다른 가능성은 시조새가 깃털을 일종의 그물처럼 사용해 곤충을 비롯한 먹이를 잡았다는 것입니다.

깃털이 수행한 최초의 기능이 무엇이든, 조류의 초기 조상이 처음에 깃털

시조새의 상상도

을 어떻게 운동 수단으로— 다시 말해서, 원시적인 비행 수단으로 — 이용했는지에 대한 의문이 남습니다. 한 가지 가능성은 시조새가 나무에서 살았다는 것입니다. 이 가능성에 따르면, 처음에는 보온 때문에 발달한 깃털이 초보적인 날개 모양으로 발전했고, 시조새가 이 날개를 이용해 나무와 나무 사이를 미끄러지듯 날기 시작한 것입니다. 반면에 초기의 깃털이 먹이를 잡는 데 이용되었다면, 시조새는 뒤쪽에 있는 두 발로 먹이를 쫓으면서 깃털이 있는 앞쪽의 두 손을 이용해서 공중에 떠 있는 법을 배웠을 가능성이 있습니다. 여기서 공중에 떠 있다는 것이 곧 비행을 의미하지는 않습니다. 시조새의 뼈 구조는 조류의 뼈같이 가늘거나 속이 비어 있지 않고 단단하기 때문입니다. 그렇지만 아주 조금이나마 공중으로 날아오름으로써 빨라진 속도는 시조새가 경쟁자를 앞지르는 장점으로 작용했을지도 모릅니다.

● 만일 조류가 공룡에서 진화할 수 있다면, 인류도 공상 과학 속의 머리만 커다란 외계인 같은 생물체로 진화할 수 있을까요?
(180쪽에 나오는 '인간 진화의 미래'를 보세요.)

● 시조새가 나무에서 살았다면, 깃털이 자신의 몸을 숨기는 위장 수단이 될 수는 없었을까요?
(212쪽에 있는 '동물의 변신'을 보세요.)

  털의 용도가 애완동물을 안아 주고 싶게 만드는 것이라고 생각하는 사람이 있을지도 모르겠습니다. 그렇지만 털은 기본적으로 몸 위에 공기층을 만들어서 열을 보존하는 데 쓰입니다. 초기 파충류 중에도 몸에 털이 난 동물이 있었는지 모르지만, 현대의 동물 가운데에는 오직 포유류만 털이 있습니다. 털은 하나하나가 보온 효과를 일으키는 것이 아니라, 몸 전체를 덮고 있어야 효과가 있습니다. 진화론자들은 털이 처음에는 다른 기능을 수행하다가 보온성 단열재 역할을 하게 되었다고 주장합니다. 처음에는 털이 군데군데 생겨나 현대 동물의 수염처럼 접촉과 압력을 감지하는 기능을 수행했는데, 결국에는 온몸을 뒤덮을 정도로 빽빽하게 자라나서 몸을 따뜻하게 보온했다는 것입니다.

  털은 피부 밑에 있는 모낭에서 자랍니다. 모낭이 꾸불꾸불하면, 털도 꾸불꾸불 자랍니다. 털은 중심에 모수(毛髓)가 있고, 그 주변을 피층이 둘러싸고 있으며, 제일 바깥쪽에는 표피가 있는 하나의 막대기입니다. 표피 세포는 작은 비늘처럼 서로 겹쳐 있습니다. 막대기의 대부분을 구성하는 피층에는 색소가 있습니다. 털은 성장기와 휴지기를 거치며 주기적으로 자랍니다. 인간의 경우, 성장 주기는 약 3년입니다.

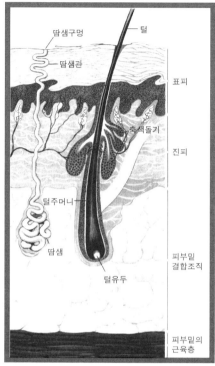

딸샘구멍

딸샘관

털

표피

축색돌기

진피

털주머니

딸샘

피부밑
결합조직

털유두

피부밑의
근육층

인간 피부의 단면도

포유류의 털은 대부분 두 개의 층으로 구성되어 있습니다. 겉에 있는 기다란 털과 속에 있는 촘촘하고 부드러운 털이 그 것입니다. 열이 보전된 공기는 속털 안에 갇혀 있습니다. 겉에 있는 털에는 기름이 묻어 있어서 몸이 젖지 않게 하는 역할을 합니다. 젖은 몸을 말리고 싶으면 몸을 부르르 떨어서 물방울을 털어 내기만 하면 됩니다. 오리너구리나 물뒤쥐 같은 동물은 바깥에 있는 털이 물을 잘 막아 주지 못합니다. 그래서 몸이 젖으면 온몸을 비틀면서 좁은 구멍을 통과해 물을 털어 냅니다.

털은 대부분 꼬리 쪽을 향해 한 방향으로 자랍니다. 털이 그 방향으로 자라는 이유는 피부 아래에 있는 모낭의 각도 때문입니다. 어떤 동물은 소용돌이가 있는데, 그 지점에서 털은 바깥쪽으로 자라납니다. 사람은 머리 꼭대기에 소용돌이(가마)가 있습니다. 그래서 가장 '자연스러운' 머리 모양은 우묵한 그릇을 엎어 놓은 형상을 하고 있습니다. 모낭 하나하나에는 작은 근육이 붙어 있는데, 이 근육이 수축하면 털이 꼿꼿하게 섭니다. 동물은 두려울 때 아드레날린을 분비해서 근육을 수축시킵니다. 그렇게 털을 꼿꼿하게 세워 자신의 모습이 더 크고 위협적으로 보이도록 합니다.

인간은 털을 얻으려고 오랫동안 동물들의 목숨을 빼앗아 왔습니다. 그렇지만 인간에게 털을 제공하는 것 때문에 죽임을 당하지 않아도 되는 동물이 있습니다. 바로 양입니다. 야생 양에게는 질긴 속털만 있지만, 가축으로 기르는 양은 두꺼운 양털을 만들어 내도록 개량되었습니다. 털을 깎아 주지 않으면, 두껍게 자란 털이 서로 엉켜서 나뭇가지나 다른 여러 물건들에 걸리게 됩니다. 그래서 오스트레일리아의 연구원들은 털의 성장 주기를 조절하는 성분을 주사기로 양의 몸 안에 집어넣는 방법을 개발해 양을 기르는 사람들의 고충을 덜어 주는 데 성공했습니다. 이 덕분에 털의 성장을 한순간 멈추어 인간의 손으로 털을 쉽게 벗겨 낼 수 있게 되었습니다.

최근 몇 년 동안 과학자들은 털이 자라는 원리에 대해 매우 높은 관심을 보이고 있습니다. 그 이유는 대머리 치료제라는 황금 시장을 장악할 수 있는 상품의 개발 때문입니다. 그렇지만 또다른 이유가 있습니다. 성장 주기의 원리를 파악하면 우리 몸이 각각의 세포에게 자랄 때와 멈출 때를 알리는 원리를 이해할 수 있기 때문입니다. 이 연구는 제멋대로 자라는 암세포의 원리를 파악하는 데 특히 중요합니다. 이처럼 과학적 유용성이 많은데도, 애완동물 애호가들 대부분은 털의 참된 가치가 껴안고 싶게 만드는 것이라고 생각합니다.

● 깃털 역시 체온을 보존하려고 진화한 또다른 결과일 수 있을까요?
(206쪽에 있는 '비늘에서 깃털로'를 보세요.)

변신의 목적은 속이는 데 있습니다. 변신은 비폭력적인 자기 방어 수단이라고 할 수 있습니다. 그렇지만 육식 동물은 먹이에 몰래 접근하려고 변신을 합니다. 정교하고 기발한 변신 기술이나 행위는 기본적으로 환경에 적응하려는 진화의 한 형태입니다. 동물은 파티에 어떤 옷을 입고 갈지 고민하는 인간과 달리, 자신의 모습을 저녁에 나뭇가지처럼 꾸밀지 나뭇잎처럼 꾸밀지 판단하지 않습니다. 그것은 하나의 본능일 뿐입니다.

변신은 동물의 행위와 분리될 수 없습니다. 동물이 주변 환경 속에 자신을 적절하게 숨기지 않는 한, 변신은 효과가 없습니다. 약한 동물의 방어 행위는 크게 세 가지 형태로 나타납니다. 소리를 내지 않는 것, 움직이지 않는 것, 그리고 변신하는 것입니다. 주변 환경 속에 파묻혀 하나가 된 상태에서 어떤 동작이나 소리를 내지 않는다면 훨씬 효과적일 것입니다. 새들은 수컷의 깃털이 더 현란한 경우가 많은데, 이것은 이 현란한 깃털을 이용해 암컷에게 구혼을 하거나, 둥지에서 알을 품고 있는 암컷에게 약탈자가 접근하지 못하도록 시선을 분산시키려는 것입니다. 반면에 수컷이 어린 경향이 있는 새들의 경우, 대개 암컷의 깃털이 더 현란합니다.

변신의 가장 기본적인 형태는 시선을 분산시키는 보호색입니다. 보호색의 특징은 주변 환경 속에 파묻혀 하나가 되도록 설계되지 않았다는 것입니다. 여러 가지 다른 명암이 동물의 윤곽선을 약하게 해서 다른 동물의 눈에 덜 띄게 만들 뿐입니다. 심지어 우리 눈에 아주 인상적으로 보이는 얼룩말의 줄무늬조차 멀리서 보면 얼룩말의 윤곽을 흐릿하게 보이도록 도와 줍니다. 이러한 보호색을 변형해 신체 각 부분이 뒤섞여 있는 것처럼 보이도록 만들기도 합니다. 예를 들어, 몸과 다리에 점이 어지럽게 박혀 있는 개구리가 있습니다. 그런데 이 개구리가 동면기에 접어들면 어지럽게 박혀 있던 점은 기다란 줄무늬 형태로 바뀌어 신체 외곽선을 알아보기 힘들게 합니다.

두 눈은 쉽게 드러날 수 있기 때문에, 눈에 가면을 쓰는 것이 중요할 때가 많습니다. 대표적인 예는 오소리의 머리 위에 둥글게 그려져 있는 검은 띠입니다. 그리고 머리 뒤나 몸에 가짜 눈이 나타나는 경우도 있는데, 이것은 진짜 눈에서 주의를 분산시키려는 것입니다.

동물 중에는 계절이나 성장 단계에 따라 피부색을 바꾸는 것도 있습니다. 예를 들어, 어떤 나방은 갈색 애벌레를 낳는데, 애벌레가 갈색인 이유는 가을에 나뭇잎을 먹고 나뭇가지에서 겨울을 나도록 하려는 것입니다. 이 애벌레는 봄이 되면 깨어나는데, 이 때에는 녹색으로 변해서 새로 난 잎과 하나처럼 보이게 됩니다.

보호색은 진화가 진행되고 있다는 증거일 수도 있습니다. 점박이나방은 이러한 대표적인 예입니다. 영국의 맨체스터에서는 밝은색의 날개에 검은 점이 점점이 박혀 있는 나비가 번성하고 있었습니다. 자작나무와 색상이 밝은 벽으로 자신을 보호할 수 있었기 때문입니다. 그런데 산업혁명 직후, 매연으로 나무와 벽이 시커멓게 그을리자 밝은 색상의 나비들이 줄어들고, 검은색 나방들이 번성하게 되었습니다.

자신의 모습을 숨기는 것이 아니라 오히려 더 드러내는 데 변신의 목적이 있는 경우도 있습니다. 겁에 질린 동물이 자신의 모습을 더 크게 보이게 해서 상대방을 위협하는 경우가 이에 해당합니다. 그래서 날개에 커다란 가짜 눈이 그려진 나방도 있으며, 머리에 가짜 눈이 그려지거나 심지어 끄트머리에 가짜 얼굴이 그려진 애벌레도 있습니다.

그렇지만 뭐니뭐니해도 변신을 가장 잘 하는 동물은 주변 환경을 변형시켜 자신과 비슷하게 보이도록 만드는 생명체일 것입니다. 실제로 어떤 거미는 거미집 안에 조그만 검은색 덩어리들을 넣어 두어 자신처럼 보이도록 합니다. 침입자가 그 유인물 가운데 하나에 접근하는 틈에 진짜 거미는 도망갈 수 있습니다. 심지어 어떤 애벌레는 자기 주위의 나뭇잎을 갉아먹어 나뭇잎이 애벌레처럼 보이도록 만들기도 합니다.

인간의 경우, 변신을 가장 잘 하는 집단은 군인입니다. 그렇지만 다른 동물들과는 달리 군복이나 탱크를 갈색과 녹색으로 꾸미는 정도에 지나지 않습니다. 인간에게는 주변 환경과 인체의 외형을 바꾸는 능력이 있기 때문에, 피부에 줄무늬가 생기거나 마당에 서 있는 나무처럼 사시사철 색깔이 변하는 형태로 진화할 가능성은 거의 없습니다.

- ● 다른 동물의 색소 세포를 이식해 피부색을 바꿀 수 있을까요?
  (286쪽에 있는 '원숭이가 본다 : 이종 이식술'을 보세요.)

- ● 나방의 새로운 변종이 산업혁명만큼 짧은 기간에 나타날 수 있었다면, 새로운 종으로 진화하는 데에는 시간이 얼마나 걸릴까요?
  (171쪽에 있는 '진화는 점진적인가, 급작스러운가?'를 보세요.)

- ● 인간은 변신 유전자를 인체에 이식할 수 있을까요?
  (269쪽에 있는 '유전공학'을 보세요.)

주인의 두 눈이 어둠 속에서 빛나지 않는다는 사실을 고양이가 알고 있을까요? 여러분이나 고양이나 사물을 보는 과정은 기본적으로 같습니다. 빛이 눈 속으로 들어오면 망막 세포가 이를 흡수합니다. 그런 다음, 망막 세포에서 광화학 반응이 일어나면, 시신경 섬유에서 빛 에너지를 전기적 신경 신호로 바꿉니다. 시각 이미지라고 하는 이 신호의 형태는 뇌로 보내져 마침내 인간이나 고양이의 의식으로 나타나게 됩니다.

망막 세포에는 '원추 세포'와 '간상 세포'가 있습니다. 눈동자의 중심에 집중되어 있는 원추 세포는 우리에게 낮에 일어나는 총천연색 영상을 줍니다. 각각의 원추 세포는 자신의 신경 세포에 반응을 주기 때문에 뇌는 아주 가까이 있는 많은 원추 세포에서 오는 다양한 신호를 구별할 수 있습니다. 그래서 총천연색 영상의 세밀한 부분과 색상을 효율적으로 지각할 수 있게 됩니다. 반면에 훨씬 민감하고 숫자가 많은 간상 세포는 빛이 없을 때 생기는 어두운 영상을 전문적으로 다룹니다. 많은 간상 세포가 하나의 시신경 섬유에 자극을 주기 때문에 다발을 이루고 있습니다. 그래서 우리 눈이 희미한 빛 속에 있는 물체를 감지하도록 도와 줍니다.

두더지와 뒤쥐 같은 동물은 거의 완전한 어둠 속에서 살기 때문에 빛과 어둠 정도만 감지하는 눈을 진화시켰습니다. 낮과 밤에 모두 사냥하는 동물은 낮과 밤 모두 다 자세히 볼 수 있는 눈을 진화시켰습니다. 고양이의 눈은 망막 뒤에 거울 같은 막이 있어서 희미한 빛을 최대한 감지할 수 있는데, 이 막은 망막이 처음에 흡수하지 못한 빛을 다시 흡수합니다. 그래서 두 번째 자극을 받습니다. 그렇지만 이 빛 역시 모두 흡수되지 못합니다. 여기서 흡수되지 못한 빛이 바로 어둠 속에서 빛나는 고양이의 눈이 되는 것입니다. 고양이는 어둠 속에 있는 물체를 인간보다 여섯 배 정도 잘 볼 수 있습니다.

인간의 망막 뒤편에는 '맥락막'이라고 하는 검은 색소 조직이 있습니다. 빛이 눈 앞에 있는 수정체로 들어오면, 이 빛은 굴절되어(마치 볼록 렌즈처럼) 초점에 모입니다. 이 초점은 망막 위에 형성되고, 망막은 그 빛을 흡수합니다. 그런데 이 때, 망막에 흡수되지 않은 빛은 맥락막을 때려 이 곳에서 흡수됩니다. 만일 흡수되지 않는다면, 이 빛은 다시 망막으로 반사될 것입니다. 그러면 초점이 흐뜨러지기 때문에 상 역시 흐뜨러지겠지요.

따라서 밤에 쥐를 잡는 능력과 침대 뒤에 숨어서 번뜩이는 매력적인 눈이 있다는 것은 그만 한 대가를 치러야 합니다. 고양이의 눈에는 원추 세포 수가 인간보다 적고 맥락막 대신 거울 같은 막이 있기 때문에, 아마 우리 인간만큼 사물을 정교하게 볼 수 없을 것입니다. 여러분의 눈은 어둠 속에서 번뜩이지는 않지만, 고양이를 치료한 병원비 청구서에 쓰여 있는 숫자를 읽을 수 있을 만큼 아주 예리합니다.

● 고양이의 거울 같은 막을 우리 눈에 이식하면 어둠 속에서 더 잘 볼 수 있을까요?
(286쪽에 있는 '원숭이가 본다: 이종 이식술'을 보세요.)

● 우리 눈에 있는 원추 세포는 어떻게 색을 감지할까요?
(236쪽에 있는 '색감'을 보세요.)

모든 불가사리가 팔이 5개씩 있는 것은 아닙니다. 4개나 6개, 7개, 심지어 더 많은 불가사리도 있습니다. '바구니불가사리'의 팔은 셀 수 없을 정도로 계속 분리되기도 합니다. 또 어떤 불가사리는 팔이 너무 짧아 둥그스름한 오각형으로 보이기도 합니다. 흔히 불가사리의 '팔'이라고 말하기는 하지만, 그것은 사람의 팔다리 같은 부속 기관과는 다릅니다. 불가사리의 팔은 몸이 늘어나거나 둥글게 튀어나온 것에 지나지 않습니다. 흡반이라고 부르는 불가사리의 아래쪽에는 중앙반의 입이 팔을 따라 홈을 이루며 확장되어 있습니다. 불가사리의 팔에는 생식기 일부와 소화기 일부가 있기도 합니다. 불가사리에게는 사람처럼 사물을 보는 눈이 없지만, 각각의 팔 끝에 감광점(感光點)이 있어서 이것을 통해 빛의 변화를 느낄 수 있습니다.

불가사리는 '재생'이라는 놀라운 능력을 발휘합니다. 팔뿐만 아니라 중앙반의 각 부분 역시 재생이 가능합니다. 1년이면 중앙반에 붙어 있는 팔 하나가 분리되어 완전한 불가사리로 다시 자랄 수 있습니다. 하지만 불가사리의 수명이 5년이라는 것을 감안하면 이것은 아주 긴 시간입니다.

불가사리들은 대부분 정충을 생산하는 수컷과 알을 낳는 암컷으로 나누어져 있지만(불가사리들은 수정을 위해 정충과 알을 물 속에 흘립니다), 어떤 불가사리는 재생을 생식 수단으로 이용합니다. 중앙반이 둘로 쪼개진 다음, 절반으로 나뉜 각 부분이 잃어버린 반과 팔을 재생하는 것입니다. 굴 양식업자들은 자기도 모르는 사이에 불가사리가 무성 생식으로 아기 불가사리를 만들도록 돕곤 합니다. 불가사리가 다른 조개류나 물고기뿐 아니라 굴을 약탈하기 때문에, 굴 양식업자들은 불가사리를 둘로 잘라서 바다에 던져 버립니다. 이렇게 해서 적의 숫자를 두 배로 늘려 주는 셈이지요.

불가사리가 팔을 재생할 수 있는 이유는 인간이 팔을 재생할 수 없는 이유와 관련이 있습니다. 불가사리는 단순하고 우리는 복잡합니다. 예를 들어, 단순한 올챙이는 꼬리를 재생할 수 있지만 좀 더 복잡한 개구리는 그럴 수 없습니다. 작은 게 좋을 때도 있는 것입니다. 사람도 다섯 살 정도가 되기 전까지는 손가락 끝이 잘리면 손톱과 함께 재생됩니다. 이것은 손가락 끝에 집중되어 있는 신경의 밀도 때문인 것 같습니다. 손가락이 크게 자라면 신경 역시 커지기 때문에 그 밀도가 떨어져 재생되지 않습니다. 과학자들은 아직까지 신경의 재성장을 촉진시키는 원리를 파악하지 못했습니다.

동물이 진화하자, 재생을 돕는 유전자들이 태아기 이후에 떨어져 나가게 되었다고 믿는 과학자들도 있습니다. 인간의 경우에는 뼈나 피부같이 상대적으로 간단한 구조만 재생시킬 수 있습니다. 재생에 대해 연구하는 과학자들은 하등 동물의 재생 원리를 파악해서 인간의 잃어버린 팔과 기관을 재생하는 데 이용할 수 있기를 바라고 있습니다. 그렇지만 몸을 둘로 쪼개서 후손을 만드는 방식은 피하고 싶군요.

● 만일 신체 각 부분을 재생하는 불가사리의 능력을 파악해 인체에 적용할 수 있다면, 우리 인간은 영원히 살 수 있을까요?

(289쪽에 있는 '우리가 영원히 살 수 없는 이유'를 보세요.)

비버처럼 유명한 동물 건축가 외에도 은신처의 필요성은 모든 동물이 기본적으로 느끼는 것이기 때문에 어떤 동물이든 나름대로 훌륭한 건축술을 익혀 두고 있습니다. 가장 차원이 낮은 은신처는 아주 하등한 동물들이 자기 몸 주변에 만드는 단순한 보호층입니다. 아메바 중에는 자기 몸에 작은 모래알을 붙여 은신처를 만드는 것이 있습니다. 일반적으로, 동물들은 자기 몸과 떨어진 곳에 은신처를 만듭니다. 가장 간단한 형태는 땅 속이나 속이 빈 나무 안에 만든 구멍입니다. 그렇지만 아주 하찮은 동물이 놀랄 만큼 복잡한 둥지를 만들기도 합니다. 예를 들어, 털파리의 애벌레는 나뭇잎을 비롯한 여러 가지 재료를 주워 와서 머리에 있는 분비선에서 뽑은 비단실로 그것들을 묶어 은신처를 만듭니다. 그리고 흰개미는 많은 방에 정교한 통풍 체계를 갖춘 거대한 구조물을 만듭니다.

동물들이 만든 건축물을 바라보고 있으면, 각각의 건축물이 대단히 뛰어난 작품이라는 생각뿐만 아니라, 오랫동안 지속된 과학자들의 논쟁도 떠오릅니다. 동물이 아무리 정교하게 건축물을 짓는다고 해도 그것은 유전 프로그램에 따른 것에 지나지 않는다고 주장하는 과학자들도 있습니다. 즉, 연구나 성취감 같은 것은 없으며, 태어날 때부터 지니고 있는 유전자의 지시대로 행동했을 뿐이라는 것입니다. 반면에 고등 동물이 건축 방법에 관한 지식을 가지고 태어나는 것은 사실이지만, 그 지식은 밑그림이 될 뿐이라고 주장하는 과학자들도 있습니다. 나머지는 연장자에게 배워서 주변 환경에 의식적으로 적용하면서 얻게 된다는 것입니다. 그래서 '심미적인' 취향을 보이기도 하고, 자신이 노력한 결과에 성취감을 느끼기도 합니다. 게다가 건축물을 짓기 전에 마음 속으로 완성품을 그려 보기까지 한다고 말합니다.

어쨌든 가장 인상적인 건축가는 오스트레일리아와 뉴기니에 사는 바우어 새(bower bird)입니다. 바우어 새의 수컷은 보금자리를 만들어 암컷을 유혹합니다. 보금자리가 매혹적일수록 수컷은 더 강한 힘을 발휘합니다. 보금자리의 지붕은 활 모양으로 엮은 나뭇가지들이 두 줄로 늘어서 있습니다. 어떤 수컷은 보금자리 벽에 나무 껍질 조각으로 으깬 과일과 숯을 칠하는데, 날마다 다시 칠해 항상 그 상태를 유지합니다. 게다가 나뭇잎이나 깃털, 신선한 꽃으로 보금자리를 장식하는데, 이것 역시 날마다 바꾼다고 합니다. 어린 수컷들은 스스로 자신의 보금자리를 만들 수 있을 때까지 '수습 기간'을 거치는데, 이 때에는 여럿이 힘을 합쳐 보금자리를 만듭니다. 물론 경험이 많은 수컷의 도움을 받기도 합니다.

비버는 은신처를 만들 뿐 아니라, 댐을 만들어 연못을 형성하고 주변 환경을 바꾸기도 합니다. 기술자들이 그렇듯이, 비버 역시 이렇게 하는 데 있어 시행착오의 과정을 겪습니다. 연못의 수위가 예상만큼 높지 않으면, 비버는 댐에 덧붙이는 재료를 바꿉니다. 동물 생태 연구에 뛰어난 생물학자 그리핀(D. R. Griffin)에 따르면, 위기 상황에 대응하는 비버의 능력이야말로 비버가 의식을 가지고 있다는 강력한 증거가 됩니다.

그리핀은 비버 집단을 관찰했던 어떤 여성 과학자의 경험을 소개합니다. 날마다 저녁 무렵 일정한 시각이 되면, 비버 수컷 한 마리가 댐을 살피러 와서 필요한 곳을 수리합니다. 그런데 어느 날, 파괴자가 댐에 커다란 구멍을

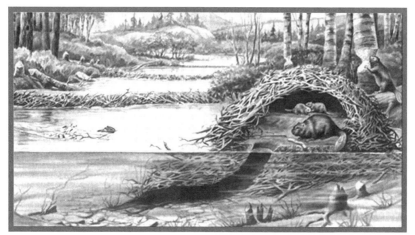

비버는 훌륭한 건축가이다. 자신의 집 주위에 댐을 만드는 기술이 있다.

내 물이 넘쳐흐르게 되었습니다. 그래서 과학자는 동료와 함께 댐 상류에 커다란 돌들을 놓아 물의 흐름을 줄이려 했습니다. 그런데 수컷 비버가 저녁 시찰을 나왔다가 위기 상황을 발견하고 즉각 대응했습니다. 돌멩이 위에다 나뭇가지를 놓았지만 소용이 없자, 나중에 합류한 다른 비버 세 마리와 함께 진흙과 나무, 풀 등으로 돌멩이 사이에 있는 공간들을 메웠습니다. 이제 수위는 전보다 낮아지긴 했지만, 연못은 마침내 안정을 되찾았습니다. 그러자 비버들은 자기 집으로 돌아갔습니다. 다음 날 저녁, 수컷 비버는 집에서 막대기를 하나 물고 다시 나타났습니다. 그리고 그 막대기로 댐을 수리했습니다. 그리핀에 따르면, 이것은 비버가 전날 댐이 피해를 입었다는 사실과 댐을 수리해야 한다는 사실을 기억하고 있었다는 것을 보여 줍니다.

● 비버에게는 기억과 지능이 있는 것 같습니다. 그렇다면 이와 비슷한 특징이 있는 동물이 또 있을까요?
(222쪽에 있는 '문어의 지능지수'를 보세요.)

물고기가 바다에서 기어 나와 마침내 원숭이와 인간처럼 똑바로 서서 걷게 되었다는 극단적으로 단순화한 진화 도식에 근거해, 우리는 생물이 인간에 가까울수록 지능이 높다고 가정합니다. 하기야 이 말은 대체적으로 맞습니다. 여러분이 점심때 먹는 참치보다 영리하다는 것은 의심할 여지가 없으니까요. 그렇지만 정확히 말하면, 이 말은 틀렸습니다. 이러한 사실을 잘 보여 주는 동물이 있습니다. 바로 문어입니다. 문어는 두족류라는 해양 동물군에 속하는데, 오징어 역시 이 무리에 속합니다. 두족류는 잘 발달된 신경계를 바탕으로 커다란 눈과 정교한 뇌를 가지고 있습니다. 이 중에서도 문어는 가장 저급한 척추동물보다 지능이 뛰어날 정도로 영리해서 우리 인간이 세운 단순한 도식을 혼란스럽게 만듭니다.

동물에게 지능지수(IQ) 검사를 실시해 지능을 측정할 수 없기 때문에 — 물론 지능지수 검사가 믿을 수 있는 것인지도 모르지만 — 과학자들은 대개 학습과 기억이라는(어떤 내용을 배운다는 것은 그 내용을 기억할 수 있을 때 훨씬 더 큰 의미가 있습니다) 서로 관련되어 있는 두 가지 능력에 초점을 맞춥니다. 그런데 문어는 이 두 영역에서 모두 탁월한 능력을 보입니다.

무척추동물 대부분은 동일한 상황을 수십 번이나 경험해야 비로소 우리가

'경험을 통한 학습'이라고 부르는 연상 작용을 일으킬 수 있습니다. 그런데 문어는 대개 한 번만 경험하면 그런 연상을 할 수 있습니다. 이것은 조류와 포유류에게만 있다고 여겨지던 능력입니다. 이탈리아 나폴리에 있는 유명한 동물학 연구소에서 영국의 과학자 보이콧(B. B. Boycott)과 영(J. Z. Young)이 실시한 실험은 이 같은 사실을 잘 보여 줍니다. 이들은 문어가 있는 탱크 안에 벽돌을 몇 개 넣었습니다. 문어들은 구석이나 틈새에 숨기를 좋아하는데, 이 문어들 역시 즉시 벽돌 뒤로 갔습니다. 과학자들이 탱크 반대쪽에 게 한 마리를 매달아 놓자, 금세 문어가 나와서 게를 붙잡아 다시 벽돌 뒤로 돌아갔습니다. 이번에는 뒤에 전기판을 연결한 게를 매달았습니다. 이렇게 해서 문어가 게를 잡았을 때 전기 충격이 전해지도록 했습니다. 그러자 문어는 게를 잡는 데 신중을 기하게 되었습니다. 이런 방식으로 실험을 몇 번 더 하자, 문어는 뒤에 전기판이 없을 때에만 게에게 접근했습니다. 이와 비슷한 방법으로 음식물과 전기 충격을 번갈아 가며 제시했더니, 눈이 보이는 문어와 보이지 않는 문어 둘 다 눈으로 거의 식별할 수 없는 물체를 만져서 구분할 수 있게 되었습니다. 그리고 시각적인 실험을 통해 과학자들은 문어가 크기가 다른 사각형, 높다란 직사각형, 기다란 직사각형 등 기하학적으로 다른 모양과 검은 원, 하얀 원 등 다른 색을 구별하는 법을 학습할 수 있다는 사실을 알게 되었습니다.

  나폴리 동물학 연구소에 있는 과학자들은 최근 문어들이 서로를 관찰해서 배울 수 있다는 사실을 밝혀 내어 다른 과학자들을 놀라게 했습니다. 이들은 탱크 안에 빨간 공과 하얀 공을 넣었습니다. 그런 다음, 한 무리의 문어에게는 빨간 공을 공격하고, 다른 무리에게는 하얀 공을 공격하도록 훈련시켰습니다. 그러자 두 무리의 문어는 훈련을 받지 않은 문어들에게 새로 배운 기술을 보여 주었습니다. 빨간 공을 공격하는 모습을 본 문어들은 빨간 공을 공격했고, 하얀 공을 공격하는 모습을 본 문어들은 하얀 공을 공격했습니다. 그 때까지만 해도 과학자들은 대부분 인간을 비롯한 척추동물들만 자신의 동료를 관찰해서 배울 수 있다 — 이것은 개념적 사고의 전 단계입니다 — 고 생각했습니다.

문어는 자신이 배운 내용을 최소한 며칠 동안 기억할 수 있습니다. 한 실험에서 연구원들은 굶주려 있는 문어 몇 마리에게 커다란 굴을 주었습니다. 문어들은 몇 시간 동안 노력한 후에야 비로소 굴 껍데기를 깔 수 있었습니다. 연구원들은 1주일 후에 다시 굴을 주었습니다. 그러자 문어들은 이번에는 시간을 낭비하지 않고 바로 껍데기를 벗겼습니다.

문어는 무척추동물 중에서 가장 영리할 뿐 아니라 하등한 척추동물보다도 영리한 것 같습니다. 이 같은 사실을 파악하는 데 오랜 시간이 걸린 이유는 아마 문어가 무시무시하게 생겼기 때문일 것입니다. 물론 지능이 뛰어나다는 사실을 과학적으로 오래 전에 인정받은 돌고래 역시 인간을 닮은 것은 아닙니다. 그렇지만 우리는 머리가 커다랗고 기다란 팔이 여덟 개나 달린 징그러운 생물체보다는 부드럽게 '웃는' 돌고래에게 동질감을 느낄 가능성이 더 많습니다. 이런 점에서 볼 때, 문어는 우리 인간에게 겉모습만 보고 판단하지 말라는 교훈을 준다고 할 수 있습니다.

● 기억은 어떻게 작용할까요?
　(293쪽에 있는 '기억'을 보세요.)

● 돌고래도 문어처럼 서로를 가르칠 수 있을까요?
　(299쪽에 있는 '돌고래와 언어'를 보세요.)

 꿀벌과 뒤영벌은 벌들 가운데에서 가장 사회성이 뛰어납니다. 물론 이것은 이들이 디스코 파티나 저녁 회식에 가는 것을 좋아한다는 의미가 아닙니다. 사회성이 떨어지는 벌들처럼 노동을 엄격하게 분화시키는 대신, 꿀벌과 뒤영벌은 은신처를 청소하고, 애벌레에게 먹이를 주고, 먹이를 찾아다니는 등 온갖 허드렛일을 도맡아 한다는 것을 의미합니다. 그렇지만 무엇보다 중요한 건 이들이 춤을 추어서 아주 복잡한 내용을 서로 전달할 정도로 진화했다는 것입니다.

 먹이를 모으는 벌(암컷)은 좋은 먹이가 있는 장소를 발견하면, 벌집으로 돌아가서 춤을 추어 다른 친구들에게 먹이가 있는 곳을 알려 줍니다. 암컷은 몸에 꽃 향기를 묻혀 왔기 때문에, 다른 벌들에게 어떤 꽃을 찾으라고 알려 줄 필요가 없습니다. 벌집의 수직 벽면에서 추는 암벌의 춤은 아주 정교하고 매우 유연합니다. 먹이가 벌집과 비교적 가까운 곳에 있다면, 원무 비슷한 춤을 추면서 왼쪽과 오른쪽으로 번갈아 원을 그립니다. 그리고 먹이가 많은 곳일수록 춤을 더욱 정열적으로 춥니다. 먹이가 가까운 곳에 있기 때문에, 암벌은 방향을 지시할 필요가 없습니다.

 반면에 먹이가 벌집에서 먼 곳에 있을 때에는 '흔들기 춤'이라고 하는 복

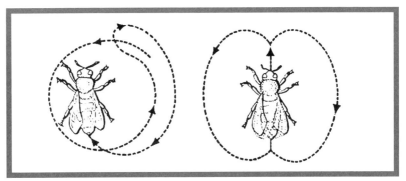

벌들은 춤으로 상당히 정교한 정보를 전달한다. 먹이가 가까운 곳이 있을 때 추는 원무(왼쪽)와 멀리 있을 때 추는 흔들기 춤(오른쪽)

잡한 춤을 춥니다. 이 때 암벌은 펑퍼짐한 모양의 '8자'를 그립니다. 두 개의 곡선이 나뉘는 직선 부분을 지날 때에는 배를 좌우로 흔들다가, 다시 원을 바꾸어 직선 부분이 시작되는 곳까지 거꾸로 원을 그립니다. 벌은 몸을 흔드는 방식으로 엄청난 양의 정보를 전달합니다. 원무를 출 때 암벌은 내뿜는 향기와 흥분의 정도를 통해 먹이의 종류와 그 양을 나타냅니다. 그리고 춤을 추는 속도나 빈도로 가야 할 거리를 알려 줍니다. 그런데 실제 거리를 알려 주는 것으로 끝나지 않고, 먹이가 있는 곳까지 가는 데 힘이 얼마나 드는지를 분명하게 설명합니다. 예를 들어, 먹이가 벌집보다 높은 지역에 있다면 실제 거리보다 더 먼 곳에 있다고 알려 주는 것입니다.

아마 흔들기 춤의 가장 정교한 점은 벌집에서 먹이까지 가는 방향을 가리키는 방식일 것입니다. 벌들은 독특한 시력을 통해 먹이와 태양의 각도로 음식이 있는 방향을 파악합니다. 벌집 속은 깜깜하기 때문에 벌은 이 내용을 중력으로 바꾸어 전달합니다. 눈 앞에 있는 벌집의 수직축을 태양의 방향으로 삼아, 흔드는 코스를 바꾸어서 태양과 먹이의 각도를 전달하는 것이지요. 그러므로 먹이가 태양의 왼쪽 30° 지점에 있다면, 벌이 흔드는 춤의 코스 역시 수직축의 왼쪽 30°가 됩니다.

사람들처럼 벌들도 사투리를 씁니다. 오스트리아 꿀벌은 먹이가 벌집에서 약 84m 떨어진 지점에 있을 때 흔들기 춤을 추고, 이탈리아 꿀벌은 약 37m 떨어진 지점에 있을 때 이 춤을 춥니다. 이탈리아 꿀벌은 특정 거리를 표시할 때 오스트리아 꿀벌보다 느리게 춤을 춥니다. 출신 지역이 다른 사람들처럼, 오스트리아 꿀벌과 이탈리아 꿀벌도 서로를 이해할 수는 있지만, 미세한 부분에서는 오해가 생기기도 합니다. 이탈리아 꿀벌이 알려준 정보에 근거해 오스트리아 꿀벌이 꿀을 찾아 나선다면, 먹이와는 동떨어진 장소를 헤매고 다닐 것입니다.

벌의 춤 언어는 오스트리아의 동물학자 프리슈(K. von Frisch)가 1940년대에 발견했는데, 그는 이 연구로 1973년에 노벨상을 받았습니다. 인간이 벌의 춤을 위치 표시 방법으로 해석하는 것과는 달리, 정작 벌들은 춤추는 벌이 내뿜는 향기를 통해 해석할 뿐이라고 주장하는 과학자도 있습니다. 물론 벌을 연구하는 전문가들은 대부분 이 같은 극단적인 주장을 부정합니다. 그렇지만 후각이나 청각을 포함한 벌의 감각 기관이 일정한 역할을 할 수 있다는 사실까지 부정하지는 않습니다. 1989년에는 로봇 벌을 개발해 다른 벌들을 먹이가 있는 곳까지 인도하는 데 성공함으로써 프리슈가 내린 결론이 옳다는 것이 입증되었습니다.

벌은 굉장히 복잡한 춤 언어를 구사하는 반면, 그 뇌는 풀씨 한 알 크기밖에 안 됩니다! 그러니 꿀벌의 성취감이 얼마나 클지 직접 느끼고 싶다면, 파티에 늦게 온 친구 앞에서 춤을 추어 감자튀김이 있는 곳을 알려 줘 보세요.

● 벌과 달리 사람은 지도를 이용합니다. 그 지도는 어떤 역할을 할까요?
(305쪽에 있는 '지도'를 보세요.)

● 다른 동물들도 의사소통을 할까요?
(299쪽에 있는 '돌고래와 언어', 302쪽에 있는 '침팬지와 언어'를 보세요.)

바이러스는 아주 나쁜 손님입니다. 바이러스는 자기 주인을 자기처럼 바꾸려고 할 뿐 아니라 주인을 죽이기도 합니다. 이 달갑지 않은 존재는 사람이나 동물에게 완전히 의존한 채 살아가면서 하루도 안 되는 시간에 그 생물체를 죽일 수도 있습니다. 이 존재는 생물도 아니고 무생물도 아닙니다. 우리 같은 인간은 전형적인 생물입니다. 바위는 전형적인 무생물입니다. 생물과 무생물 사이에는 계층이 있는데, 이 계층 어딘가에 바이러스가 위치하고 있습니다. 생명의 기본적인 특징은 복제하거나 번식하는 능력입니다. 바이러스는 때때로 위험스러울 만큼 빠른 속도로 번식합니다. 그러나 주인, 즉 숙주가 없으면 바이러스는 활동력이 없는 결정체로 바뀝니다.

바이러스는 아주 작습니다. 수백만 마리가 모여야 '아'의 'ㅇ' 하나를 채울 수 있을 정도니까요. 바이러스는 사람들이 자주 혼동하는 세균보다도 훨씬 작습니다(세균은 단세포 유기체로서, 이들 모두가 기생하지는 않습니다. 어떤 세균은 사람에게 질병과 전염병을 일으키지만, 어떤 세균은 음식 찌꺼기를 썩게 만듭니다). 바이러스는 단백질 막으로 둘러싸인 몇 가닥의 유전 물질 — 일반적으로 RNA — 로 이루어집니다. 바이러스가 숙주 세포에 침입하면, 바이러스의 유전 물질은 숙주 세포를 속여 숙주 세포가 바이러스의 유전 물질을 받아들이게 합니다. 그런 다음, 바이러스는 숙주 세포의 효소와 재원을 이용해 자신을 복제합니다. 바이러스가 스스로를 어느 정도 복제하고 나면, 숙주 세포는 죽습니다. 그러면 더 많은 바이러스가 더 많은 세포에 침입합니다.

레트로바이러스는 훨씬 더 교활합니다. 이 바이러스는 자신의 RNA를 DNA로 바꾸는 효소를 가지고 있는데, 그렇게 바꾸고 난 다음에는 숙주 세포의 DNA에다 자신의 DNA를 끼워 넣습니다. 그러면 숙주 세포가 복제될 때마다 바이러스도 같이 복제됩니다. 후천성 면역 결핍증(AIDS)을 일으키는 에이즈 바이러스(HIV)도 이런 종류의 바이러스입니다.

후천성 면역 결핍증에 대한 투쟁이 중요한 이유는 이 병 때문에 인간이 겪는 엄청난 비극 때문이기도 하지만, 바이러스가 너무 빨리 복제되어 새로운 돌연변이를 끊임없이 만들기 때문입니다. 따라서 모든 돌연변이 바이러스에 효과가 있는 치료약이나 백신을 만들어야 합니다. 바이러스 보균자들에게 증상이 나타나는 것은 여러 해가 지나서이지만, 연구원들은 바이러스가 침입하자마자 빠른 속도로 자기 복제를 한다고 생각합니다. 처음에는 인체 내부에서 T4 세포가 바이러스와 비슷한 속도로 복제되어 바이러스를 물리칩니다. 그렇지만 결국에는 바이러스에게 지게 되어 증상이 나타납니다.

다양한 세균들을 효과적으로 물리치는 항생 물질도 바이러스에는 효과가 없습니다. 바이러스를 물리치는 가장 좋은 전략은 바이러스 백신을 개발하는 것입니다. 백신은 동종의 바이러스 가운데에서 힘이 약한 놈들로 만든 것인데, 그것을 인간에게 미리 주사하면 그 바이러스에 대한 항체를 갖게 됩니다. 지금까지 가장 성공적으로 개발된 백신은 소아마비 백신과 천연두 백신입니다. 1980년, 세계보건기구(WHO)는 천연두가 사라졌다고 발표했습니다. 유일하게 살아남은 천연두 바이러스는 조지아 주 애틀랜타에 있는 '질병 통제 및 예방 센터', 그리고 모스크바에 있는 '바이러스표본협회'에서 고도의 안전 장치 아래 보관하고 있습니다. 이 표본은 1995년 6월에 파기할 계획이었지만, 뜨거운 논쟁이 일어나 파기를 연기했습니다. 파기해야 한다고 주장하는 사람들은 바이러스가 도망쳐 세계적 전염병을 일으킬 수 있다는 것, 그러면 모든 사람이 천연두 예방 접종을 하지 않는 요즘과 같은 상황에서는 엄청난 위협이 될 수 있다는 것을 근거로 제시합니다. 반면에 폐기에 반대하는 사람들은 감염을 일으키지 않는 무성 생식 변형체에서는 발견할 수 없는 내용을 천연두 바이러스를 통해 파악해야 할 게 아직 많다고 주장합니다. 많은 논란 속에 1996년 5월, 세계보건기구는 1999년 6월 30일에 바이러스를 폐기하기로 했습니다. 그러나 이를 반대하는 주장이 계속 제기되자, 1999년 4월 이 같은 결정을 번복했습니다.

바이러스와 관련된 이야기가 모두 질병이나 비극에 관한 것은 아닙니다. 과학자들은 바이러스를 이용해서 방광의 섬유증이나 간질, 암과 같은 질병을 물리치는 방법을 연구하고 있습니다. 기본 원리는 건강한 유전 물질을 바이러스에 주입한 다음, 이 밀사(密使)를 숙주 세포에 집어 넣어 건강한 유전 물질이 불완전한 유전 물질과 자리를 바꾸게 하는 것입니다. 그리고 농학자들은 바이러스를 자연산 농약으로 이용하는 방법을 실험하고 있습니다. 예를 들어, 루이지애나 주에서 농학자들은 바이러스를 이용해 콩밭에 있는 우단콩 애벌레 집단을 물리쳤습니다.

바이러스는 끔찍합니다. 게다가 치명적인 돌연변이 바이러스가 발생했다는 소식도 심심찮게 들립니다. 그렇지만 과학자들은 지금 우리 주변을 맴돌고 있는 바이러스를 물리침과 동시에 그것을 효율적으로 활용하는 방법을 찾아 열심히 노력하고 있습니다.

● 우리는 HIV와 같은 바이러스에 저항력이 있는 유전자를 만들 수 있을까요?
(269쪽에 있는 '유전공학'을 보세요.)

08

감각과 지각

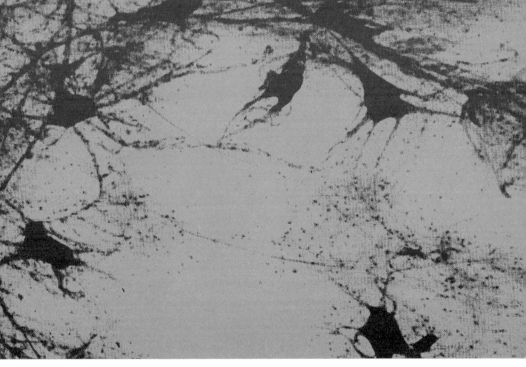

우리는 기본적으로 감각에 의존합니다. 인간의 뇌가 관계된 모든 학습, 기억, 창조력은 세계를 인지하는 감각 기관의 능력에 근거합니다. 또, 우리는 자신의 감각에만 충실할 뿐입니다. 인간은 자신이 본 빨간 코트를 다른 사람 역시 똑같은 색으로 보는지, 라디오에서 들은 노래가 다른 사람에게도 똑같이 들리는지 결코 알 수 없습니다. 똑같을 것이라고 생각할 뿐입니다.

우리는 주변 세계에 대한 정보를 끊임없이 받아들입니다. 그렇지만 자료를 단순히 받아 적는 기계처럼 정보를 그대로 기록하는 것은 아닙니다. 우리는 정보를 감각을 통해 받아들입니다. 말 그대로, 세계에 대한 '감을 잡습니다'. 눈, 귀, 코, 혀, 피부로 구성된 다섯 가지 감각 기관은 주변 세계에서 다양한 종류의 에너지를 받습니다. 감각 기관은 이 같은 에너지를 신경 자극으로 바꾸어 뇌로 전달하는데, 그러면 뇌는 그 자극을 해석해서 우리의 의식에 기록합니다. 심지어 가장 추상적인 정보, 예를 들어 과학 공식 같은 것도 뇌로 전달되려면 최소한 한 개 이상의 감각 기관을 거쳐야 합니다.

감각 기관들이 전달하는 신경 자극이 서로 비슷하다 해도, 뇌는 이들이 지나는 신경계의 경로와 방향으로 신경 자극을 각각 구별할 수 있습니다. 눈에서 오는 신경 자극은 빛 이외의 자극에도 영상을 떠올립니다. 그래서 눈에 충격을 받으면, 우스갯소리로 눈앞에 '별'들이 총총 나타나게 됩니다.

빛이 눈에 들어오면 각막과 수양액이 초점을 먼저 맞추고, 그 다음에는 렌즈가 예리하게 초점을 맞춥니다. 그러면 간상 세포와 원추 세포가 들어 있는 망막이 그 상을 신경 자극으로 옮깁니다. 원추 세포는 색을 구별하고, 희미한 빛 속에서 작동하는 간상 세포는 형태와 움직임을 봅니다. 일단 신경 자극이 뇌까지 전달되면 뇌는 외부 세계에 상응하는 영상을 구성합니다. 예를 들어, 우리가 어떤 건물이 작다고 뇌에서 지각할 때에는 실제로 그 크기가 작기 때문이기도 하지만, 거리가 멀기 때문일 수도 있다고 가정하는 것입니다. 이 같은 시(視)감각은 후천적으로 학습됩니다. 따라서 태어날 때부터 눈이 보이지 않았던 사람이 나중에 시력을 갖게 되면, 그 사람은 자신이 인식한 시각 정보를 해석하는 데 어려움을 겪게 됩니다.

소리의 세계가 풍부한 이유는 우리가 지각하는 음파의 진동수가 다양하기 때문입니다. 외이(外耳)가 음파를 고막까지 인도하면, 고막은 그에 반응해 진동을 일으킵니다. 그 진동은 내이(內耳)에 있는 세 개의 작은 뼈로 전달됩니다. 그러면 액체로 채워진 소용돌이, 즉 달팽이관이 진동을 신경 자극으로 바꿔 뇌로 전달합니다. 시각에서 그러하듯이, 뇌는 이 신경 자극을 종합적으로 해석합니다. 뇌의 손상으로 '청각 인지 불능증(auditory agnosia)'을 겪고 있는 사람은 신경 자극이 뇌까지 도달해도 그 소리가 뜻하는 것을 알지 못합니다. 또한 내이에는 액체가 든 세 개의 반고리관이 있어서 우리가 균형을 잡을 수 있도록 해 줍니다. 빙빙 돌다가 갑자기 멈출 때 현기증을 느끼는 이유는 반고리관에 있는 액체가 계속 돌고 있기 때문입니다.

혀와 코는 화학 물질에 반응합니다. 혀는 우리가 맛을 느끼는 기관입니다. 과학자들은 대개 맛을 단맛, 짠맛, 신맛, 쓴맛의 네 가지로 구분합니다. 맛을 느끼는 미뢰는 화학 물질을 감지한 다음, 신경 자극을 뇌로 전달합니다. 혀의 앞부분에 있는 신경은 온도와 접촉에 관한 정보를 뇌로 보냅니다. 뇌는 이 정보를 미뢰에서 온 정보와 결합합니다. 뜨거운 음식과 차가운 음식의 맛이 다른 이유는 바로 이 때문입니다.

코가 막혀서 고생할 때 음식을 먹어 보면 알 수 있듯이, 맛과 냄새를 구분하는 것은 어렵습니다. 후각은 미각보다 훨씬 민감합니다. 또, 냄새는 기억에도 중요합니다. 어떤 냄새가 확 풍겨 오는 자체로 어떤 장면 전체가 연상

되는 경우가 있을 정도니까요. 냄새를 담는 공간(냄새 수용기)은 콧마루 뒤쪽 약간 위에 있습니다. 냄새 수용기는 신경 자극을 뇌로 전달합니다. 인간의 후각이 개만큼 예민한 것은 아니지만, 그래도 매우 뛰어난 편입니다. 후각 기능이 아주 뛰어난 사람은 냄새를 1만 가지나 맡을 수 있습니다.

우리는 피부를 통해 통증과 온도, 그리고 가벼운 깃털로 간지럽히는 것부터 발로 밟고 지나가는 것까지 다양한 형태의 접촉 사이에 존재하는 미묘한 차이와 압력을 지각합니다. 촉각은 인체에 경고를 보내는 신호로 작용합니다. 손이 뜨거운 냄비에 닿으면 그 신호가 척수를 통해 뇌로 전달되고, 뇌는 그 정보를 곧장 팔 근육으로 보내 아주 유연하게 손을 끌어당기게 합니다. 뇌가 한순간만 관심을 보이는 감각도 있습니다. 피부에 닿는 옷에 대한 감각은 옷을 입은 후 단 몇 초 만에 의식에서 사라져 버립니다.

우리는 기본적으로 감각에 의존합니다. 인간의 뇌가 관계된 모든 학습, 기억, 창조력은 세계를 인지하는 감각 기관의 능력에 근거합니다. 또, 우리는 자신의 감각에만 충실할 뿐입니다. 인간은 자신이 본 빨간 코트를 다른 사람 역시 똑같은 색으로 보는지, 라디오에서 들은 노래가 다른 사람에게도 똑같이 들리는지 결코 알 수 없습니다. 똑같을 것이라고 생각할 뿐입니다.

● 색은 무엇이며, 우리는 그것을 어떻게 볼 수 있을까요?
  (236쪽에 있는 '색감'을 보세요.)

● 꿈에서는 실제로 빛의 파동이나 음파, 다른 감각의 변화가 일어나지 않지만, 우리는 꿈에서 보고, 듣고, 맛보는 것처럼 느낍니다. 이유가 무엇일까요?
  (279쪽에 있는 '수면과 꿈'을 보세요.)

● 뇌는 감각 기관의 신경 자극을 어떻게 생각으로 전환할까요?
  (99쪽에 있는 '두뇌의 화학'을 보세요.)

색감

우리는 주변에 있는 여러 가지 사물의 색깔을 당연하게 여기는 경향이 있습니다. 빨간색은 사과가 사과처럼 보이게 하는 특징의 일부이고, 노란색은 레몬이 레몬처럼 보이게 하는 특징의 일부입니다. 그렇지만 사과와 레몬의 특징이 전혀 변하지 않아도, 어두운 곳에서는 사과와 레몬이 모두 회색이나 검은색으로 보입니다. 사물이 색을 띠는 이유는 그 표면이 빛을 반사하기 때문이지만, 색깔은 빛의 물리적인 구조와 눈의 구조, 뇌의 기능, 심리적인 요소 등이 결합되어 나타납니다. 초록색 나뭇잎은 초록색을 제외한 빛의 파장을 모두 흡수하고, 초록색 파장의 빛만 반사합니다. 초록색 파장의 빛이 눈으로 들어오면, 눈과 뇌는 나뭇잎을 초록색으로 인식합니다. 초록색 파장의 빛이 없어도 초록색으로 보일 때도 가끔 있습니다. 노란색 파장과 파란색 파장이 동시에 우리 눈에 들어오면 초록색으로 보이기 때문입니다.

우리 눈은 자외선과 적외선 사이에 있는 가시광선만을 볼 수 있습니다. 가시광선은 빨간색, 주황색, 노란색, 초록색, 파란색, 남색, 보라색의 일곱 가지 기본색으로 나눕니다. 빨간색 파장이 가장 길고 보라색 파장이 가장 짧습니다. 물론 일곱 가지 색 사이에는 파장과 색이 다른 수많은 빛들이 있습니다. 색감이 뛰어난 사람은 색을 100가지 정도 볼 수 있습니다. 같은 빨간색이라도 채도가 낮으면 분홍색, 채도가 높으면 심홍색으로 보입니다. 또, 빛의 밝기도 색상에 영향을 줍니다.

눈에 들어온 빛은 각막과 수양액, 수정체, 그리고 유리액을 통과합니다. 이 모든 것은 빛을 굴절시켜서 상(像)이 망막에 맺히게 합니다. 망막에는 두 가지 형태의 광(光)수용기, 즉 간상 세포와 원추 세포로 이루어진 말초 신경이 있습니다. 간상 세포는 빛이 적은 곳에서 능력을 발휘하는데, 형태와 움직임만 볼 뿐 색을 보진 못합니다. 원추 세포는 색을 지각합니다. 상이 망막에 맺히면 간상 세포와 원추 세포가 전기 신호를 보내는데, 이 신호는 시신경을 따라 뇌의 시각 중추까지 전달되고, 그러면 상이 의식에 기록됩니다.

'부분 색맹'은 원추 세포에 빛을 감지하는 색소가 없거나 부족할 때 생기는데, 비교적 흔하게 나타납니다. 그렇지만 '완전 색맹'은 500만 명 중 한 명 정도로 매우 드뭅니다. 신경학자이자 작가인 색스(O. Sacks)에게는 65세의 환자가 있었는데, 미술가인 그 환자는 오토바이 사고로 뇌를 다쳐 색감을 잃었습니다. 그렇지만 대비와 형태를 보는 능력은 훨씬 정교해졌습니다. 그는 결국 검은색과 흰색으로만 그림을 그렸습니다. 또, 야행성이 되어 밤새도록 바깥을 어슬렁거리거나 밤새 열리는 파티에 참석했습니다. 밤에는 기막히게 좋아진 밤눈을 즐길 수 있을 뿐 아니라, 잃어버린 색의 세계를 안타까워할 필요도 없었습니다.

● 적외선과 자외선이란 무엇일까요?
(70쪽에 있는 '전자기 스펙트럼'을 보세요.)

● 시각은 여러 감각 중 하나일 뿐입니다. 다른 감각에는 어떤 것들이 있을까요?
(233쪽에 있는 '감각'을 보세요.)

● 우리가 고양이처럼 밤눈이 밝다면, 명확한 색감을 포기해야 하는 건 아닐까요?
(215쪽에 있는 '어둠 속에서 빛나는 눈'을 보세요.)

우리는 감각을 통해 주변을 살핍니다. 우리는 빛 속에서 운전을 하고, 지하철표를 넣으며, 텔레비전을 볼 수 있도록 눈을 발달시켰습니다. 그리고 옆집에 사는 사람이 거칠게 울려 대는 경적 소리를 들을 수 있는 귀와 저녁 식사가 다 되었다고 알려 주는 코도 발달시켰습니다. 동물들도 우리처럼 보고 듣고 냄새 맡을 수 있지만, 그들은 주변을 탐색하고 새끼들에게 먹이를 주고 적에게서 자신을 보호하는 데 유리하도록 자기 나름의 감각을 발달시켰습니다.

동물들의 시각은 천차만별입니다. 극단적으로 시력이 나쁜 동물은 두더지와 뒤쥐입니다. 이들의 눈은 명암을 제외하곤 사물을 거의 감지할 수 없습니다. 이에 비해 매나 올빼미 같은 육식성 새의 눈은 동물 중에서 가장 민감합니다.

세 종의 올빼미를 대상으로 한 실험에 따르면, 이들은 사람이 사물을 보는 데 필요한 것의 1/10~1/100밖에 안 되는 밝기에서 2m 정도 떨어진 곳에 있는 죽은 먹이를 볼 수 있었습니다. 그리고 매와 독수리는 인간에 비해 시각이 4~8배나 예리했습니다.

새의 머리에서 눈이 차지하는 비율은 큰 편입니다. 특히, 매와 올빼미는 인간보다 눈이 큽니다. 눈이 크면 자연히 시각 세포를 축적할 수 있는 영역이 더 넓어집니다. 망막 중앙의 약간 들어간 부분을 중심와라고 하는데, 여기에는 색깔과 명확한 상을 감지하는 원추 세포가 집중되어 있습니다. 그런데 매의 중심와에 있는 원추 세포는 밀도가 인간의 약 다섯 배에 이릅니다. 또, 매와 독수리에게는 이 중심와가 양쪽 눈에 각각 두 개씩(앞쪽을 바라보는 것과 옆쪽을 바라보는 것) 있습니다. 옆쪽을 바라보는 중심와는 넓은 시야를 제공하고, 앞쪽을 바라보는 중심와는 '양안 시야'를 제공합니다. 양안 시야에서는 약간 다른 각도에서 바라본 두 개의 상이 하나로 겹쳐지기 때문에 좀 더 정확하게 볼 수 있습니다. 양안 시야는 눈이 정면을 향하고 있는 동물들에게만 있습니다.

새의 눈은 거의 모두 평평하지만, 매는 공 모양, 올빼미는 관 모양으로 생겼습니다. 그런데 이 두 새 모두 주변을 잘 보지는 못합니다. 정면을 바라보는 매의 커다란 눈은 거의 움직이지 않고, 올빼미의 눈은 전혀 움직이지 않기 때문입니다. 이를 보완하는 장치로, 올빼미는 머리를 돌리는 능력이 뛰어납니다. 약 270°를 돌릴 수 있으니까요. 매는 여기에 더해 머리를 아래로 내려서 뒤편에 있는 대상물을 볼 수도 있습니다.

야행성 동물인 올빼미의 망막에는 적은 빛에 감응하는 간상 세포가 많습니다. 원추 세포는 세포마다 뇌로 신호를 전달하는 신경 세포가 한 개씩 있는 반면, 간상 세포는 작은 집단 몇 개를 형성하고, 각각의 집단에 신경 세포가 한 개씩 있습니다. 올빼미는 어둠 속에서 잘 보려고 신속하게 볼 수 있는 능력을 희생시킨 셈입니다. 그런데도 올빼미는 낮에 사냥할 수도 있습니다. 빛이 들어오는 홍채 안의 구멍, 즉 눈동자에 아주 커다란 틈새가 있기 때문입니다.

매와 올빼미를 포함한 모든 새들은 청각이 매우 정밀합니다. 그렇다 하더라도 육식성 새는 사냥을 할 때 거의 시각에 의존합니다. '독수리 같은 눈'

이나 '매처럼 날카로운 눈'이라는 말은 사실과 정확하게 들어맞는 표현인 셈입니다.

● 조류는 어떻게 진화했을까요?
(206쪽에 있는 '비늘에서 깃털로'를 보세요.)

● 고양이가 밤눈이 밝은 이유는 무엇일까요?
(215쪽에 있는 '어둠 속에서 빛나는 눈'을 보세요.)

● 올빼미는 희미한 빛에서도 볼 수 있습니다. 그렇다면 완전한 어둠 속에서 볼 수 있는 동물도 있을까요?
(247쪽에 있는 '돌고래의 음파 탐지'를 보세요.)

적외선 복사

　우리가 어떤 사물을 볼 때, 예를 들어 책이나 새를 볼 때 우리가 실제로 보는 것은 그 책이나 새가 반사한 빛이 만들어 낸 상입니다. 예외가 있기는 합니다만, 그것도 개똥벌레나 백열 전등, 태양처럼 스스로 빛을 내는 몇몇 물체들에 그칠 뿐입니다.

　빛이 우리 눈의 망막에 닿으면, 빛은 시신경을 따라 뇌로 전달되고, 그 때 비로소 뇌에서 책이나 새의 상이 만들어집니다. 과학자들이 말하는 빛은 전자기 스펙트럼 전체를 의미하지만, 우리 눈의 망막은 단지 전자기 스펙트럼의 극히 일부인 가시광선을 감지할 뿐입니다. 뱀 중에는 가시광선 바로 아래에 있는 복사, 즉 적외선을 눈으로 감지하는 종류도 있습니다. 만일 우리 눈이 가시광선 대신 적외선을 감지하게 된다면 이 세상은 어떤 모습으로 보일까요?

　적외선은 기본적으로 열입니다. 전기 오븐에서 발생하는 열과 패스트푸드점에서 음식을 데우는 열은 기본적으로 적외선입니다. 사실 지구에 있는 모든 물체는 적외선을 방출합니다.

　가시광선으로 이 세상을 볼 때는 앞에 어떤 물체가 막고 있으면 그 뒤에 있는 물체를 볼 수 없습니다. 가까운 곳에 있는 물체가 뒤에 있는 물체에서 나오는 가시광선을 막아 버리기 때문입니다. 그렇다면 '적외선 세계'에서는 어떤 일이 벌어질까요? '적외선 세계'에서는 뒤에 있는 물체가 앞에 있는 물체보다 열을 많이 발산하기만 한다면, 우리는 뒤에 있는 물체를 볼 수 있습니다. 여러분이 금방 옷을 입었다면, 그래서 체온이 옷의 온도보다 높다면 외부에서 여러분의 알몸을 볼 수 있습니다. 백화점에서 옷을 입어 볼 때 주의해야 하겠군요. 다른 손님들이 탈의실 칸막이 밖에서도 여러분의 알몸을 볼 수 있을 테니까요.

만일 우리 눈이 적외선을 감지할 수 있다면, 우리 눈은 가시광선의 빨간색 파장과 가장 가까이 있는 파장에 감응할 것입니다. 과학자들은 이 파장을 '근적외선 복사'라고 부릅니다. 그렇지만 근적외선 복사를 볼 수 있으려면 우리 눈은 지금보다 5배에서 10배 정도 더 커져야 합니다. 그렇게 되면 검안사나 안경사들이 무척 바빠질 것입니다. 그만큼 눈이 빨리 나빠질 테니까요. 우리 몸 속을 흐르는 피가 따뜻하기 때문에 인체와 비슷한 온도를 감지하는 건 어렵습니다 — 감지하려면 우리 눈에 단열재를 붙이거나 눈이 얼굴 앞으로 한참 튀어나와야 할 것입니다.

가시광선과 마찬가지로 적외선 역시 연속적인 파장 스펙트럼으로 이루어져 있습니다. 아마 각각의 파장은 서로 다른 '색'을 나타낼 것입니다. 그렇지만 각각의 색이 어떻게 보일지는 말할 수가 없습니다. 태어날 때부터 눈이 보이지 않는 사람에게 색감이 없듯이, 이미 알고 있는 색 복합체가 아닌 색을 상상할 수 없기 때문입니다.

우리는 적외선을 '볼' 수 없지만, 적외선을 탐지해 사진과 비슷한 상으로 만드는 도구는 가지고 있습니다. 기상 위성은 이 도구를 이용해서 높은 곳에 있는 구름과 지구의 온도 차이를 탐지합니다. 의료 종사자들은 이 도구를 이용해서 유방암을 진단합니다. 암세포는 대부분 주변 세포보다 더 따뜻하기 때문입니다. 다른 사람의 이마에 손을 얹고, "열이 있나 어디 한번 볼

까?" 하고 말할 때 우리는 이미 '본다'라는 단어를 자연스럽게 적외선에도 확대해서 사용하고 있는 것입니다.

● 전자기 스펙트럼에는 어떤 종류의 복사가 있을까요?
  (70쪽에 있는 '전자기 스펙트럼'을 보세요.)

● 가시광선보다 파장이 높은 쪽에는 무엇이 있을까요?
  (244쪽에 있는 '자외선 복사'를 보세요.)

자외선 복사

우리 주변에 항상 있으면서도 보이지 않고, 우리 기분을 좋게도 하지만 때에 따라서는 건강을 해치기도 하는 것은 무엇일까요? 바로 자외선입니다. 자외선 복사는 오랫동안 인체에 무해한 것으로 여겨져 왔지만(특히 일광욕을 즐기는 태양 숭배자들에게는), 지금은 자외선이 피부암을 일으킬 수 있다는 사실이 밝혀졌습니다. 가시광선의 스펙트럼은 빨간색에서 보라색까지입니다. 빨간색 아래에는 파장이 길고 에너지가 낮은 적외선이 있습니다. 보라색 위에는 파장이 짧고 에너지가 높은 자외선이 있습니다. 그래서 전자기 스펙트럼이 에너지 수준이 높은 곳으로 갈수록, 그 곳에 있는 복사는 그만큼 위험합니다.

과학자들은 자외선 복사를 파장과 에너지에 따라 근자외선, 원자외선, 극자외선으로 나눕니다. 오존층은 원자외선과 극자외선을 흡수해 근적외선만 지구에 도달하게 만들어 줍니다. 그런데 오존층이 점차 얇아져서 지구에 도달하는 자외선 복사 수준이 위험할 정도로 증가하고 있다는 보고가 잇따르고 있습니다.

우리는 자외선을 볼 수 없지만, 나비와 꿀벌 등을 비롯한 여러 곤충들은 자외선을 감지합니다. 자외선 감지 필름으로 사진을 찍어 보면, 우리는 벌의 세계를 들여다볼 수 있습니다. 즉, 우리 눈에는 같은 색으로 보이는 꽃이 벌의 눈에는 꿀이 있는 중심에 가까울수록 더욱 검게 보인다는 것을 알 수 있습니다. 가시광선에서는 한 가지 색깔로 보이는 표면이 자외선에서는 다양한 형태로 보입니다. 유행의 첨단을 걷는 화려한 옷도 자외선 감지 필름으로 찍은 사진에서는 밝은 격자 무늬 천으로 만든 평범한 옷이 될 수 있습니다.

자외선 복사는 여러 분야에서 실용적으로 이용됩니다. 형광등도 자외선 복사를 이용합니다. 양쪽 끝에 전극을 단 유리관 내부에 아르곤 기체와 수은 기체의 혼합물을 채웁니다. 그리고 유리관 안쪽에 형광 물질을 입힙니다. 전기가 기체를 통과하면 수은이 자외선을 방출합니다. 그러면 형광 물질이 자외선을 흡수해서 그것을 가시광선으로 전환시킨 다음 외부로 방출합니다.

피부병 치료에 사용하는 태양등은 기본적으로 자외선등입니다. 태양등은 빛을 내지 않고도 작동할 수 있지만, 제조업자들은 열을 발산하는 적외선과 가시광선을 첨가시켜서 햇빛과 같은 효과를 냅니다.

대부분 열이 빛을 방출시키므로 탄생한 지 얼마 안 되는 별의 빛은 자외선 범주 안에 있습니다. 천문학자들은 자외선 복사의 양을 측정해서 행성, 별, 은하, 성간 가스, 먼지에 관한 중요한 정보를 얻고, 별과 은하의 진화 단계를 파악할 수 있습니다.

자외선 복사를 응용한 재미있는 사례 중에는 '어둠 속에서 빛나는' 물질, 즉 형광 물질이 있습니다. 형광 물질은 기본적으로 하나의 파장을 흡수해서 그것을 다른 파장으로 방출합니다. 극장 중에는 '검은 전등'을 사용하는 곳이 있는데, 이 전등이 바로 자외선등입니다. 이 등을 사용하면 조명을 비추지 않아도 무대 위에 있는 물질들이 갖가지 이상한 색을 띠게 됩니다. 만일 여러분이 깜깜한 방에서 자외선등을 켜 놓으면, 형광 물질을 담고 있는 물질들이 빛날 것입니다. 여러분이 입고 있는 옷도 마찬가지입니다. 하얀 옷을 '진짜 하얗게' 보이도록 만들려고 세탁 세제 안에 형광 물질을 넣는 경우가 많거든요.

● 얇아진 오존층 때문에 갑자기 증가한 자외선 복사에 지구의 생명체들이 적응해 진화할 수 있을까요?
(171쪽에 있는 '진화는 점진적인가, 급작스러운가?'를 보세요.)

집 안에서는 불빛이 없어도 슬리퍼만 신은 채 이리저리 어슬렁거릴 수 있듯이, 우리는 아주 익숙한 환경에서만 어둠 속에서 편안하게 돌아다닐 수 있습니다. 익숙하지 않은 곳이라면 어둠 속에서 엉거주춤한 자세로 멈칫거리면서 걸을 수밖에 없습니다. 커다란 건물 안에 있다가 갑자기 정전이 되어 어둠 속에 갇힌 사람은 공포뿐만 아니라 어둠과도 싸워야 합니다. 그런데 인간과 달리, 눈으로 보지 않고도 주위를 살피고, 먹이를 찾고, 안전을 유지할 수 있는 동물들이 있습니다. 이런 동물 가운데에는 박쥐(날 수 있는 유일한 포유류)와 돌고래(돌고래도 역시 포유류입니다)가 있습니다.

돌고래가 살고 있는 바닷속은 아주 어둡고 침침합니다. 그래서 돌고래는 주변을 '보려고' 동물 수중 음파 탐지라는 '반사를 이용한 위치 확인법'을 사용합니다. 돌고래는 빠르고 감도 높은 '짤깍' 소리를 방출해 그 소리가 물체에 부딪쳐 되돌아오는 반사음을 듣습니다. 어떤 물체에 접근할수록 짤깍거리는 소리도 더 빨라집니다. 그리고 일종의 탐지 동작으로 머리를 앞뒤로 약간씩 흔들기도 합니다. 그렇게 해서 돌고래는 되돌아오는 소리를 통해 거리와 형태를 아주 정확하게 파악합니다. 장애물이 없는 바닷속에서는 크기 2.5cm의 물체를 60m 이상 떨어진 거리에서 감지할 수 있을 정도니까요.

과학자들은 아직까지 돌고래가 짤깍 소리를 어떻게 만들어 내는지 확실히 모릅니다. 한쪽 콧구멍에서 다른 쪽 콧구멍으로 바람을 보내 만들어 낼 수도 있고, 머리 꼭대기 근처에 있는 지방 세포와 관련이 있을 수도 있습니다. 그런데 이상한 것은 돌고래의 귀는 소리에 그다지 민감하지 않은 데 비해 오히려 턱의 아랫부분이 훨씬 민감하게 반응한다는 사실입니다.

돌고래의 음파 탐지 기술은 다른 감각 기능을 희생시킨 대가가 아닙니다. 과학자들은 이 기술이 돌고래의 시각 기술과 오히려 밀접한 협력 관계에 있다고 생각합니다. 하와이에 있는 연구원들은 소리가 반사되지 않는 상자 속에 추상적인 물체를 담아 돌고래가 있는 물탱크 속에 넣는 실험을 했습니다. 돌고래는 음파 탐지를 해서 단 몇 초 만에 추상적인 물체의 모양을 파악했습니다. 이어서, 연구원들은 상자 안에 있는 것과 모양이 비슷한 물체와 그렇지 않은 물체를 물탱크 위에 매달았습니다. 그러자 돌고래는 즉시 자신이 탐지한 모양과 비슷한 물체를 정확하게 건드렸습니다. 이 실험을 여러 번 되풀이했지만, 결과는 항상 같았습니다. 거꾸로 했을 때에도 마찬가지였습니다. 물체를 보여 준 다음에 뚜껑을 닫은 상자 두 개를 물탱크 안에 넣었을 때에도 그 물건이 담긴 상자를 정확하게 찾아 냈습니다.

인간이 돌고래의 음파 탐지법을 배울 수 있을까요? 대답은 "예."입니다. 돌고래만큼 정확하지는 않지만, 대부분의 시각 장애인들도 이 방법을 쓰고 있습니다. 그들은 발자국 소리를 내거나 손가락으로 '짤깍' 소리를 낸 다음, 반사음을 듣고 약 2m 앞에 있는 물체를 탐지할 수 있습니다. 또한 어떤 현상을 얼굴에 있는 감각으로 느낄 수도 있는데, 이것을 '안면 시각'이라고 부릅니다. 물론 이런 음파 탐지는 시각 장애인들이 자신의 주위를 살피고 알아 내는 여러 가지 방법 가운데 하나에 지나지 않습니다.

음파 탐지 능력에 대해 아직까지 많은 부분이 밝혀진 것은 아니지만, 과학자들은 인간과 돌고래의 귀와 뇌 구조에 나타나는 중요한 차이가 돌고래의 아주 뛰어난 음파 탐지 실력과 관계된다고 생각합니다. 그러므로 한밤중에 부엌을 향해 더듬더듬 걸어갈 때, 손가락을 짤깍거려 남은 파이 조각을 찾을 수 있으리라는 기대는 애시당초 하지 않는 게 좋습니다.

● 돌고래가 추상적인 모양을 인식할 수 있다면, 언어도 사용할 수 있을까요?
(299쪽에 있는 '돌고래와 언어'를 보세요.)

● 음파 탐지 외에도 시각 장애인들이 주변에 있는 사물을 '보는' 또다른 방법이 있을까요?
(258쪽에 있는 '눈 먼 시력'을 보세요.)

● 몇몇 동물은 음파 탐지를 해서 길을 찾습니다. 동물들이 길을 잃지 않으려고 개발한 또다른 방법은 무엇일까요?
(250쪽에 있는 '생체 나침반'을 보세요.)

생체 나침반

철따라 거주지를 옮기는 동물들은 대부분 해마다 아주 먼 거리를, 어떤 때에는 수백 km에서 수천 km까지 이동합니다. 이 때, 동물들이 다시 돌아오는 길을 찾는 데 이용하는 유일한 수단은 자기(磁氣) 수용기라고 하는 '생체 나침반'입니다. 동물들은 대부분 '생체 태양 나침반'을 갖고 있는데, 이것은 동물들이 태양의 위치를 보고 방향을 파악할 수 있게 해 줍니다. 반면에, 새들은 주로 밤에 이동하기 때문에 별 나침반을 갖고 있습니다. 생체 시계를 필요로 하지 않는 이 나침반은 오직 별의 형태를 보고 방향을 판단합니다. 심지어 이 나침반은 별자리에도 작용합니다. 철따라 이주하는 동물들은 풍향과 풍경, 향기 등 환경적인 특징을 이용하기도 합니다.

자기 감각이 있는 동물들 대부분이 가지고 있는 이 생체 나침반은 머리 부분 어딘가에 있는 강력한 자성 광물(자철광)로 구성된 것 같습니다. 잘 알려진 예로는 비둘기, 도롱뇽, 곤충의 일부, 물고기, 설치류 등을 들 수 있습니다. 심지어 수생 세균 중에는 헤엄을 칠 때 영향을 주는 것으로 보이는 아주 적은 양의 자철광을 지니고 있는 것도 있습니다 — 세균의 머리 부분이 어디인지는 묻지 마세요. 그렇지만 생체 나침반의 반응 범위는 아주 좁습니다. 즉, 생체 나침반은 지구의 자기장보다 훨씬 약하거나 강력한 자기장은 감지하지 못하는 것 같습니다. 최근의 연구에 따르면, 최소한 몇몇 동물이 가지고 있는 나침반 방향 인식 능력은 지구 자기장에서 정보를 뽑아 내는 광수용기와 관련되어 있을 가능성이 있습니다.

생체 나침반이라는 개념이 많은 호기심을 자아내긴 하지만, 이것은 동물들이 보금자리를 찾아가는 신비로운 방법 중 절반에 지나지 않습니다. 이것은 숲에서 길을 잃은 사람이 나침반을 사용해서 어디가 북쪽인지 파악한다고 해서 모든 문제가 해결되지 않은 것과 같습니다. 어느 방향으로 가야 하는지를 알아야 하기 때문입니다. 쉽게 말해서, 나아갈 방향을 판단하려면 생체 지도가 있어야 합니다. 과학자들은 생체 지도를 '목적지를 직접적으로 나타내는 감각적 특징(냄새 등) 없이도 익숙하지 않은 지역에서 길을 찾아내는 능력'으로 정의합니다. 과학자들은 동물이 자기 발자국을 되짚어 목적지를 찾는 것은 진정한 의미의 생체 지도가 아니라고 생각합니다. 과학자들이 연구한 수많은 동물 가운데 가장 뛰어난 항해사는 조류입니다. 그렇지만 새들이 보금자리를 찾아가는 방법은 아직까지도 밝혀지지 않았습니다.

자기 수용성을 연구하는 사람들은 연구 대상(비둘기 또는 인간)을 먼 곳으로 데려가서 놓아 주는 실험을 합니다. 그런데 한 실험에서 비둘기들에게 인공 자기장을 달았습니다. 그러고는 인공 자기장 때문에 방향을 찾지 못할 것이라고 예상했는데, 놀랍게도 비둘기들은 훨씬 정확하게 방향을 찾았습니다. 이것은 인공 자기장이 비둘기의 생체 나침반에 있는 자성 입자와 조화를 이루었기 때문일 수도 있습니다. 그러나 사람 머리에 자기띠를 둘러서 실시한 실험은 아직 결론이 나지 않았습니다. 그러니 정확한 결론이 나기 전까지는 주머니 속에 나침반을 넣고 다니는 게 좋겠지요.

● 동물들에게도 시간 판단 능력이 있을까요?
(276쪽에 있는 '리듬을 가져야 한다: 생물의 시간'을 보세요.)

누구나 아픈 것을 싫어하겠지만 통증은 유익합니다. 통증은 우리에게 불평거리를 제공하는 한편, 경계 시스템으로 작용해 몸에 이상이 생겼으니 조심하라고 주의를 줍니다. 감각의 상실, 그래서 부수적으로 생기는 통증 불감증은 위험할 수 있습니다. 당뇨병을 앓고 있는 사람의 발에 가끔 염증이 생기는 이유는 신경이 손상되어 통증을 느끼는 능력이 떨어진 나머지, 물집이나 베인 상처를 모르고 넘어가기 때문입니다. 이와 정반대의 문제를 일으키는 신경 결함도 있습니다. 수족을 절단한 사람이 예전에 수족이 있던 자리에서 통증을 느끼는 것입니다.

시각과 청각처럼, 통증 역시 수용 세포에서 나와 신경계를 거쳐서 뇌까지 전달되는 감각입니다. 시각과 청각의 경우, 뇌는 기본적으로 외부 자극에서 받은 정보를 기록합니다. 반면에 통증의 경우, 뇌는 통증의 원인과 관련된 정보를 기록한 다음, 강한 불쾌감을 나타냅니다. 통증의 감각과 내성이 심리적인 요인(기억, 기대, 불안 등)과 아주 밀접한 관계를 갖기 때문에 문제가 간단하지는 않습니다.

통증과 온도에 관한 신호를 전달하는 통로는 아직 다른 감각 경로만큼 명확하게 밝혀지지 않았습니다. 통증의 감각은 말초 신경에서 입수됩니다. 그런 다음, 신경 섬유를 따라 척수까지 전달됩니다. A-델타 섬유는 갑작스럽게 생긴 상처에 수반되는 빠르고 강한 통증에 관한 신호를 전달합니다. 그리고 C 섬유는 둔감하고 끈질긴 통증에 관한 신호를 전달합니다. 각각의 신호는 척수를 통해 전달되는 도중에 접촉이나 압력 같은 다른 자극에 영향을 받습니다. 아픈 곳을 문지르면 덜 아픈 이유는 바로 이 때문입니다. 그리고 척수를 거슬러 올라가던 각각의 신호는 뇌에서 내려오는 다른 신호들에 영향을 받기도 합니다.

사람이 어떤 일에 몰두하고 있다면, 통증의 신호가 전달되지 않을 수도 있습니다. 경기 도중 운동 선수가 다쳤을 때 통증에 연연하지 않고 경기를 계속하는 모습에서 이러한 사실을 알 수 있습니다.

각각의 통증 신호는 척수에서 두 개의 경로를 따라 뇌로 전달됩니다. 중심 경로는 뇌의 시상하부로 나아가는데, 이 곳에서 통증은 대뇌 피질의 다른 부분으로 퍼져 나갑니다. 다른 경로는 동기나 행동과 연관된 뇌의 부분으로 신호를 보냅니다. 과학자들은 마취제가 이 경로에 영향을 줄 수도 있다고 생각하는데, 이유는 마취제를 사용한 환자가 계속 통증을 느끼긴 하지만 그 정도가 줄어들기 때문입니다. 그리고 뇌 자체도 통증을 줄이는 효과가 있는 엔돌핀을 생산합니다. 엔돌핀은 뇌에서 척수 아래까지 이동하는데, 통증을 완화하는 데 도움이 됩니다. 몇몇 실험에서, 연구원들은 환자들에게 가짜 약을 준 다음, 그 약을 먹으면 통증이 없어질 것이라고 말했습니다. 그랬더니 실제로 통증이 줄었습니다. 그리고 검사를 해 보았더니 환자들의 혈액 속에는 평소보다 많은 엔돌핀이 들어 있었습니다. 가짜 약이 진짜 '효과'가 있었던 셈이지요!

두통이나 요통같이 원인을 밝힐 수 없는 만성적인 통증으로 괴로워하는 사람들이 아주 많습니다. 최근 몇 년 사이에 의료 전문가들은 통증 의학분야를 전문화시키기 시작했습니다. 이들의 치료에는 생체 자기 제어, 최면,

명상 등과 같은 기법이 포함되어 있습니다. 언젠가는 우리도 마음만 먹으면 간단하게 엔돌핀을 분비하는 날이 올지도 모릅니다.

● 뇌는 신경에서 올려보낸 신호를 어떻게 처리할까요?
(99쪽에 있는 '두뇌의 화학'을 보세요.)

● 우리가 통증 제어법을 배울 수 있다면, 그 밖에 다른 생체 과정도 제어할 수 있을까요?
(282쪽에 있는 '호흡 조절'을 보세요.)

우리는 몸에 두 팔과 두 다리가 달려 있다는 사실을 너무 당연하게 받아들입니다. 이처럼 우리가 무의식적으로 받아들이는 지식을 '암묵적 지식'이라 부르고, 우리 몸의 공간적인 특질과 상태에 관해 우리에게 알려 주는 암묵적 지식이 전제된 인체를 '인체 도식'이라고 부릅니다. 그리고 인체 도식이 부정확한 사람은 육체적으로 더 이상 존재하지 않는 팔다리의 육체적 감각과 일상적으로 싸워야 합니다. 반면에 아주 드물지만, 자신의 팔다리 가운데 하나가 없어진 듯한 감각에 시달리는 경우도 있습니다. 후자의 경우에는 다리 하나를 이불 밖으로 끄집어 내도 그게 자기 발이라는 것을 모를 수 있습니다. 이 두 가지 상태는 신체에 관해, 그리고 신체가 있는 곳에 관해 뇌가 공급하는 정보와 관계가 있습니다.

뇌는 척추의 연장입니다. 극도로 복잡해진 연장이라고 할 수 있지요. 수용기라 부르는 세포들은 외부 세계와 인체 자체의 상태에 관해 뇌로 끊임없이 메시지를 전달합니다. 외수용기는 눈이나 귀 같은 감각 기관과 피부에 있는 신경 섬유를 통해 외부 세계의 정보를 받습니다. 내수용기는 방광 같은 기관과 다양한 근육, 힘줄, 관절 등에 있는 신경 섬유를 통해 인체 자체에 관한 정보를 받습니다. 이 밖에도 따뜻함이나 차가움을 전하는 온도 수용기, 냄새나 맛 같은 감각을 전하는 화학 수용기 등이 있습니다.

신경 기관의 단위 신경 세포를 뉴런이라고 합니다. 뉴런은 메시지를 신경 자극의 형태로 하나의 세포에서 다른 세포로 전달하는 역할을 합니다. 뉴런이 전달하는 신경 자극의 경로에는 인체의 외부에서 척추와 뇌로 가는 길과 이와는 반대로 뇌와 척수에서 근육과 분비선으로 가는 길이 있습니다. 뉴런과 뉴런의 사이에는 작은 틈이 있는데, 이를 시냅스(synapse)라고 합니다. 따라서 뉴런에서 다른 뉴런으로 전달되는 자극은 그 사이에 있는 시냅스를 건너뛰어야 합니다. 과학자들은 이것을 '뉴런의 발화(firing of neurons)'라고 부릅니다. 유령 감각 현상이 일어나는 이유가 바로 뉴런의 발화에서 혼동이 일어나기 때문이라는 사실이 최근에 밝혀졌습니다.

유령 감각 현상은 태어날 때부터 팔이나 다리가 없는 사람들에게 일어날 수도 있지만, 주로 절단 수술을 받은 사람들에게 발생합니다. 절단 수술을 받은 사람들은 절단된 사지가 몸에 붙어 있는 것 같은 느낌을 경험하곤 합니다. 없는 발로 걸음을 떼거나 없는 팔을 뻗어서 문을 잡으려는 충동을 강하게 느낄 때도 있습니다. 어떤 때에는 이상한 자세로 묶여 있거나, 좁은 공간을 지나칠 때 없는 팔이 부딪힐까 봐 움찔하는 형태로 유령 감각을 느낄 때도 있습니다. 잠을 잘 때 편안하게 누우려는 형태로 경험할 때도 있고요.

유령 감각은 온도 변화나 압박, 가려움(사지가 있던 곳을 긁어 주면 가려움이 사라지는 경우도 있습니다) 등을 포함한 다양한 감각을 느낄 수 있습니다. 불행하게도 유령 감각을 느끼는 사람의 70% 이상이 통증으로 괴로워하는데, 개중에는 심각한 경우도 있습니다. 그러면 의사들은 절단 부위 끝에 있는 신경 세포를 잘라 내서 뇌로 신호를 보내지 못하게 만들곤 합니다. 그리고 절단 부위에서 신호를 전달받는 뇌 부분을 제거하거나 척수 자체에 있는 신경을 잘라 내기도 합니다. 이 같은 기술이 유령 감각 통증을 해결해 주는 것은 사실이지만, 그것은 일시적일 뿐입니다. 통증은 대부분 다시 살아납니다. 어떤 경우에는 몇 년이 지난 다음에 통증이 재발하기도 합니다.

유명한 통증 연구자인 멜자크(R. Melzack)는 뇌에 뉴런 네트워크가 있으며, 이 네트워크는 신체가 온전하며 자신의 것이라는 사실을 신체에 알려주는 일정한 유형의 자극을 내보낸다고 주장합니다. 그는 이 유형을 '신경 징후'라고 불렀습니다. 신경 징후는 매우 복잡하며, 뇌의 영역 일부가 이에 관여합니다. 팔다리가 없을 때 신경 징후가 작용하면, 그 사람은 유령 감각을 경험하게 됩니다. 멜자크는 팔다리 없이 태어난 사람도 때로 유령 감각을 경험한다는 사실이야말로 신경 징후가 뇌 속에 있다는 것을 보여 주는 증거라고 주장합니다. 이러한 주장이 사실이라면, 뇌가 인체의 수용기에서 보내 오는 메시지를 받을 뿐만 아니라, 인체의 구성 부분들에 대한 메시지를 적극적으로 보내기도 하는 것입니다. 따라서 이 주장은 우리 자신의 정체성에 대한 여러 가지 의문을 불러일으킵니다. 만일 한 인간의 신경 징후와 육체적인 실제가 일치하지 않는다면, 어느 쪽이 '진짜' 그 사람일까요?

● 과학자들은 인간의 팔다리를 새로 자라게 하는 방법을 결국에는 고안해 낼 수 있을까요?
(217쪽에 있는 '불가사리의 재생'을 보세요.)

● 뇌 자체도 신경과 똑같은 방식으로 기능할까요?
(99쪽에 있는 '두뇌의 화학'을 보세요.)

눈 먼 시력

우리는 가끔 "내 눈으로 봐야 믿겠다."는 말을 합니다. 그렇지만 뇌 손상 때문에 눈이 먼 사람들은 "내 눈으로 보지 않아도 믿겠다."고 말할 수밖에 없습니다. 이 사람들에게는 과학자들이 말하는 '눈 먼 시력(blindsight)'이 존재하는데, 이들은 무의식적으로 일정한 영상 정보를 지각합니다.

눈 먼 시력은 영국의 심리학자 웨이스크랜츠(L. Weiskrantz)가 발견했습니다. 그와, 또다른 과학자들은 자신들의 연구 대상에게 던지던 질문을 바꾸고 나서야 비로소 눈 먼 시력을 알게 되었습니다. 그들은 이미 동물 실험을 통해 시각 피질(visual cortex : 눈에서 보내는 신호를 받는 뇌의 한 부분)이 제거된 동물도 사물의 형태나 구조의 차이 등을 구별할 수 있음을 알고 있었습니다. 그렇지만 사람도 그렇게 반응하는지는 알지 못했습니다. 시각 피질이 손상된 사람을 대상으로 한 연구에서는 "이 물체를 볼 수 있습니까?" 또는 "이 물체가 어디에 있는지 알겠습니까?"와 같은 질문에서 그치곤 했기 때문입니다. 따라서 물체를 볼 수 없는 사람으로서는 "아닙니다."라고 대답할 수밖에 없었습니다. 마침내 이들은 동물을 연구할 때 사용했던 '강제적 선택 방법'을 도입했습니다. 이것은 사람에게 물체가 어디에 있느냐고 묻는 대신, 그 물체가 A와 B 가운데 어디에 있는지를 묻는 방법이었습니다. 그러면 뇌의 손상 때문에 물체를 의식적으로 볼 수 없는 사람은 A 또는 B에 대해 추측할 것입니다(또는, 자신이 추측하고 있다고 생각합니다). 따라서 눈 먼 시력을 가진 사람은 사물의 위치를 항상 정확하게 추측해 낼 것입니다. 그 사람은 심지어 빛이 수직으로 비추는지 수평으로 비추는지, 또는 물체가 사각형인지 삼각형인지도 파악할 수 있을 것입니다.

눈 먼 시력이 발견되기 전까지만 해도, 과학자들은 망막에 있는 시신경의 신경 섬유가 모두 시각 피질로 간다고 생각했습니다. 그렇지만 정말 그렇다면 눈 먼 시력이라는 현상을 설명할 수 없습니다. 그러던 참에 시신경의 신경 섬유 가운데 15%가 시각 피질 이외의 뇌 영역으로 간다는 사실이 밝혀졌습니다. 시각 피질에 손상을 입은 사람 가운데 눈 먼 시력을 가지고 있지 않은 사람이 더 많은 이유는 뇌 조직과 관련이 있습니다. 대뇌 피질 가운데 상당 부분이 시각 피질과 너무 가까이 있어서 시각 피질이 손상될 때 함께 손상되었을 가능성이 크기 때문입니다.

공교롭게도 비정상 상태나 이상 상태에 대한 연구가 정상 상태에 대한 이해를 넓혀 주는 경우가 많습니다(음식 맛이 나쁜 이유를 파악하면 맛있게 만드는 데 도움이 되는 것처럼). 이와 마찬가지로, 과학자들은 눈 먼 시력을 연구하면서 뇌의 복잡한 구조를 좀 더 구체적으로 파악하게 되었습니다. 눈 먼 시력에 대한 연구는 과학자들이 소리, 촉각, 언어 같은 유형의 정보가 무의식적으로 처리된다는 사실을 파악하는 데 도움을 주어 정보가 인간 의식에 도달하는 과정과 이유를 파악할 수 있도록 해 주었습니다. 바로 이 점 때문에 철학자들도 논쟁에 끼어들었습니다. 우리가 알고 있는 것을 어떻게 알 수 있느냐 하는 문제야말로 인생에 있어서 커다란 수수께끼이기 때문입니다.

● 뇌는 시신경에서 받은 신호를 어떻게 처리할까요?
 (99쪽에 있는 '두뇌의 화학'을 보세요.)

09

인간의 몸

알파벳 네 자만 사용해 세균에서 인간에 이르는 모든 생물체를 구성할 계획을 세우는 상상을 해 봅시다. 이것이 이 세상의 생명체가 구성된 원리라면 어떨까요? 디옥시리보핵산(DNA) 가닥으로 배열된 우리의 유전 암호 전체는 알파벳 네 자의 결합에 기초하고 있습니다. 유전 암호는 모든 생명체에서 똑같은 형태로 나타납니다. 이것은 모든 생명체의 기원이 동일하다는 유력한 증거입니다. 우리 인간은 가벼운 동물 친척과 DNA의 상당 부분을 공유하고 있습니다.

DNA : 유전 암호

　알파벳 네 자만 사용해 세균에서 인간에 이르는 모든 생물체를 구성할 계획을 세우는 상상을 해 봅시다. 이것이 이 세상의 생물체가 구성된 원리라면 어떨까요? 디옥시리보핵산(DNA) 가닥으로 배열된 우리의 유전 암호 전체는 알파벳 네 자의 결합에 기초하고 있습니다. 유전 암호는 모든 생명체에서 똑같은 형태로 나타납니다. 이것은 모든 생명체의 기원이 동일하다는 유력한 증거입니다. 우리 인간은 가까운 동물 친척과 DNA의 상당 부분을 공유하고 있습니다. 유인원의 유전자 지도는 인간과 거의 같습니다.

　살아 있는 모든 세포의 핵은 '염색체'라는 실같이 생긴 구조를 포함하고 있습니다. 각각의 종은 자신만의 고유한 염색체 수를 갖습니다. 인간은 23쌍, 즉 46개의 염색체를 가지고 있지요. 염색체는 DNA 분자로 이루어지는데, 이 분자는 굉장히 기다란 중합체(각 단위가 반복되는 커다란 분자)로서, 이것이 꼬여서 DNA의 그 유명한 '이중 나선 구조'를 형성합니다. 인간 염색체 한 세트에 들어 있는 DNA를 풀어 곧게 늘인다면, 약 2m나 됩니다. 그리고 DNA 조각에는 유전자가 있는데, 인간 세포 한 개마다 약 10만 개의 유전자가 들어 있습니다. 이 유전자들은 각각 암호로 된 정보를 담고 있습니다. 이 시스템은 모든 유기체가 똑같은 암호를 사용한다는 점에서 믿을 수 없을 정도로 간단하고, 암호로 된 유기체와 암호의 지시 사항이 전달되는 경로가 다양하다는 점에서 믿을 수 없을 정도로 복잡합니다.

DNA를 나타낼 때 사용하는 알파벳의 네 자는 염기의 이름에 근거하는데, 아데닌(A), 구아닌(G), 시토신(C), 티민(T) 등이 바로 그것입니다. 이 '문자들'을 포함하는 분자를 뉴클레오티드(핵산의 기본 단위)라고 부릅니다. 각각의 뉴클레오티드는 인산과 당, 그리고 네 개의 염기 가운데 하나로 이루어집니다. 만일 이중 나선 구조를 나선 모양의 사다리로 가정한다면, 인산과 당은 사다리의 양쪽 기둥을 이루고, 염기는 그 중간에서 만나는데, 염기한 쌍이 사다리 한 단계를 형성합니다. 염기는 A와 T 또는 G와 C끼리만 서로 결합해 한 쌍을 이룰 수 있습니다. 그래서 AT, TA, GC, CG 등 네 가지 결합 형태를 만듭니다. 이처럼 결합 형태가 간단명료하기 때문에 DNA는 세포 분열을 하는 동안 쉽게 복제될 수 있습니다. DNA의 두 가닥(사다리의 양쪽)이 분리되고 나서, 떨어진 각각의 염기가 다시 세포핵 속에 있는 뉴클레오티드 사이에서 자신과 맞는 짝을 찾는 형태로 복제되는 것입니다.

우리 몸은 단백질로 구성되어 있기 때문에, 유전 암호는 사실 단백질 합성을 위한 암호라고 할 수 있습니다. 역시 중합체인 단백질은 20개의 서로 다른 아미노산으로 이루어집니다. 그래서 일련의 아미노산이 심장에서 신장, 그리고 눈동자에 이르는 모든 조직의 특성을 결정합니다. DNA는 단백질 합성 명령을 수행하는 데 도움을 주는 일종의 협력자를 가지고 있습니다. 이 협력자가 바로 리보핵산(RNA)입니다. RNA는 똑같은 4개의 염기 한 가닥으로 구성됩니다. 먼저 DNA 한 가닥이 메신저 RNA(mRNA) 한 가닥에 암호를 전달합니다. 그러면 mRNA는 리보솜으로 갑니다. 리보솜은 단백질이 합성되는 현장입니다. 이 곳에서 RNA의 또다른 형태인 트랜스 RNA(tRNA)가 암호가 동일한 파트너 mRNA에 달라붙습니다. tRNA 분자의 떨어진 끝은 20개의 아미노산 가운데 하나를 운반합니다. tRNA 분자가 mRNA를 따라 늘어서게 되면, 거기에 붙어 있는 아미노산이 희망하는 단백질을 합성하려고 적절한 순서로 늘어섭니다. 바이러스는 DNA를 갖고 있지 않은 유일한 생명체로, RNA 한 가닥으로 자신의 유전 암호를 전달합니다.

분자 생물학자들이 중요시하는 이론 가운데 하나는 중심 원리(Central Dogma : 유전 정보의 흐름을 나타내는 분자 생물학의 원리)입니다. 그러나 윗슨(J. Watson)과 함께 DNA의 구조를 발견한 크릭(F. Crick)은 이 표현을 처음 사용할 때, 사실 '원리'가 무엇을 의미하는지 모르고 있었다고 합니다. 어쨌든 중심 원리에 따르면, 유전 암호에 들어 있는 정보는 오직 한쪽 방향으로만 갑니다. 이 말은 DNA에서 RNA로, 그리고 RNA에서 단백질로 갈 수는 있지만, 반대 방향으로는 절대 갈 수 없다는 뜻입니다. 나중에, 과학자들은 유일한 예외로 바이러스의 RNA에서 나온 정보는 바이러스 숙주의 DNA로 전달될 수 있음을 발견했습니다(바이러스는 바로 이런 방식으로 비열하게 활동합니다).

사람의 DNA를 독특하게 만드는 여러 가지 특성은 과학자들이 '유전자 지문'이라고 부를 만큼 독특하기 때문에 법원에서는 DNA 표본을 친자 확인의 증거로 받아들이고 있습니다. 그렇지만 어떤 모임에 참석했을 때, 동질감이 느껴지지 않는다면 모든 인간의 DNA가 99.9% 동일하다는 사실을 떠올리면 도움이 될 것입니다.

● DNA가 각각의 인체 기관을 '요리'할 만큼 복잡한 정보를 담을 수 있다면, DNA를 컴퓨터 개발에 사용할 방법도 있을까요?
(308쪽에 있는 'DNA 컴퓨터'를 보세요.)

● 각각의 유전자에 나타나는 차이를 우리는 어떻게 파악할 수 있을까요?
(266쪽에 있는 '인간 게놈 프로젝트'를 보세요.)

인간 게놈 프로젝트

1990년, 과학자들은 '성배'라고 불리는 야심찬 프로젝트에 착수했습니다. 바로 '인간 게놈 프로젝트(The Human Genome Project)'입니다(게놈이란, 하나의 완벽한 염색체 세트를 가리킵니다). 이것은 인간의 DNA에 있는 10만 개 유전 암호인 화학 염기 약 30억 쌍을 지도로 작성하려는 계획입니다. 이 프로젝트가 시작된 이유는 등반가들이 에베레스트 산을 오르는 이유(산이 그 곳에 있기 때문에)를 훨씬 넘어서는 것입니다.

유전학 연구는 세포 생물학, 면역학, 신경학 등을 비롯하여 생물학의 거의 모든 분야의 기초를 이룹니다. 인간의 유전자가 어떻게 유전적 특징을 물려주는지 그 원리를 알게 되면, 우리는 개인의 성장과 노화를 예측할 수 있을 뿐 아니라, 지구상에 존재하는 모든 종들의 진화 과정도 파악할 수 있습니다.

어떤 지역에 대해 지도 제작자는 대략적인 약도에서부터 매우 상세한 축척 지도에 이르기까지 점점 더 자세한 세부도를 만들 수 있습니다. 인간 게놈 프로젝트의 지도 제작자 역시 마찬가지입니다. 지도 제작자들이 제일 먼저 주목하는 대상은 몇 가지 점에서 두드러진 존재입니다. 작은 건물들 사이에 있는 고층 건물이나 고층 건물들 사이에 있는 작은 건물은 우리의 눈

길을 끕니다. 이와 마찬가지로, 유전자 사이에서도 돌연변이 유전자가 특히 눈길을 끕니다. 그래서 아주 쉽게 찾아 낼 수 있습니다. 그러므로 일반적으로 가장 먼저 그려지는 게놈 지도는 돌연변이 지도입니다. 우리가 가장 걱정하는 돌연변이는 심각한 질병을 일으키기 때문에 특히 많은 관심을 끕니다. 과학자들은 혈우병과 낭포성 섬유증, 겸상세포 빈혈증 같은 질병의 유전자 위치를 이미 파악했습니다. 이런 유전자의 위치를 파악함으로써 과학자들은 지도 제작을 진전시킬 수 있을 뿐 아니라, 즉각 실용적으로 응용해 효과를 보게 하기도 합니다.

세밀하고 정교한 지도를 만들려면 지도 제작자들은 먼저 사물들의 상대적 위치를 그려야 합니다. 예를 들어, B는 D와 G 사이에 위치하는데, G보다 D에 더 가까이 있다는 식으로 말입니다. 과학자들 역시 유전적 연관성을 지도로 작성할 때 이런 방법을 사용합니다. 염색체에 있는 유전자의 정확한 위치를 파악하기 전에 여러 유전자의 개괄적인 위치를 파악하는 것입니다. 그리고 지도 제작자들은 파악된 위치를 표시하는 데 다양한 종류의 표시자

인간의 DNA는 24개의 염색체(1번에서 22번까지의 염색체, 그리고 X와 Y 염색체)에 나뉘어 존재한다.

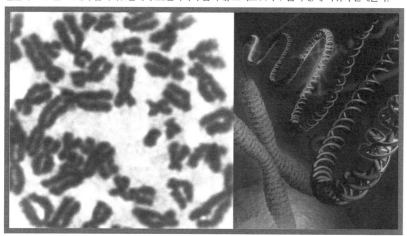

를 이용합니다. 유전자 지도 제작자들 역시 여러 형태의 표시자를 이용합니다. 표시자 중에는 DNA를 자르는 효소가 있는데, 이 효소들은 어느 곳에 있든 일련의 특정 코드를 발견하면 그 코드를 잘라 냅니다. 그래서 이 효소가 자른 곳을 보면 그 코드가 DNA 가닥의 어디에 위치하는지를 파악할 수 있습니다. 위에서 언급한 질병을 일으키는 유전자도 위치가 파악되면 표시가 됩니다.

과학자들의 목표가 총 10만 개에 이르는 유전자를 모두 확인하고 그 위치를 알아내 인간 게놈 지도를 완성하는 것이기는 하지만 그것은 더 상세한 일련의 지도를 만들어 가는 과정이라고 볼 수 있습니다. 그 목표가 달성되기 전에 우리는 이 문제가 제기할 의학적, 윤리적 딜레마를 살펴보아야 할 것입니다. 불치병에 걸릴 가능성이 많은 사람에게 그 사실을 알려 주는 게 현명할까요? 그리고 보험 회사가 유전자 검사에서 얻은 지식을 남용하지 못하게 할 방법이 있을까요? 지식에는 책임이 따르는 법이란 사실을 잊으면 안 됩니다.

● DNA란 무엇일까요?
(263쪽에 있는 'DNA : 유전 암호'를 보세요.)

● 과학자들이 어떤 유전자의 위치를 파악한다면, 그들은 그 위치를 바꾸거나 다른 것으로 대체시켜서 인체 기관을 바꿀 수 있을까요?
(269쪽에 있는 '유전공학'을 보세요.)

여러분은 후손에게 물려주고 싶은 좋은 형질을 고르려고 목록을 살펴볼 수 없겠지만, 과학자들은 이미 경제적으로 더 가치 있는 동물을 개량하는 데 유전공학을 이용하고 있습니다. 유전자 접합 — 이것의 전문적 이름은 'DNA 재조합'입니다 — 은 놀랄 정도로 단순한 개념에 기초한 복잡한 기술입니다. DNA의 중요한 특징 덕분에 가장 미래 지향적인 시나리오가 이론적으로 가능하게 되었습니다. DNA의 특징이란, DNA의 유전 암호가 살아 있는 모든 유기체에게 동일하게 존재한다는 것입니다. 그래서 DNA는 하나의 종에서 다른 종으로 옮길 수 있습니다. 다시 말해서, DNA는 자신이 풀쐐기나 암소나 인간, 그 어디로 옮겨지든 전혀 신경 쓰지 않는다는 것입니다. 물론 이 과정을 복잡하게 만드는 요소는 아주 많습니다. 인간의 DNA를 풀쐐기에게 옮겨 놓은 다음, 풀쐐기에게 수학을 가르칠 순 없을 테니까요.

유전자 접합의 첫 단계는 서로 다른 유기체의 DNA 가닥을 다루기 쉬운 조각으로 자르는 것입니다. 가장 바람직한 방법으로는 세균 내부에 있는 제한 효소를 이용하는 것을 들 수 있습니다. 제한 효소는 DNA를 구성하는 네 자의 암호가 특별하게 배열된 것을 겨냥하므로, 과학자들은 이것을 이용해 DNA를 적절한 조각으로 끊을 수 있습니다. 그런 다음, 다른 유기체에서 떼

호박 속에 갇힌 모기. 영화 〈쥐라기 공원〉에서는 유전공학을 이용해 공룡의 피를 빨아먹고 호박 속에 갇힌 모기에서 공룡을 복제한다. 과연 현실에서도 모기를 이용해 공룡을 복제할 수 있을까?

어 온 조각을 하나로 묶어서 양쪽 유기체의 유전자로 된 하나의 DNA 가닥을 만듭니다. 과학자들은 이렇게 주입된 유전자의 전달자로 행동하는 세균과 플라스미드(세균 DNA의 독립된 조각) 속으로 유전자를 주입할 수 있으며, 난자와 정자에 유전자를 주입할 수도 있습니다. 그렇지만 지금까지는 인간이 아닌 식물과 동물에게만 이 실험을 실시했습니다.

DNA 재조합 기술은 지적 유용성과 실용적 이익을 모두 제공합니다. 과학자들은 이 기술을 사용해서 유전자의 작용과 서로 다른 종이 진화한 역사를 연구할 수 있습니다. 과학자들은 이미 유전자 접합 기술을 식물과 가축에 응용하고 있는데, 논쟁의 여지가 없지 않습니다. 유전공학으로 소의 성장 호르몬을 강화시키면 농부들은 암소에게서 우유를 더 많이 얻을 수 있습니다. 과학자들은 이 호르몬이 인간의 호르몬과 구조적으로 다르기 때문에 안전하다고 말하지만, 확실한 것은 아닙니다. 또한 인간에게 간접적인 위험을 끼칠 수도 있습니다. 한 예로, 호르몬을 주입한 암소는 다른 소보다 유방염 발병률이 높다는 결과가 나왔습니다. 그리고 소를 치료하는 데 사용한 항생제 찌꺼기가 우유에 섞여 나오기도 합니다. 이로써 우리 몸 속에 있는 세균이 항생제에 대한 저항력을 키우게 됩니다.

유전자 치료라는 유전공학의 의학적 응용에 관심을 쏟는 사람도 있습니다. 체세포에 있는 유전자를 바꾸는 것이 그 중 하나인데, 이 때 체세포란 정자와 난자 이외의 세포를 말합니다. 이 같은 유전자 치료는 고질병을 일으키는 유전자를 건강한 유전자로 바꿔 주는 것입니다. 두 번째 유형의 유전자 치료에는 생식 세포 치료가 있습니다. 이것은 정자와 난자의 유전자 구성을 바꿔 주는 것입니다. 생식 세포 치료의 결과는 다음 세대에 영향을 주기 때문에, 과학자들을 비롯한 많은 사람들은 그 같은 강력한 도구가 초래할 위험에 대해 우려를 나타내고 있습니다. 최악의 경우, 이 기술이 '지배자 민족'을 만들려는 잘못된 의도에 악용될 수도 있기 때문입니다. 심지어 가장 좋은 의도로 응용될 때조차, 생식 세포 치료는 유전자 풀(어떤 종을 이루는 유전자의 총체)의 규모를 감소시키는 등 전혀 의도하지 않은 생물학적 결과를 낳을 수도 있습니다. 게다가 '결함이 있는' 유전자가 다른 측면에서는 이로울 수도 있다는 사실을 과학자들이 놓칠 가능성도 있습니다. 예를 들어, 특정한 유전자가 두 개 복제되면 겸상세포 빈혈증을 일으키지만, 유전자가 한 개만 복제되면 말라리아를 예방해 줍니다.

인간의 유전적 구성을 바꿀 수 있는 능력은 매우 강력합니다. 낭포성 섬유증과 헌팅턴병 같은 질병이 대대로 유전되는 가문의 후손들은 감수해야 할 위험보다 잠재적인 이익이 더 많다고 주장하는 대열에 제일 먼저 뛰어들 것입니다.

● 바이러스가 유전 물질의 전달자로 어떻게 이용될 수 있을까요?
(228쪽에 있는 '바이러스'를 보세요.)

● 우리 몸에 있는 세균은 항생 물질에 대한 저항력을 어떻게 기를까요?
(198쪽에 있는 '의약품에 대한 저항력이 커지는 세균'을 보세요.)

인간의 유전 암호는 염색체라는 실같이 생긴 구조에 들어 있습니다. 인간은 23쌍, 즉 46개의 염색체를 가지고 있습니다. 그 중 22쌍은 각각 똑같은 염색체가 쌍을 이루고 있습니다. 그렇지만 성(性)을 결정하는 마지막 쌍은 그렇지 않습니다. 여성은 두 개의 X염색체(XX)를 가지며, 남성은 X염색체와 Y염색체를 각각 한 개씩(XY) 가집니다. 그러나 이런 차이가 있는데도 임신 약 7주까지 태아는 남성이 될 수도 있지만 여성으로 남을 수도 있습니다. Y염색체를 가진 태아가 남성으로 발달하려면, 어머니의 여성 호르몬이 여성으로 성 전환을 시키지 않도록 촌각을 다투는 경주를 해야만 합니다.

5주가 되면, 태아는 고환이나 난소 어느 한쪽으로 전환될 한 쌍의 분기선을 갖는데, 이 분기선에는 정자나 난자 어느 쪽이든 될 수 있는 세포들이 있습니다. 만일 태아가 초보적인 형태의 고환을 발달시키면, 고환은 여성 특유의 기관을 파괴하고 남성 특유의 기관만 발달시키게 됩니다. 그렇지만 태아에 고환이 없으면, 여성 생식 조직이 계속 발달합니다. 따라서 남성 기관의 발달이 조금만 늦어도 고환은 난소로 변할 수 있습니다. 그래서 몇몇 과학자들은, 늦기 전에 남성이 되려고 서두른 결과로 남성의 생애 전반에 걸친 신진 대사에 영향을 주게 되어 남성의 수명이 여성보다 짧다고 주장하기도 합니다.

과학자들은 Y염색체를 가진 태아가 남성으로 발달되도록 촉발시키는 스위치에 해당하는 유전자를 오랫동안 찾았습니다. 스위치 역할을 하는 유전자라는 존재가 매우 매력적으로 보이기는 하지만, 하나의 유전자가 그런 역할을 한다고 믿지 않는 과학자도 많습니다.

어쨌든 이 같은 유전자를 찾는 작업은 매우 복잡해서 아직까지 아무런 성과도 없었는데, 그 이유 가운데 하나는 X염색체만 두 개가 있고, Y염색체가 전혀 없는 남성은 2만 명 가운데 한 명 정도뿐이기 때문입니다. 이런 남성들 가운데 몇 명은 일반적으로 Y염색체에서 발견되는 유전자 일부가 X염색체 한 곳에 들어 있는 경우도 있지만, 약 1/3은 그런 유전자를 전혀 갖고 있지 않습니다. 두 개의 X염색체를 가진 남성은 아이를 낳지 못하고 얼굴에 수염이 거의 나지 않습니다. Y염색체를 갖고 있지만 X염색체가 한 개 더 많은 남성(XXY)도 있는데, 이들 역시 문제가 있습니다. '클라인펠터

과연 이 태아는 어머니의 견제를 뚫고 남자로 살 수 있을까?

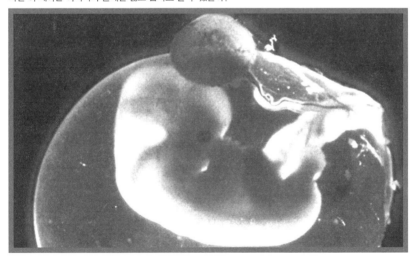

증후군'이라는 이 같은 상태의 남자는 대부분 팔다리가 지나치게 길고 고환이 내려가지 않아 아이를 낳을 수 없습니다. 극히 드물지만, 남성이 X염색체를 세 개, 심지어 네 개(XXXXY)나 가지고 있는 경우도 있습니다. X가 많을수록 성기는 그만큼 발달하지 않습니다. X와 Y의 비율은 성적인 성향과 아무런 관계가 없습니다. 동성 연애자들 역시 남성 또는 여성 염색체 숫자가 이성 연애자와 똑같습니다.

인간은 모든 게 제대로 맞아떨어질 때 가장 편안해하는 경향이 있습니다. 성도 예외가 아닙니다. 처음에 우리는 모든 사람이 남성 또는 여성 가운데 하나라고 배웠습니다. 그렇지만 태어난 아기의 4%는 과학자들이 말하는 '간성(intersexual)'입니다. 이런 사람은 남성적 특징이나 여성적 특징 가운데 하나가 다른 성의 특징을 압도하는 형태가 될 수도 있고, 이른바 과학자들이 말하는 진정한 의미의 양성체가 될 수도 있습니다.

진짜 양성체는 난소와 고환을 모두 한 개씩 가지고 있습니다. 난소와 고환이 분리되어 있는 경우도 있고, 함께 성장하는 경우도 있습니다. 그렇지만 두 개의 생식기 가운데 하나만 기능하므로 정자나 난자 둘 중에 하나만 만드는 경우가 대부분입니다.

'의사 양성체', 즉 가짜 양성체의 경우에는 XX염색체 또는 XY염색체가 정상적일 뿐 아니라 남성 또는 여성의 생식기를 하나만 지니고 있지만, 다른 성의 특징이 특히 발달할 수 있습니다. 그래서 이 경우에 해당하는 여성은 수염이 나고 목소리가 굵어질 수도 있습니다.

의학 전문가는 일반적으로 양성체 아이가 아주 어릴 때 성을 조정합니다. 부모들과 상담해 어린아이에게 어떤 성을 부여할지 결정한 다음, 수술과 호르몬 치료를 하는 것이지요. 그런데 최근에 와서, 소수의 비정통파 연구원들은 양성체의 존재를 거부하는 사회에 대해 문제를 제기합니다. 전체 인구의 4% 정도에 해당하는 사람이 남성과 여성 가운데 하나의 범주에 딱 맞아

떨어지지 않는 신체를 가지고 태어난다면, 남성과 여성 이외의 또다른 성을 공식적으로 받아들여야 한다는 것입니다.

● 과학자들은 성을 결정하는 염색체를 어떻게 알 수 있을까요?
(266쪽에 있는 '인간 게놈 프로젝트'를 보세요.)

리듬을 가져야 한다 : 생물의 시간

날마다 일정한 시간이 되면 자고 싶은 욕구가 물밀듯이 몰려옵니다. 자고 싶다는 생각이 머릿속에, 그러니까 두뇌 깊은 곳에 있는 한 다발의 신경 세포 속에 꽉 찹니다. 이 신경 세포는 외부 환경에서 보내는 주기적 신호를 받아들여, 특히 밝음과 어둠의 변화를 받아들여 인체의 다른 많은 생체 주기를 유혹합니다. 그래서 혈압과 체온, 호르몬 생산과 물질 대사, 심지어 알레르기와 주변 환경에 대한 반응 정도까지, 24시간 주기로 오르락내리락하게 만듭니다.

24시간 주기의 리듬은 인간에게만 있는 게 아닙니다. 동물과 식물, 심지어 단세포 조류도 24시간 주기의 리듬을 가지고 있습니다. 이것은 소위 '생체 시계'가 진화에 유리하게 작용했다는 것을 의미합니다. 즉, 생체 시계를 가진 유기체는 살아남을 가능성이 그만큼 많았다는 것입니다. 한 가지 예를 들어 봅시다. 생체 시계가 있으면 일몰과 같은 환경의 변화에 반응할 수 있을 뿐 아니라 미리 예측할 수도 있습니다. 그래서 동굴이 몇 개 안 되는 경우에도 일몰을 미리 예측한 생명체는 그만큼 빨리 동굴 안으로 들어가 추운 겨울 밤을 피할 수 있습니다.

과학자들은 인체가 다양한 단서를 이용해 생체 시계를 유지한다는 사실을 수십 년 전에 알아 냈습니다. 이 같은 단서에는 빛과 어둠, 음식, 육체 활동, 그리고 시계와 달력 또는 사회적 관계 같은 사회적 지표가 포함됩니다. 최근의 연구 결과에 따르면, 시간 지표에서 가장 중요한 것은 밝음과 어두움일 가능성이 많다고 합니다.

과학자들이 실험한 첫 번째 단계는 라디오 시계나 침실 바깥에서 새벽마다 시끄러운 소리를 내는 쓰레기차와 동떨어진 생체 시계를 인간이 가지고 있음을 증명하는 것이었습니다. 프랑스어로 'hors du temps(시간을 벗어나서)'라고 명명된 이 실험은 1970년대와 1980년대에 실시되었습니다. 실험 장치는 아주 간단합니다. 우선 실험 대상을 고립된 장소에 있게 하고, 수면과 기상의 주기가 변하는 과정을 관찰합니다. 유럽의 과학자들은 깊은 지하 동굴같이 좀 색다르고 심리적으로 긴장되는 장소를 선호했습니다. 반면에 미국의 과학자들은 연구팀이 방문하기 좋은 병원의 고립된 병실을 선호했습니다.

연구원들이 알아 낸 것은 기본적으로 생체 시계가 정기적으로 느려지는 경향을 보인다는 것, 그리고 가장 일반적인 주기는 25시간 주기라는 것입니다. 그러나 1960년대 후반과 1970년대 초기에, 논쟁을 좋아하는 프랑스 연구원 시프르(M. Siffre)는 3~4개월 동안 고립 상태에 놓인 사람 가운데 일부의 생체 시계가 48시간 주기로 바뀌어, 약 35시간은 깨어나서 활동하고 13시간 동안 잠자는 주기를 보였다고 주장했습니다. 지질학자이자 동굴학자였던 시프르는 자신이 발견한 지하 빙하 안으로 시계 없이 내려갔습니다. 그는 시간의 흔적을 완전히 잃었습니다. 그리고 이 경험은 시프르의 연구 방향을 시간 생물학 분야, 즉 생체 리듬을 연구하는 분야로 바꾸게 만들었습니다. 48시간 주기에 관한 시프르의 주장은 나중에 미국의 저명한 과학자 웨이츠먼(E. Weitzman)과 차이슬러(C. Czeisler)를 통해서 증명되었습니다.

'시간을 벗어나는' 이 같은 연구의 또다른 영향(또는 위험)은 우울증과 심리적인 불안정입니다. 시프르의 지하 동굴 실험 대상 가운데 프랑스 여성 한 명은 1990년에 자살을 했습니다. 그녀의 남편 말에 따르면, 부인은 105일 동안 고립된 생활을 한 영향으로 몸이 허약해진 후 건강을 회복하지 못했다고 합니다.

인간의 생체 시계에 대한 지식은 학생들이 밤을 새워 공부하는 게 오히려 역효과가 난다는 사실을 깨닫게 하는 것 이상의 훨씬 큰 의미를 지니고 있습니다. 내과 의사는 환자의 인체 주기에 가장 바람직한 시간에 약물을 투여하는 것이 아주 중요하다는 사실을 알게 되었으며, 일반인들 역시 트럭 운전사나 비행기 조종사가 생체 리듬이 바뀌는 야간에 작업하는 것이 얼마나 위험한지 알게 되었습니다. 차이슬러는 병원에서 근무하는 인턴들을 1년 동안 조사한 결과, 연구 대상 가운데 1/4 이상이 전화 통화를 하는 도중에 잠에 곯아떨어진다는 사실을 발견하기도 했습니다.

과학자들은 시차와 같은 일상사에서부터 우울증이나 양극성 질병처럼 아주 치명적인 생체 시계의 혼란을 바로잡으려고 빛을 도구로 실험을 시작했습니다. 이 기술은 그다지 복잡하지도 않고 비용도 많이 들지 않습니다. 기본적으로 일정 시간 동안 아주 밝은 빛을 쬐어 주면 되니까요. 그리고 메릴랜드주의 베테스타에서는 한 남자가 머리에 쓰고 빛을 쬘 수 있는 모자를 발명했습니다. 비행기를 장시간 타야 할 때 옆 좌석에 앉은 사람에게 양해를 구한 다음, 이 모자를 쓰고 있으면 생체 시계가 알맞게 조절되어 시차를 극복하는 데 도움이 된다고 합니다.

● 생체 시계는 유기체의 생활 주기에 따라 변할까요?
　(279쪽에 있는 '수면과 꿈'을 보세요.)

　지금까지 어떤 기록을 보아도 잠을 자지 않아도 되는 사람은 없었습니다. 지난 수십 년에 걸쳐 과학자들은 수면과 꿈의 역학 관계에 관해 많은 내용을 파악했지만, 우리가 시간의 1/3을 무의식 상태로 보내는 이유는 아직까지 일종의 신비로 남아 있습니다. 그 이유에 대해 음식을 먹지 않아도 배고픔을 느끼지 않게 하려고 그런 것이라는 해답에서부터 기억을 강화하려고 그런 것이라는 해답까지 아주 다양한 주장들이 제시되었지만, 지금까지 확실히 알려진 것은 수면이 생체 기능에 기여한다는 점뿐입니다. 잠자는 동안에는 인간의 성장 호르몬이 많이 분비되는데, 이것은 결국 단백질 합성 비율의 증가에 따른 것입니다.

　잠자고 싶은 인간의 욕구는 일생 동안 변화를 겪습니다. 갓 태어난 아기는 하루에 약 16시간을 잡니다. 10대 청소년은 10~11시간을, 그리고 성인은 약 8시간을 잡니다. 이처럼 수면에 대한 욕구는 나이가 들수록 점차 줄어들어 노인은 대부분 6시간 정도밖에 자지 않습니다. 개중에는 2주 동안 잠을 자지 않고 견딘 사람도 있지만, 오랫동안 자지 않으면 편집증이나 환각, 시력 약화, 기억력 및 집중력 약화 등이 일어납니다. 심지어 비교적 가벼운 수면 부족을 겪어도 집중력이 분산됩니다. 잠을 몰아 낼 수 있는 사람은 아주 흥미로운 과제를 단기간에 효과적으로 처리하는 장점이 있지만, 오랫동안 끈기 있게 달라붙어야 하는 과제는 제대로 처리할 수 없습니다. 따라서 하루 종일 잠도 안 자고 운전을 한다든가 공부를 하는 것은 전혀 바람직하지 않습니다.

수면 주기는 '빠른 눈 운동이 없는(NREM) 수면'과 '빠른 눈 운동이 있는(REM) 수면'으로 나누어집니다. 과학자들은 뇌파 기록 장치(EEG)로 두뇌의 전기적 활동, 즉 뇌파를 측정함으로써 여러 단계의 수면 주기를 파악합니다. 빠른 눈 운동이 없는 수면은 네 단계로 나뉘는데, 1단계는 가장 가벼운 수면 상태이고, 4단계는 가장 깊은 수면 상태입니다(노인에게는 4단계가 없는 경우가 많습니다). 그리고 각각의 단계는 약 90분 동안 지속됩니다. 우리는 1단계부터 4단계까지 점진적으로 나아가서, 4단계 이후에는 다시 역순으로 1단계까지 되돌아옵니다. 그런 다음, 5∼15분 가량 빠른 눈 운동이 있는 수면으로 이어집니다. 빠른 눈 운동이 있는 수면은 1단계와 여러 가지 면에서 비슷한 가벼운 수면 상태인데, 바로 이 때 우리가 꿈을 꿉니다. 인체에 정말 필요한 것은 빠른 눈 운동이 있는 수면밖에 없다고 주장하는 과학자들도 있습니다.

사람들은 꿈을 두뇌의 뉴런에서 무작위로 발산하는 메시지라고 생각하는가 하면, 간절한 소망이나 자신의 가장 어두운 비밀의 표현이라고 생각하기도 합니다. 꿈은 두뇌의 전기적 활동의 산물이지만, 꿈을 꾸다가 오싹한 기분이 들거나 매우 기뻐서 잠에서 깨어난 사람들은 두뇌의 전기적 활동이 아무렇게나 일어나는 것은 아니라고 생각할 것입니다. 꿈 내용이 어떤 실제적인 의미를 가지는지(해몽에서 보듯이)의 여부는 또다른 문제입니다. 연구원들이 빠른 눈 운동이 있는 수면 상태에 있던 실험 대상을 잠에서 깨웠을 때, 이들 대부분이 꾸었던 꿈은 아주 일상적인 것이었습니다. 그런데 이 같은 꿈을 있는 그대로 받아들여야 할지 상징적으로 받아들여야 할지에 대해서는 아직 의견이 분분합니다. 풍선껌을 씹는 꿈은 그 사람이 단순히 턱을 움직이는 것일 뿐일까요, 아니면 유치원 친구들에게 놀림을 당한 이후부터 전혀 입지 않으려고 하는 분홍색 옷을 상징할까요?

어쩌면 두뇌에는 일상적으로 일정한 양을 채워야 하는 공상이 들어 있을지도 모릅니다. 빠른 눈 운동이 있는 수면 단계를 생략한 실험을 했더니, 평소에 공상을 즐기지 않던 실험 대상 대부분이 공상을 즐기기 시작했습니다. 또다른 실험에서는, 주변 환경이 단조로울 때 인간은 빠른 눈 운동이 있는 수면과 비슷한 주기로 90~100분마다 아주 정확하게 백일몽을 꾼다는 사실을 발견했습니다.

환경적인 요인이 꿈의 내용에 영향을 줄 수 있습니다. 이불을 걷어차면 눈보라 속에서 길을 잃은 꿈을 꿀 수 있으며, 고양이가 부엌 찬장을 긁는 소리는 밴드가 행진하는 소리로 들릴 수 있습니다. '잠을 자면서 한 달 안에 프랑스어 회화를 마스터할 수 있게 해 주는' 학습 테이프를 파는 회사도 있습니다. 그렇지만 과학자들은 대부분 이 같은 테이프가 그다지 효과적이라고 생각하지 않습니다. 일요일 정오까지 잠자리에 누워 있었던 것을 가지고 공부하고 있었다고 주장할 수는 없지만, 여러분은 이제 최소한 빠른 눈 운동이 있는 수면을 충분히 취하는 것이 학습에 대한 집중력을 강화시켜 준다는 주장 정도는 할 수 있습니다.

● 우리는 왜 밤마다 잠을 잘까요?
  (276쪽에 있는 '리듬을 가져야 한다 : 생물의 시간'을 보세요.)

● 단백질 합성이란 무엇일까요?
  (263쪽에 있는 'DNA : 유전 암호'를 보세요.)

우리 몸은 걸어다니는 리듬 오케스트라입니다. 우리의 심장, 맥박과 호흡이 계속 박자를 유지하며 소리를 내기 때문입니다. 모든 훌륭한 음악이 그런 것처럼 변주는 리듬을 단조롭지 않게 만들어 줍니다. 그렇지만 그 소리가 갑자기 커지거나 빨라지지 않는 한, 우리는 싫증이 난 음악회 참석자처럼 몸에서 나는 음악 소리를 무시합니다. 무서움이나 두려움으로 심장이 두방망이질 치지 않는 한, 우리는 심장 박동에 거의 신경을 쓰지 않습니다. 바쁜 일상사에 더 신경을 쓰기 때문입니다. 그렇지만 우리는 계단을 오르거나 버스를 잡으려고 뛰어서 숨이 가쁠 때, 호흡에 많은 관심을 기울입니다. 조깅하는 사람들은 속도를 조절할 때 특히 호흡에 주의를 기울입니다.

우리는 심장 박동을 조절할 수는 없지만, 호흡은 조절할 수 있을 것 같은 환상에 빠지곤 합니다. 숨은 느리고 깊게 쉴 수도 있고, 빠르고 얕게 쉴 수도 있습니다. 가수들은 호흡 조절법을 훈련해서 가장 뛰어난 목소리를 낼 수 있습니다. 우리는 역겨운 냄새를 피하려고 숨을 멈출 수 있지만, 이것은 한순간입니다. 산소 부족으로 숨이 가빠지기 전에 호흡을 조절하는 두뇌 영역에서 우리의 어설픈 판단을 없던 일로 하고 다시 숨쉬게 만들 것이기 때문입니다.

심장이나 폐 같은 기관은 인간의 의식과 상관 없이 기능합니다. 이런 기관은 뇌에서 규칙적으로 발산하는 신경 신호에 따라 계속 움직입니다. 호흡을 조절하는 곳은 뇌에 있는 네 개의 중추입니다. '들숨 중추'는 흉곽강의 근육을 수축시키는 신경 신호를 보내서 폐에 공기가 가득 차도록 만듭니다. '날숨 중추'는 들숨 중추의 신경 신호를 차단하는 신호를 보내서 폐에 있던 공기를 내보내도록 합니다. 세 번째 중추인 '호흡 중추'는 들숨 중추와 날숨 중추 사이에서 심부름꾼 역할을 하는데, 들숨이 최고조에 달한 시점을 날숨 중추에게 알려 줍니다. 호흡 중추는 이 방법을 통해 호흡 속도를 조절합니다. 네 번째 '호흡 정지 중추'는 호흡의 깊이를 조절합니다.

우리는 호흡을 통해 환경과 단순한 거래를 합니다. 에너지를 생산하는 데 필요한 산소를 받는 대신, 노폐물인 이산화탄소를 내놓는 것입니다. 호흡의 메커니즘은 비교적 단순합니다. 후강과 횡경막의 근육이 흉곽강을 팽창시키면 코나 입을 통해 들어온 공기가 기도를 따라 내려가서 폐를 채웁니다. 공기를 내보낼 때가 되어 근육 활동이 멈추면 갈비뼈가 제자리로 돌아가면서 폐에 있던 공기가 밖으로 나옵니다. 신체의 변화 요구에 맞추려면, 호흡 과정 전체가 아주 민감한 자동 제어 시스템처럼 움직여야 합니다. 산소 농도가 너무 낮거나 이산화탄소 농도가 너무 높으면 호흡의 속도나 깊이를 자동적으로 증가시켜야 합니다. 그렇지만 뇌 자체도 산소 부족에 아주 민감해 자신의 이익을 위해서라도 호흡계에 끊임없는 명령을 내려서 문제가 생기면 재빨리 처리하도록 하기 때문에 그리 걱정할 필요는 없습니다.

● 물고기의 아가미를 인간에게 이식하면, 우리도 물에서 숨쉴 수 있을까요?
(286쪽에 있는 '원숭이가 본다:이종 이식술'을 보세요.)

● 뇌가 폐에게 질식하지 않도록 지시를 내리듯, 신경계 역시 특정 메커니즘을 통해서 우리 몸을 보호할까요?
(252쪽에 있는 '통증'을 보세요.)

세균을 인슐린 공장으로

기관지염이나 폐렴을 일으키는 세균은 항생 물질에 저항하는 방법을 스스로 개발하기 때문에 싸워 이기기가 어렵습니다. 공항에서 우연히 다른 사람의 가방을 바꿔 들고 떠나는 여행객처럼, 세균은 다른 세균의 DNA를 쉽게 가져 갑니다. 이런 식으로 세균은 사람들이 자신들을 없애려고 투여한 항생 물질에 저항하는 방법도 서로 교환합니다. 그런데 역시 이런 특징 때문에 세균은 인슐린을 생산하는 협조자가 될 수도 있습니다.

인슐린은 췌장에 있는 랑게르한스섬(Langerhans)이라는 섬처럼 흩어진 일단의 세포 무리가 생산하는데, 인간의 혈액 안에 있는 당분의 수준(혈당량)을 조절합니다. 그런데 당뇨병에 걸리면, 췌장에서는 인슐린을 전혀 만들지 못하거나 충분히 만들지 못합니다. 인슐린이 부족하면 포도당이 핏속에 쌓였다가 오줌으로 나옵니다. 당뇨병의 증상은 피로, 체중 감소, 근육 약화, 지나친 갈증, 빈뇨 등으로 나타납니다. 그래서 당뇨병을 치료하지 않으면 장님이 되거나 신경 손상, 신부전증 등으로 발전할 수 있습니다.

당뇨병에는 두 가지 형태가 있습니다. 비교적 덜 심각한 증상은 젊은 성인층에게서 주로 나타나는데, 대부분 식이요법으로 조절할 수 있습니다. 또다른 증상은 아동기나 청소년기에 주로 나타나는데, 혈당 수치를 세심하게 관찰하고, 날마다 인슐린 주사를 맞아야 합니다. 후자의 증상은 모든 당뇨병의 10~15%를 차지하고 있습니다.

초기의 당뇨병 치료는 인간의 피에서 추출한 인슐린에 초점을 맞추었으나, 나중에는 돼지의 피에서 추출하는 형태로 발전했습니다. 그렇지만 이 두 가지 방법은 공급원이 부족할 뿐 아니라, 주사한 인슐린을 통해 병균이 전염될 우려가 있어서 극도로 세심한 주의가 필요합니다. 반면에 인슐린 공급원으로서의 세균은 이 두 가지 측면 모두에서 인간과 돼지보다 뛰어납니다. 게다가 세균은 적은 비용으로 좁은 공간에서 끝없이 생산할 수 있습니다.

세균 공장을 가동하기 위해 과학자들은 우선 인간의 DNA에서 인슐린 생산을 조절하는 부분을 잘라 냅니다. 그런 다음, 잘라 낸 부분을 세균의 DNA 안에 집어 넣습니다. 그러면 자신에게는 인슐린이 아무런 쓸모도 없지만, 세균은 새로 들어온 DNA 조각의 명령에 따라 인슐린을 열심히 생산합니다. 게다가 이 세균이 분열되어 새 세균이 생기면, 새로 생긴 세균 역시 인슐린 생산을 명령하는 DNA를 가지게 됩니다. 이 공장을 계속 가동시키려면 세균이 성장할 수 있도록 먹이만 충분히 공급해 주면 됩니다. 그리고 일정 시간이 지난 다음에 오래 된 부분을 배양 접시에서 떠내 인슐린을 정제하면 됩니다. 세균에 덧붙인 DNA는 원래 인간의 DNA였기 때문에, 세균이 만든 인슐린은 인간이 만드는 인슐린과 똑같습니다. 다시 말해, 세균 공장에서 만든 인간의 인슐린이라는 것입니다.

- 세균이 다른 세균과 DNA를 교환하는 능력은 이들에게 항생 물질에 대한 면역성을 개발하도록 만들 수 있을까요?
  (198쪽에 있는 '의약품에 대한 저항력이 커지는 세균'을 보세요.)

- 인슐린 생산을 조절하는 유전자를 주입해 당뇨병을 치료할 수는 없을까요?
  (269쪽에 있는 '유전공학'을 보세요.)

망가지거나 병에 걸린 인체 장기를 건강한 장기로 바꾼다는 말은 닳아빠진 자동차 타이어를 교체하는 것만큼이나 그럴듯하게 들립니다. 타이어를 바꿀 때에는 정확한 모델과 크기 또는 상표를 고르는 것이 중요하지만, 인체 장기의 경우에는 새로운 조직이 이질적이냐 아니냐 하는 것이 중요합니다. 일란성 쌍둥이가 아닌 한, 다른 사람의 조직을 이질적인 것으로 판단해 공격하기 때문입니다. 최근까지 장기 이식에서 중요하게 사용했던 방법은 인체가 새로운 장기에 거부 반응을 일으키지 않도록 강력한 약을 쓰는 것이었습니다. 1980년대에 사이클로스포린 A가 개발된 이래, 이 약은 인간의 장기 이식을 비교적 평범한 수술로 만들었습니다. 그런데 이 방법은 환자의 면역계 전체를 떨어뜨리는 문제를 가지고 있습니다.

현실적으로 가장 많이 행해지는 수술은 피나 골수의 이식인데, 그 이유는 기증자의 조직이 신속하게 재생되기 때문입니다. 그 다음은 신장같이 쌍을 이루고 있는 장기 이식 수술인데, 이것은 하나만 있어도 살아갈 수 있기 때문입니다. 그렇지만 심장이나 간처럼 하나밖에 없는 장기를 제공할 수 있는 사람은 사체밖에 없습니다. 어쨌든 이 모든 장기들이 절대적으로 부족해서 미국에서만 1년에 3000명에 달하는 사람이 자신에게 맞는 장기가 나오기만 기다리다가 숨을 거둔다고 합니다.

그래서 다른 동물의 장기를 이식하는 문제가 대두되었습니다. 다른 종의 장기를 이식하는 수술을 '이종 이식술'이라고 합니다. 지금까지는 이종 이식술 자체가 초보 단계를 벗어날 수 없어서 최후의 수단으로만 시도되고 있습니다. 1984년, '베이비 패(Baby Fae)'라는 이름이 붙은 아기가 캘리포니아에 있는 로마 린다 대학 의료센터에서 비비(영장류의 일종)의 심장을 이식받았습니다. 이 아기는 20일 동안 생존했습니다. 1992년에는 피츠버그 대학 의료진이 35세 남성에게 처음으로 비비의 간을 이식했는데, 이 사람은 70일 동안 살다가 감염으로 사망했습니다.

필요 장기가 생길 때까지 환자의 생명을 유지하는 '가교' 역할로 이종 이식술을 활용하는 게 가장 실용적이라고 생각하는 의학자들도 있습니다. 실

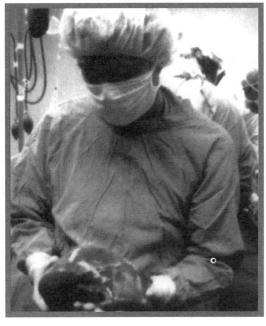

장기 이식 수술을 하려고 간을 옮기고 있다. 앞으로는 사람의 간뿐 아니라 돼지의 간으로도 이식 수술을 받을 수 있을지 모른다.

제로 1992년 존스 홉킨스 대학 의료진은 25세 여성에게 인간의 간이 도착할 때까지 4시간 동안 돼지의 간을 붙여서 생명을 연장한 적이 있습니다.

이종 이식술이 성공하려면 인체의 거부 반응을 억눌러야 할 뿐 아니라, '이종 장기' 자체도 덜 이질적인 것을 사용해야 합니다. 간 이식술의 선구자 중 한 사람인 피츠버그 대학의 스타즐(T. E. Starzl) 박사는 '공생체 이론(chimerism theory)'을 발표했습니다. 이 이론에 따르면, 비비의 간을 장기간 받아들일 수 있는지의 여부는 세포 이동에 달려 있습니다. 즉, 비비의 간을 이식받은 환자가 생명을 지속하려면 비비의 간에서 환자의 다른 인체 장기로, 그리고 인체의 여러 장기에서 새로 이식한 간으로 세포가 이동해야 한다는 것입니다. 이것은 이사를 온 사람이 자신의 새로운 이웃들에게 동화되어 나가는 과정과 비슷합니다.

이질적인 것을 덜 이질적으로 만드는 또다른 방법은 이식 수술을 하기 전에 그 장기를 인간의 장기와 좀 더 비슷하게 만드는 것입니다. 최근의 연구 경향은 이러한 방법을 따르고 있습니다. 예를 들어, 돼지의 유전자를 바꾸어 줌으로써 인간과 동일한 단백질을 생산하도록 만든 다음, 인간에게 돼지의 장기를 이식하는 것입니다.

한편, 돼지의 장기를 이용하는 것이 비비 같은 영장류의 장기를 이용하는 것보다 훨씬 쉽고 비용도 저렴하기 때문에 선호되고 있습니다. 게다가 인간과 비슷하지 않기 때문에 돼지를 이용하는 방법을 둘러싸고 감성적, 윤리적 문제가 제기될 가능성도 훨씬 적습니다.

● 과학자들은 돼지의 유전자를 어떻게 바꿀 수 있을까요?
(269쪽에 있는 '유전공학'을 보세요.)

● 잃어버린 부분을 간단하게 재생할 수 있는 동물은 없을까요?
(217쪽에 있는 '불가사리의 재생'을 보세요.)

어릴 때에는 나이를 먹으면서 성장하지만, 어른이 되자마자 노화가 시작됩니다. 노화는 질병과 달리, 신체의 구조와 기능을 조금씩 퇴화시킵니다. 그래서 질병을 퇴치할 인체의 능력을 완전히 파괴시켜 우리를 죽음에 이르게 합니다. 그렇지만 거북과 상어처럼 노화를 겪지 않는 동물도 있습니다. 이들은 도중에 성장이 멈춰 버려 오래 살 수 있습니다.

우리가 죽을 수밖에 없는 이유는 인간의 신체가 그렇게 프로그램되어 있기 때문입니다. 각각의 세포는 자체 분열을 통해 증식되는데, 그 횟수가 한정되어 있습니다. 1960년대 중반까지 이론적으로 인간의 세포는 영원히 살 수 있다고 여겨졌습니다. 그러나 인간 세포를 실험실에서 키운 결과, 그 세포는 일정 횟수를 분열 증식한 다음에 죽고 말았습니다. 그리고 분열 증식한 횟수가 많은 노인의 세포는 젊은이의 세포보다 분열하는 횟수가 적었습니다. 나이를 먹은 동물의 세포를 동일한 종의 젊은 동물에게 이식했을 때에도 그 세포는 예상 기간이 지난 다음에 죽었습니다. 무한하게 분열 증식하는 세포는 암세포밖에 없습니다.

인체의 세포는 80년 남짓한 기간에 제 역할을 다한 다음에 죽는 것이 아닙니다. 나이를 먹어 감에 따라 세포 분열 과정 자체가 느려집니다. 그와 동시에 과학자들이 '닳고 닳은 색소'라고 하는 물질이 세포 안에서 증가합니다. 이 색소가 작용해서 노화의 징후가 겉으로 나타나게 됩니다. 가장 두드러진 현상은 피부에 주름이 생기고, 피부 탄력이 떨어지며, 머리카락이 가늘고 하얗게 변하는 겁니다. 그래서 피부 조직이 위축되면, 체온이나 혈액의 pH와 혈당 농도, 분비선 같은 기능에 대한 조절 능력이 떨어집니다. 이렇게 되면 감염에 대한 인체의 저항력이 떨어지고, 감각 기관의 능력 역시 떨어집니다. 눈으로 보고 귀로 듣는 데 문제가 생길 뿐 아니라, 혀에 있는 미뢰의 숫자가 1/3 정도로 줄기 때문에 맛도 잘 느낄 수 없습니다. 뇌세포처럼 재생되지 않는 세포 역시 노화와 함께 기능이 떨어집니다.

나이를 먹는 것 또한 불가피하지만, 노화에 따른 육체적 퇴화 정도는 언제나 사회와 주변 환경에 절대적인 영향을 받습니다. 정신적인 자극이 부족하거나 따분한 생활은 뇌세포를 지치게 만들어 인간의 정신적인 기능을 떨어뜨릴 수 있습니다. 젊은이도, 종일 집에만 틀어박혀 있으면 근육의 힘이 약해지게 마련입니다. 과학자들은 아직 인간의 수명을 늘릴 방법을 찾지 못했지만 더 많은 사람이 비교적 건강하게 생활하면서 정상적인 수명을 오랫동안 누리도록 도와 줄 수는 있습니다. 물론 노화에 대한 과학적 설명을, 아무리 나이가 많아도 춤을 배우거나 친구를 사귈 수 있으며, 아무리 나이가 많아도 웃을 수 있고, 개중에는 나이를 먹은 만큼 지혜로워지는 사람도 있다는 사실에 적용할 수는 없겠지요.

● 인간은 노화를 일으키는 인간의 유전자를 거북이나 상어의 유전자와 바꾸는 방법을 찾아 낼 수 있을까요?
(269쪽에 있는 '유전공학'을 보세요.)

● 모든 인간은 죽습니다. 그렇다면 전체 인류도 결국 소멸되는 게 아닐까요?
(180쪽에 있는 '인간 진화의 미래'를 보세요.)

10

병 속에 있는 메시지

우리는 초등학교 1학년 때 담임 선생님의 얼굴이나 몇 년 전에 살았던 집을 기억할 수 있습니다. 그런데 도대체 그 이미지는 우리가 그것을 회상하지 않을 때에는 어디에 저장되어 있을까요? 그 이미지는 물리적인 형태로 존재할까요? 이런 여러 가지 문제를 감안할 때, 과학자뿐 아니라 철학자 역시 기억과 두뇌에 관한 의문에 매료된다는 사실은 전혀 놀랄 일이 아닙니다.

　신경 생물학자와 심리학자들의 노력이 성과를 나타내고 있긴 하지만, 기억은 아직까지 대부분 신비의 영역에 남아 있습니다. 하지만 쏜살같은 순간이 어떤 식으로든 감지되면, 이것은 우리가 몇 달, 몇 년, 심지어 몇 십 년이 지난 후에도 떠올릴 수 있는 방식으로 저장됩니다. 그래서 우리는 초등학교 1학년 때 담임 선생님의 얼굴이나 몇 년 전에 살았던 집을 기억할 수 있습니다. 그런데 도대체 그 이미지는 우리가 그것을 회상하지 않을 때에는 어디에 저장되어 있을까요? 그 이미지는 물리적인 형태로 존재할까요? 이런 여러 가지 문제를 감안할 때, 과학자뿐 아니라 철학자 역시 기억과 두뇌에 관한 의문에 매료된다는 사실은 전혀 놀랄 일이 아닙니다.

　과학자들은 기억을 세 가지 범주로 나누는데, 감각 기억(sensory memory)과 단기 기억(short-term memory), 그리고 장기 기억(long-term memory)입니다. 감각 기억은 경험이 일어난 순간 곧바로 아주 짧은 기간 동안 지속됩니다. 20명이 함께 찍은 사진 한 장을 얼핏 본 사람은 눈을 떼자마자 사진 속에 있는 얼굴을 대부분 잊어버리는데, 바로 이것을 감각 기억이라고 합니다. 그래서 인간이 어떤 사건을 단기 기억으로 전환시켜야 하는가 여부를 결정할 시간을 제공하는 게 감각 기억의 기능이라고 주장하는 과학자들도 있습니다. 반면에, 단기 기억은 잠깐 동안(대략 몇 분 정도) 지속됩니다. 단기 기억은 우리가 처음 들은 전화번호를 다이얼을 다 돌릴 때까지 기억하게 해 주고, 처음 들은 이름의 철자를 다 적을 때까지 기억할 수 있게 해 줍니다. 그런데 어떤 정보를 단기 기억 속에 좀 더 오래 붙잡아 두는 방법이 있습니다. 정보를 덩어리로 만드는 것입니다. 단기 기억은 한 번에 5~7개의 덩어리를 기억할 수 있는데, 덩어리의 크기에는 제한이 없습니다. 그리고 의미를 갖는 덩어리일수록 더 쉽게 더 오래 지속됩니다. 아무렇게나 늘어놓은 문자덩어리는 단 몇 초도 기억하기 힘듭니다. 반면에 단어들은 비교적 쉽게 기억할 수 있으며, 문장으로 배열된 단어들은 훨씬 쉽게 기억할 수 있습니다.

장기 기억은 주소와 전화번호부터 시작해서 극히 감성적인 경험에 이르는 다양한 형태의 정보를 엄청나게 많이 담고 있습니다. 과학자들은 대부분 장기 기억이 서류 시스템과 비슷한 방식으로 구성되었다고 생각합니다. 어떤 기억을 떠올리려면, 우리는 적절한 범주나 서류 제목만 찾으면 됩니다. 예를 들어, 멋진 레스토랑에서 생일 파티 때 먹었던 음식을 떠올리려면, '레스토랑'이나 '멋진 레스토랑'이라는 제목을 찾으면 되는 것처럼 말입니다. 만일 언제나 해산물을 주문했다면, '어패류'라는 제목으로 찾아도 될 것입니다. 그리고 비슷한 기억을 떠올리기만 해도 필요한 기억을 쉽게 떠올릴 수 있습니다. 오랜 친구와 예전에 있었던 도시락 소동에 대해 이야기하다가 훨씬 재미있는 또다른 도시락 소동 기억을 떠올리며 즐겁게 옛날을 회상한 경험을 누구나 가지고 있을 것입니다. 어떤 내용을 배울 때의 상황이나 분위기를 다시 만드는 것 역시 필요한 기억을 떠올리는 데 도움이 됩니다. 그 당시의 상황이나 분위기가 긍정적이든 부정적이든 상관 없습니다.

그런데 그 많은 장기 기억은 모두 어디에 저장되어 있을까요? 물론 "뇌."라고 간단하게 대답할 수는 있지만, 아직도 기억을 가능하게 하는 물리적 토대조차 제대로 파악하지 못하고 있습니다. 장기 기억은 뇌에 구조적 또는 화학적으로 영원히 지속되는 변화를 일으켰을 가능성이 있습니다. 대다수의 과학자들은 뇌의 시냅스 활동에서 장기 기억을 이해하려고 합니다. 신호가 전달되려면 뉴런과 뉴런 사이에 있는 있는 시냅스를 건너뛰어야 합니다. 하나의 뉴런이 여러 개의 시냅스를 갖고 있어서 여러 개의 뉴런과 연관되어 있을 가능성도 있습니다. 연구자들은, 어떤 사건을 경험하거나 어떤 내용을 배우면 그 내용이 시냅스를 따라 특수한 경로를 형성한다고 생각합니다. 그래서 기억을 더 많이 회상하면 할수록(예를 들어, 동일한 숫자의 전화번호를 많이 사용하면 할수록) 특수 경로는 더욱더 강화됩니다. 그리고 화학 변화가 뉴런 자체에서 일어날 가능성도 있습니다.

우리는 세계에 대한 관계 속에서 자신을 경험합니다. 하루하루는 수많은 인식, 생각, 감정적 대응 등의 지속적 흐름으로 구성됩니다. 상당수의 일상적 경험이 장기 기억으로 전환됩니다. 장기 기억이 없다면, 우리는 동일성을 파악하지 못할 것입니다. 그러면 우리는 날마다 새롭게 느껴지는 세계를 탐험하느라 버둥거려야 할 테지요.

● 인간의 감각은 정보를 뇌까지 어떻게 전달할까요?
(233쪽에 있는 '감각'을 보세요.)

● 기억의 기초가 되는 뇌의 다양한 기능을 가능하게 하는 화학적 토대는 무엇일까요?
(99쪽에 있는 '두뇌의 화학'을 보세요.)

● 다른 동물도 기억력이 있을까요?
(222쪽에 있는 '문어의 지능지수'를 보세요.)

언어 습득

여행객들은 다른 나라 어린이들이 아주 똑똑하다는 사실에 감명을 받을 때가 많습니다. 아무리 조그만 아이라도 외국어를 줄줄 늘어놓으니 말입니다! 언어학자와 심리학자, 그리고 부모들 역시 아이들이 언어를 습득하는 것에 대해 열광합니다. 언어학자들과 심리학자들은 '자연적인가, 교육인가?'로 요약될 수 있는 오랜 논쟁을 벌여 왔습니다. 자연적이라고 주장하는 학자들은 우리 두뇌가 언어, 특히 문법 구조를 배우도록 짜여 있다고 생각합니다. 교육이라고 주장하는 학자들은 어린이들이 학습, 특히 모방을 통해서만 언어를 익힐 수 있다고 생각합니다. 중간 노선을 걷는 학자들은 언어 습득은 자연적인 요소와 교육의 결합을 통해 가능한 것이라고 주장합니다.

자연학파에서 가장 유명한 인물은 언어학자 촘스키(Noam Chomsky)인데, 그의 주장은 모든 문화권의 어린이들이 문법 — 여기서는 학교에서 가르치는 형식적인 문법보다는 일상 대화에서 사용하는 실용 문법을 말합니다 — 을 쉽게 배운다는 사실에 근거하고 있습니다. 촘스키는 언어 능력이 인간 두뇌의 고유한 특징이라고 너무도 강력하게 믿은 나머지, 침팬지의 구체적인 언어 능력을 비언어라는 개념으로 가볍게 처리해 버립니다(그래서 연구원들은 한 침팬지에게 '님 침스키'라는 이름을 붙이기도 했습니다). 그리고 언어 유전자에 대해 언급하는 과학자도 있습니다. 한 캐나다 언어학자는 문법에 문제를 일으키는 유전적 결함이 있는 가족을 발견했습니다. 그러나 하나의 유전자가 정상적으로 쉽게 배울 수 있는 문법을 혼란스럽게 만들 수 있을진 모르지만, 문법 사용을 복잡하게 만든 모든 책임을 하나의 유전자에게 덮어씌울 수는 없습니다.

그래서 자연학파 진영에서조차 이견이 제기됩니다. 일부 연구원들은 원시 인간의 두뇌가 일정 크기에 도달했을 때 인간이 언어를 사용하기 시작했다고 믿습니다. 그러나 다른 과학자들은 인간이 언어를 점차 익혀 나가는 동안 두뇌가 거기에 맞추어 그만큼 커졌다고 주장합니다.

촘스키 이후, 몇몇 학자들은 어린이의 언어 발달을 인지 능력 발달(세계에 대한 지각, 그리고 자신의 지각과 욕구를 전달할 필요성의 증가)과 연관시켜서 바라보기 시작했습니다. 일반적으로 볼 때, 어린이의 언어 발달은 인지 발달보다 느립니다. 어린이가 "엄마 졸려."라고 말할 때, 이것은 어린이가 졸립다는 것을 의미할 수도 있고, 엄마가 졸립다는 것을 의미할 수도 있습니다. 그래서 우리는 아이들이 자기를 표현하려고 애쓰다가 그냥 울어 버리고 마는 모습을 많이 볼 수 있습니다. 이들의 주장은 이렇게 주변 세계를 파악하고 조절하려는 어린이의 욕구로 언어 능력이 발전해 나간다는 것입니다.

과학자들은 어린아이들이 언어, 걷기, 평형 감각 등과 같은 새로운 기술을 가장 잘 배울 수 있을 때를 가리켜 '결정적 시기'라고 합니다. 농아가 수화를 유창하게 하려면 결정적 시기에 수화를 배워야 합니다. 그렇지만 나중에(9세에서 15세 사이에) 청각을 잃은 아이 역시 수화를 능숙하게 배울 수 있습니다. 이것은 이 아이가 말을 배울 때 언어 사용에 필요한 신경 형태가 정착되었기 때문임이 분명합니다. 물론 새로운 기술을 배울 기회 자체를 어린이에게서 실험적으로 박탈한다는 것은 완전히 비윤리적이겠지만, 폭력적 어른이 어린이들을 완전히 고립된 곳, 대개 작은 방 안에 가둔 채 오랜 기간 어린 시절을 보내게 한 비극적인 사례가 몇 번 있었습니다. 이 어린이들도 결국에는 언어 기능을 조금 익히기는 하지만, 언어 구조를 정말 편하게 받아들인 적은 한 번도 없습니다.

사춘기가 지나면 두뇌의 구성이 기본적으로 완성되기 때문에 언어 습득이 훨씬 어려워집니다. 이것이 어린이가 어른보다 외국어를 훨씬 쉽게 배우는 이유입니다. 그러나 외국어 교육이 너무 이르면 또다른 문제를 일으킬 수 있습니다. 최근에 실시된 연구를 통해 8세 이전에 새로운 언어를 배운 어린이들, 예를 들어 다른 나라로 이민을 간 어린이들은 모국어를 잊어버리는 경우가 많다는 것을 알 수 있습니다.

생후 두 달 정도 된 아기들은 과학자들이 말하는 이른바 '언어 이전의 말(prelinguistic phrases)', 즉 약간의 언어 구조와 리듬이 담겨 있는 옹알이를 시작합니다. 심지어 귀가 들리지 않는 아기조차 옹알이를 합니다. 학자들은 어른들이 옹알거리는 아기들에게 엉터리 대화를 부추기려고 하는 것이, 그래서 아기들이 말을 배우기 전에 사회적인 연대감을 형성하는 것이, 옹알이의 목적 가운데 하나일 가능성이 있다고 생각합니다. 실제로 평범한 사람들은 아기들이 정말로 말하는 것 같은 소리를 내는 데 대해 많은 이야기를 하고 있습니다. 어쩌면 이 아기들 가운데 일부는 어른의 언어가 아기의 우수한 옹알이에 선도적인 역할을 한 것에 대해 서로 이야기를 나누고 있을지 모릅니다.

- 모든 동물이 언어를 익힐 수 있을까요?
  (299쪽에 있는 '돌고래와 언어', 302쪽에 있는 '침팬지와 언어'를 보세요.)

- 기계가 언어를 이해하고 사용할 수 있을까요?
  (314쪽에 있는 '인공 지능'을 보세요.)

돌고래와 언어

돌고래와 원숭이는 우리가 "이들이 언어를 사용하는가?" 하고 묻고 싶게 만드는 대표적 동물들입니다. 물론 우리는 언어라는 이름을 붙여야 할지 아닐지 결정하지 않아도, 이들의 의사소통 방식에 대해 연구할 수 있습니다. 그렇지만 우리는 이런 질문을 통해 돌고래와 원숭이 그 이상을 연구할 수 있습니다. 인간에 대한 연구도 되기 때문입니다. 과학자나 철학자는 무엇이 인간을 다른 동물들과 다르게 만드는지 궁금해합니다. 만일 그것이 언어라면, 우리의 언어가 다른 동물들이 의사소통을 하는 형태와 어떻게 다른지를 먼저 파악해야 합니다. 반면에 인간을 동물과 다르게 만드는 것이 언어가 아니라면, 다른 동물들에게도 인간과 같은 언어 능력이 있는지 조사해야 합니다.

돌고래와 원숭이의 언어 연구는 그 강조점에서 커다란 차이가 나타납니다. 원숭이를 대상으로 연구하는 과학자들은 실험 대상에게 언어를 가르치고 상호 교류를 하는 데 연구 시간의 대부분을 보냅니다. 물론 돌고래를 대상으로 연구하는 학자들 역시 실험 대상에게 언어를 가르치고 상호 교류를 하려고 시도하지만, 이들은 돌고래가 자기들끼리 어떻게 의사소통을 하는지 관찰하는 데 더 많은 시간을 보냅니다. 이것은 돌고래와 상호 교류를 하며 시간을 보내는 것이 인간의 활동에 다양하게 참여할 수 있는 침팬지와 상호 교류를 하며 시간을 보내는 것보다 훨씬 어렵기 때문입니다.

돌고래에게 지능이 있다는 사실은 의심할 여지가 없습니다. 돌고래의 두뇌는 인간의 두뇌만큼 큽니다. 그렇지만 논리력과 창조성을 관장하는 신피질은 인간보다 훨씬 얇습니다. 그래서 과학자 중에는 돌고래의 지능이 침팬지보다는 낮고 개보다는 높다고 주장하는 사람도 있습니다. 그렇지만 침팬지보다는 높고 인간보다 낮은 수준이라고 주장하는 과학자들도 있습니다. 심지어 과학자가 아닌 사람들 가운데에는 돌고래가 사람보다 지능이 높다고 주장하는 사람도 있습니다.

돌고래를 관찰한 사람은 누구나 돌고래들이 굉장히 다양한 소리를 내는데 충격을 받습니다. 이 소리를 들은 작가들이 휘파람 소리와 앙앙대며 우는 소리, 탁탁 치는 박수 소리, 짤깍 소리, 끙끙대는 신음 소리, 꽥꽥거리며 불평하는 소리, 컹컹거리며 짖는 소리, 덜컥거리는 소리, 짹짹 지저귀는 소리, 노래 부르는 소리 등으로 구분해서 묘사할 정도입니다. 고동치는 울음 소리는 고통을 나타내는 신호 같으며, 낄낄거리는 소리는 서로 사랑을 나누는 소리인 것 같습니다. 가장 중요한 소리 가운데 하나는 휘파람인데, 이 소리의 진동수와 진폭은 돌고래들이 서로를 구별하는 신호로 사용합니다. 그래서 돌고래가 이런 휘파람으로 상대편의 이름을 부른다고 주장하는 학자들조차 있습니다.

돌고래는 흉내내는 솜씨가 아주 뛰어난데, 바로 이 솜씨 때문에 학자들은 돌고래의 구체적인 언어 능력을 파악하기 힘들어합니다. 돌고래들은 조련사의 말을 흉내낼 수 있습니다. 그렇지만 앵무새나 구관조 같은 새들도 그 뜻을 전혀 이해하지 못한 채 인간의 말을 흉내낼 수 있습니다. 돌고래 역시 단어의 뜻을 이해하지 못할 수 있지만, 흉내를 내는 행위 자체는 조련사와 의사를 소통하려는 시도일 가능성이 높습니다.

물론 언어 능력의 중요한 측면은 이해력입니다. 이해력을 측정하는 한 가지 방법은 그 동물이 인간의 명령을 얼마나 제대로 수행하는지 그 정도를 파악하는 것입니다. 하와이에 있는 연구원들은 돌고래에게 '고리'라는 단어와 '통과'라는 단어를 가르쳤습니다. 두 단어를 결합시키자, 돌고래는 고리를 통과했습니다. 그리고 '고리'라는 단어를 '문'이라는 단어로 바꾸자, 돌고래는 문을 통과했습니다.

1965년에 실시한 돌고래의 의사소통에 대한 연구는 가장 유명한 실험 가운데 하나인데, 이 실험에서 학자들은 돌고래 두 마리를 분리된 탱크에 넣었습니다. 각각의 돌고래는 서로 들을 수는 있지만 볼 수는 없었습니다. 연구원은 돌고래 한 마리에게 상을 받으려면 노를 밀도록 가르쳤습니다. 이들은 다른 돌고래에게도 비슷한 노를 주었지만 가르치지는 않았습니다. 두 탱크 사이에 많은 소리가 오간 다음, 두 번째 돌고래가 노를 미는 기술을 배웠습니다. 이 현상은 첫 번째 돌고래가 두 번째 돌고래에게 노 사용법을 가르쳤음을 시사하지만, 두 번째 돌고래는 첫 번째 돌고래가 의도적으로 전달하지 않은 정보를 얻으려고 자기가 들은 소리를 이용했을 가능성도 있습니다. 물론 이 가능성은 돌고래에게 지능이 있다는 구체적인 증거가 될 것입니다.

● 돌고래는 자신의 소리 능력을 다른 목적에 사용할까요?
(247쪽에 있는 '돌고래의 음파 탐지'를 보세요.)

● 인간은 언어를 어떻게 배울까요?
(296쪽에 있는 '언어 습득'을 보세요.)

　침팬지가 언어를 사용할 수 있을까요? 글쎄요, 침팬지는 여러 가지 상징을 특별한 순서로 나열해 자신을 표현할 수 있고, 인간이 말하는 소리를 이해할 수 있습니다. 그래서 평범한 사람이 보면 언어를 사용하는 것처럼 생각하기도 하지요. 그렇지만 진짜 해답은 여러분이 언어를 어떻게 정의하는가에 달려 있는데, 바로 이 점에서 논쟁이 격렬하게 진행되고 있습니다.

　언어에 대한 정의와 밀접하게 연결되어, 논쟁의 철학적 핵심으로 자리잡은 것은 인간을 다른 동물과 다르게 만드는 것은 무엇인가, 하는 의문입니다. 연속학파의 학자들은 "인간은 단지 연속적인 발전의 끝에 있을 뿐이다. 인식 능력이 더 발달하긴 했지만, 가장 가까운 동물 친척과 완전히 다른 것은 아니다."라고 주장합니다. 반면에 불연속학파 학자들은 인간은 독특하고, 따라서 언어는 그 어떤 동물도 근접하게 진화한 사례가 없는 인간 고유의 특징이라고 주장합니다. 불연속성을 주장하는 학자들이 볼 때, 침팬지는 기본적으로 진짜 언어를 사용할 수 없는 존재입니다.

　언어에 관한 개괄적 정의는 "세계에 대한 어떤 인식 내용을 표현하려고 문법 구조나 구문의 형태로 여러 가지 상징을 사용하는 것"입니다. 이 정의에 따르면, 특정 음식이나 장난감을 얻으려고 상징을 사용하도록 훈련받은 동물은 언어를 사용하는 것이 아닙니다. 그것은 상을 타려고 인간의 흉내를 내는 것에 지나지 않기 때문입니다. 원숭이 언어에 대한 연구를 얕보는 사람들은 동물이 이 같은 단순한 욕구를 뛰어넘는 것으로 보일 때조차 눈속임일 뿐이라고 말합니다. 이 사람들은 클레버 한스의 유명한 사례, 즉 시간의 숫자를 말굽으로 찍어서 수학 문제를 푸는 것처럼 보이게 훈련시킨 말에 대해서 언급합니다. 말이 정답에 도달하면 조련사가 몸으로 신호를 보내서 알려 주었다는 사실이 나중에 밝혀진 것입니다.

원숭이 언어에 있어 가장 유명한 새비지 럼보(S. Savage-Rumbaugh)라는 여성 과학자는 아동 발달을 연구하던 학자였습니다. 럼보의 보물 같은 학생은 '칸지(Kanzi)'라는 조그마한 침팬지입니다. 럼보와 동료들은 문자, 즉 전혀 다른 모양의 상징으로 사물의 형상을 나타내는 문자가 그려져 있는 키보드를 사용해서, 칸지의 양엄마 마타타에게 언어 기술을 가르쳤습니다. 하지만 마타타는 2년이 지나도록 6개의 상징만 익혔습니다. 그래서 이들은 칸지를 가르치기로 했습니다. 그런데 놀랍게도 칸지는 마타타가 익히던 상징을 이미 알고 있었습니다. 키보드 앞에 앉은 첫날 아침, 칸지는 '사과'와 '쫓다'를 나타내는 키보드를 누른 다음, 사과를 집어 들고 럼보를 바라보다가 키득거리며 달아났습니다. 이렇게 해서 럼보는 어린이가 언어를 배우는 방식, 즉 형식에 치우치지 않고 일상적인 삶을 통해 언어를 습득하는 방식에 근거해 동물에게 언어를 가르치는 새로운 방법을 시도하게 되었습니다.

1년 6개월이 지나자 칸지가 습득한 어휘는 약 50개가 되었습니다. 연구원들은 이 즈음에 칸지가 키보드 없이 인간의 말을 이해할 수 있다는 사실을 깨달았습니다. 연구원들이 전등에 대한 이야기를 나누고 있을 때, 칸지가 전등 스위치가 있는 곳으로 가서 전등을 켰다 껐다 한 것입니다. 이 사건이 특히 중요한 이유는 말을 건 대상이 칸지가 아니었을 뿐 아니라 칸지와 관계된 내용도 아니었기 때문입니다. 럼보와 동료들은 눈에 보이지 않는 부분을 포함해서 두 부분으로 구성된 명령을 하자(예를 들어 "콜로니 방으로 가서 전화를 받을 수 있니?"), 칸지가 그것을 해내는 모습을 보고 깊은 감동을 받았습니다.

칸지는 간단한 문법을 분명하게 이해할 수 있습니다. 칸지 자신이 직접 몇 개의 문법을 만들기도 했습니다. 그 가운데 하나는 키보드를 누른 다음 어떤 동작을 하는 것입니다. 예를 들어, '쫓다'를 나타내는 상징을 누른 다음, 어떤 사람을 쳐다보며 자기 뒤를 쫓아오라는 식입니다. 회의론자들이 이 초보적인 문법 형태를 조롱하자, 럼보는 그들이 이중적인 잣대를 가지고 있다고 비난했습니다. 칸지의 언어 발달 수준은 두 살 먹은 아기와 비슷하기 때문입니다. 이들은 회의론자들이 조롱하는 칸지가 두 살짜리 인간처럼 진짜 초보적인 차원의 언어를 구사하는 모습을 계속 관찰하고 있습니다. 수많은 논쟁이 거듭되고 있지만, 칸지는 두 살짜리 아기와 비슷한 수준으로 언어를 사용해 음식이나 장난감 같은 물건을 얻습니다. 그렇지만 칸지는 자기가 먹은 음식이나 가고 있는 곳을 알리려고 언어를 사용하기도 합니다.

어쩌면 칸지가 이룩한 의사소통 능력은 진짜 언어가 아닐 수 있습니다. 어쩌면 언어는 인간의 고유한 능력일 수도 있으니까요. 그렇지만 원숭이 언어에 대한 연구에서 사용된 여러 가지 방법은 정신 지체아에게 의사소통 방법을 가르치는 데 응용되어 풍성한 결실을 맺고 있습니다.

● 만일 인간과 유인원의 유전 암호가 거의 동일하다면, 원숭이에게도 인간과 같은 언어 능력이 있지 않을까요?
(263쪽에 있는 'DNA : 유전 암호'를 보세요.)

● 침팬지 이외의 동물 가운데 언어 습득 능력이 있는 동물이 있을까요?
(299쪽에 있는 '돌고래와 언어'를 보세요.)

지도 중에는 모래 위에 선을 몇 개 그은 것이나 종이 냅킨에 그린 스케치처럼 간단한 것이 있습니다. 이처럼 간단한 지도도 우리의 필요에 따라서는 가죽으로 제본한 정교한 지도만큼이나 많은 도움을 줄 수 있습니다. 만일 우리가 해변에 있다면, 우리에게 필요한 건 모래 위에다 간이 식당의 위치를 표시한 지도 정도일 것입니다. 박물관으로 가는 도중에 레스토랑에 들른 경우라면, 종이 냅킨 위에 그린 지도 정도로도 우리의 목적을 달성할 수 있습니다.

이런 지도에 담겨 있는 기본적인 정보는 "이것은 여기이고, 저것은 저기이다." 정도입니다. 공간 사이의 관계는 모든 지도의 본질입니다. 거리와 크기가 정확하지 않을 수도 있고, 또 전체적인 모양이 일그러질 수도 있지만, 기본적으로 공간 사이의 관계가 맞는 한 그 지도는 유효합니다. 쉽게 말해서, 미국 동부 해안선을 나타내는 선을 그리고, 보스턴을 나타내는 점을 찍고, 그 밑에다 뉴욕을 나타내는 점을 찍고, 또 그 밑에 워싱턴 DC를 나타내는 점을 찍는다면, 그 자체로도 훌륭한 지도가 된다는 것입니다. 그렇지만 보스턴과 뉴욕을 나타내는 점을 반대로 찍는다면, 그것은 선을 길게 긋고 점 3개를 찍은 것일 뿐, 지도는 아닙니다.

심리학자와 철학자들은 인간의 두뇌는 사물을 선천적으로 공간적인 측면에서 인식하는 경향이 있으며, 그래서 기억해야 할 내용을 지도의 형태로 저장한다고 주장합니다. 우리는 영상 이미지로 생각하고, 영상 이미지는 본질적으로 공간 형태입니다. 세계를 아주 추상적인 용어로 묘사하는 과학자들조차 생생한 영상의 형태에 의존해 자신의 생각을 정리하고 표현합니다. 다양한 과학 분야에서, 지도는 현상을 표현하는 이상적인 방법입니다. 일상생활과 과학 분야에서 드러나는 지도의 장점은 제작자가 지도를 만드는 데 사용한 것 이상의 정보를 사용자가 그 지도에서 얻어 낼 수 있다는 것입니다. 지도 제작에 필요한 것은 제한된 양의 자료에 지나지 않지만, 지도를 능숙하게 읽는 사람들은 그 지도를 통해 수많은 문제에 대한 해답을 찾을 수 있습니다. 이런 이유 때문에 과학 철학자들은 과학 이론을 지도에 비유하길 좋아합니다. 좋은 지도와 마찬가지로, 훌륭한 이론 역시 최초의 전망 이상을 연구할 수단을 제공한다는 것입니다. 그래서 기다란 선과 점 3개로 그린 간단한 지도조차 유럽인이 미국 동부를 여행할 계획을 세우는 데 도움을 줄 수 있습니다.

과학자들은 소립자에서 전 우주적 현상에 이르기까지 다양한 현상을 지도로 작성합니다. 과학 지도는 발견한 사실을 기록한 것보다 훨씬 중요합니다. 과학 지도는 연구 조사의 중요한 도구이기 때문입니다. 컴퓨터는 현대의 과학 지도를 작성하는 데 커다란 역할을 합니다. 원자 물리학자들은 원자를 구성하는 소립자들을 '원자 충돌 장치' 속에서 창조해서 '살펴봅니다'. 이 소립자들은 생존 주기가 아주 짧은데, 물리학자들은 이들이 탐지기에 남긴 흔적을 보고 이들의 짧은 존재 형태를 연구합니다. 그런 다음, 탐지기는 입자의 전하와 질량과 경로에 대한 지도를 만듭니다. 과학자들이 현재 만들고 있는 가장 주목할 만한 지도 가운데 하나는 인간 염색체를 구성하는 DNA 암호에 대한 완벽한 지도, 즉 인간 게놈 프로젝트입니다. 과학자들은 컴퓨터 영상을 이용해서 심장과 뇌를 포함한 인체의 모든 부분을 지도로 그리고 있습니다. 범지구적인 규모에서 과학자들은 기상 형태와 침식 형태, 그리고 오존층에 대한 내용을 지도로 그리기도 합니다. 지질학자들은 지구의 지각에 있는 암석층의 생성 연도와 상호 관계를 연구하려고 오랫동안 지도그리기에 의존해 왔습니다. 지도가 가장 광범위한 규모로 사용되고 있는 분야는 천문학입니다. 천문학자들은 지도를 이용해 우리 은하와 그 너머까지, 인간의 눈으로 관찰할 수 있는 우주의 가장 먼 곳까지 탐색하고 있습니다.

지도는 과학자들이 공간 여행은 물론 시간 여행도 할 수 있도록 도와 줍니다. 고생물학자들은 수백만 년 전에 멸종한 종들이 살았던 장소와 순서를 지도로 그리고, 기후학자들은 지도를 사용해서 미래의 기후 상태를 예측합니다. 그리고 유전학자들은 결국 DNA 지도를 그리는 과정에서 배운 내용을 가지고 미래를 조작할 것입니다. 유전자 접합을 이용해서 인간의 유전자 지도를 바꾸는 형태로 말입니다.

지도는 인간을 위해 세계를 묘사합니다. 지도는 세계 속에서 우리 자신을 자리매김하는 데에도 도움을 줍니다. 옷 가게에서는 화살이 은하수의 한 점을 가리키는 그림과 함께 "여러분은 여기에 있습니다."라는 문구가 인쇄된 티셔츠를 팔기도 합니다. 지도는 소립자에서 우주 전체에 이르기까지 우리가 '여기'를 이해하고 설명하도록 도와 줍니다.

- ● '들어가서' 주변을 둘러볼 수 있는 입체 지도를 컴퓨터로 만들 수 있을까요?
  (317쪽에 있는 '가상 현실'을 보세요.)
- ● 과학자들은 인간의 유전 암호를 어떻게 지도로 그릴까요?
  (266쪽에 있는 '인간 게놈 프로젝트'를 보세요.)

여러분은 알파벳 모양의 국수 가락이 떠 있는 수프 그릇에서 저녁 뉴스나 탐정 소설을 읽을 수는 없을 테지만, 언젠가는 DNA 수프 그릇 안에서 복잡한 수학 문제의 해답을 찾을 수 있게 될지 모릅니다. 1994년 11월, 로스앤젤레스에 있는 남캘리포니아 대학의 컴퓨터 이론가 에이들먼(L. Adleman)은 DNA를 이용해 간단한 컴퓨터를 만들었다고 발표해서 과학계를 깜짝 놀라게 했습니다. 에이들먼의 작업은 후천성 면역 결핍증을 일으키는 바이러스, HIV에 대한 관심에서 출발했습니다. 에이들먼은 컴퓨터 이론가가 분자생물학 실험실에 몇 번 드나든 덕분에 DNA 컴퓨터를 만들어 낼 수 있었다고 겸손하게 주장합니다.

에이들먼은 자신이 사상 최초로 만든 DNA 컴퓨터에게 '순회 외판원의 문제(traveling salesman problem)'라고 하는 비교적 쉬운 문제를 풀게 했습니다. 일곱 도시를 제시한 이 문제에서, 지방 순회 외판원은 모든 도시를 한 번씩만 거치며 가장 짧게 돌 수 있는 경로를 찾아야 합니다. 살아 있는 모든 유기체의 유전자 청사진을 담고 있는 핵산인 DNA에는 아데닌(A), 티민(T), 구아닌(G), 시토신(C)의 네 가지 염기들이 수많은 조합을 이루고 있습니다. 에이들먼은 네 개의 문자를 암호로 이용해 이들을 조합해서, 각각의 도시에

20자로 구성된 암호명을 정해 주었습니다. 그런 다음, 외판원이 제일 먼저 방문해야 할 도시의 암호명에서 앞 글자 10개를 떼어 내 마지막으로 방문할 도시 암호명의 앞 글자 10개에 붙였습니다. 보완적인 배열이 조각들을 결합 시키는 데 도움이 되었습니다. 에이들먼이 이 미시적 구조물을 물 속에서 분해하자, DNA 가닥들은 더 기다란 배열이나 분자로 합쳐졌습니다. 그 다음, 에이들먼은 무수하게 많이 형성된 분자(DNA 가닥) 가운데에서 문제에 대한 해답이 담겨 있는 것을 찾기 시작했습니다. 여기서 중요한 단서는 첫 번째 도시의 이름으로 시작해서 마지막 도시의 이름으로 끝나야 한다는 것, 그리고 그 길이가 맞아야 한다는 것입니다. 에이들먼이 그 분자를 찾는 데 에는 1주일이 걸렸습니다.

에이들먼의 발표가 있고 서너 달이 지난 후, 프린스턴 대학의 립턴(R. Lipton)과 그의 제자 두 명은 DNA 컴퓨터를 미국 정보국의 해독 불가능한 암호들을 푸는 데 이용하는 방법을 생각해 냈습니다. 아직 이 같은 작업을 수행할 만큼 정교한 DNA 컴퓨터를 만들지는 못했지만, 이들은 이론적으로 는 충분히 가능하다고 믿고 있습니다.

DNA 컴퓨터의 장점은 거의 동시에 일어나는 화학 반응의 속도에 있습니다. 즉, DNA 컴퓨터는 동시에 여러 개의 작은 문제를 푸는 병렬식 계산을 수행할 수 있는 강력한 힘이 있다는 것입니다. 과학자들은 DNA 컴퓨터가 이제까지 만든 모든 컴퓨터보다 빠른 속도로 복잡한 계산을 수행할 수 있을 것으로 생각합니다. 게다가 DNA 컴퓨터는 믿을 수 없을 만큼 엄청난 기억 용량을 갖추게 될 것입니다. 1ℓ의 용액에 450g의 DNA가 들어 있는 탱크 하나가 지금까지 만든 그 어떤 컴퓨터보다 기억 용량이 크다는 것입니다. DNA 컴퓨터를 우습게 보는 사람들은 이 컴퓨터로 계산하는 것이 시간 낭 비일 뿐이라고 말합니다. 또, 알파벳 모양의 국수 가락이 그릇에 너무 오래 담겨 있으면 흐물흐물해지는 것처럼 DNA도 어느 정도 시간이 지나면 분해

될 것이라고 말합니다.

에이들먼은 예전에는 컴퓨터를 이 세상에서 '세상 밖에' 있는 물리적 도구라고 생각하곤 했습니다. 하지만 지금은 컴퓨터를 인간이 컴퓨터의 관점에서 그 행위를 해석할 수 있는 어떤 것이라고 생각하고 있습니다. 이상하게 들리겠지만, DNA에는 생명체의 유전 명령에 사용되는 그 이상의 암호가 담겨 있습니다. 따라서 컴퓨터 과학자에게 발견되기만을 기다리는 또다른 암호들이 있을 가능성도 있습니다. 그리고 알파벳 모양의 국수 가락 수프가 담긴 그릇도 언젠가는 과학적으로 유용하게 사용될지 모릅니다.

● DNA 컴퓨터가 지능을 가질 수 있을까요?
(314쪽에 있는 '인공 지능'을 보세요.)

공학 이형(engineering anomalies)이란 무엇일까요? 날개가 달린 자동차? 기포 고무 날개가 달린 헬리콥터?

공학 이형이란, 프린스턴 대학의 연구원 얀(R. G. Jahn)이 자신이 연구한 현상에 붙인 이름입니다. '염력'이나 '과학적으로 알 수 없는'이라는 표현과 비슷한 뜻이지요. 얀이 연구한 것을 표현하면 '물질 위에 있는 마음' 정도가 될 것입니다. 그렇다면 여기에서 마음은 누구의 마음이고, 물질은 어떤 물질을 말할까요? 마음은 실험에 자발적으로 참가한 사람들의 마음이고, 물질은 간단한 기능을 수행할 때 나타나는, 작지만 명백한 변화를 측정하려고 특별히 설계한 컴퓨터입니다.

이야기는 1970년대 후반으로 거슬러 올라갑니다. 그 당시 프린스턴 대학 공학·응용과학과의 학과장으로 재직하고 있던 얀을 한 대학원생이 찾아왔습니다. 그는 자신이 독자적으로 연구하던 심리 현상에 대해 지도해 달라고 부탁했습니다. 얀은 그 주제에 그다지 관심을 보이지 않다가, 학생의 성적이 워낙 뛰어났고 그 학생이 끈질기게 설득하자 마음이 움직였습니다. 그 학생은 '무작위 사건 생성기(REG)'를 고안해 냈는데, 이 기계는 후에 얀의 연구에서 중추적 역할을 합니다. 학생은 결국 이 연구에 흥미를 잃고 그만 두었지만, 얀은 본격적으로 실험에 매달리게 되었습니다. 1979년, 얀은 PEAR 실험실을 개설해 동료들을 깜짝 놀라게 했습니다.

무작위 사건 생성기란, 동전 200개를 전기적으로 튀어오르게 했을 때 앞면이 나오는 횟수를 세는 '컴퓨터화된 동전 던지기' 기계입니다. 얀의 실험에서, 참가자들은 컴퓨터가 동전의 앞면 또는 뒷면이 더 많이 나오게 하도록 '마음 속으로 기원'합니다. 참가자들은 화면 앞에 앉아 있을 필요도 없습니다. 다른 대륙에 있는 사람도 참가할 수 있습니다. 여러 해 동안 참가자들은 작지만 통계적으로 중요한 편차를 만들어 낼 수 있었습니다.

PEAR의 또다른 기계로 '머피'라는 것도 있습니다. 머피의 법칙에서 이름을 땄으며, 핀볼 기계라고 부르기도 하고 '무작위로 떨어뜨리는 기계'라는 별명으로 부르기도 합니다. 머피가 9000개의 폴리스티렌 공을 3m 높이로 던지면, 이 공들은 330개의 방해물을 지나 바닥에 있는 19개의 통 속으로 떨어집니다. 이 과정을 모두 마치는 데 12분이나 걸립니다. 그런데 공을 그대로 놔 두면, 가장자리에 있는 통보다 가운데에 있는 통으로 공이 더 많이 떨어지게 됩니다.

이 때 참가자들의 임무는 왼쪽이나 오른쪽 어느 한쪽으로 공이 더 많이 떨어지도록 '마음 속으로 기원'하는 것입니다. 왼쪽으로 많이 떨어졌다고 해도, 어쨌든 참석자들은 여기서도 통계적으로 중요한 결과를 만들어 낸 것입니다. 물론 '무작위 사건 생성기'나 '무작위로 떨어뜨리는 기계' 모두에서 중요한 용어는 두말 할 것도 없이 '무작위'라는 단어입니다.

얀 외에도 비슷한 연구를 하는 사람들이 있습니다. 1993년, 네바다 대학의 연구원 라딘(D. Radin)은 자비를 들여서 의식 조사 실험실을 차렸습니다. 라딘은 PEAR 실험실과 비슷한 실험을 했습니다.

얀과 그의 동료들은 많은 비판에 직면해 있습니다. 그렇지만 얀의 실험 결과를 어떻게 해석하든, PEAR를 실용적으로 응용할 수 있는 길은 열려 있

습니다. 뇌성마비에 걸린 사람들이 뇌파를 통해 컴퓨터와 소통하는 방법을
연구하는 과학자들이 벌써 생겨났으니까요.

● 무작위는 저절로 늘어나거나 줄어들까요?
(47쪽에 있는 '엔트로피'를 보세요.)

● 동전을 던졌을 때 앞면이나 뒷면으로 떨어질 확률이 각각 50%인 이유는 무
엇일까요?
(121쪽에 있는 '확률'을 보세요.)

우리는 이미 컴퓨터와 함께 체스 게임을 하거나 컴퓨터로 복잡한 수학 계산을 하고 있습니다. 그렇지만 인공 지능(artificial intelligence) 연구원들은 슈퍼마켓의 주간지 간행물을 읽거나 최신 스캔들에 대해 토론할 수 있는 컴퓨터를 훨씬 주목할 만하다고 생각할 것입니다. 인간이 일상생활 속에서 어떻게 생각하고 행동하는지를 인공 지능 분야에서 연구하기 때문입니다. 컴퓨터는 인공 지능 연구원이 마음이 어떻게 작용하는지를 연구할 때 사용하는 도구이고, 컴퓨터 프로그램은 이들이 자신의 이론을 분명하게 정립하려고 사용하는 언어입니다.

우리 인간은 대부분 체스 게임이나 수학 풀이보다 훨씬 덜 체계적으로 행동합니다. 컴퓨터가 인간의 두뇌와 같이 기능하려면 예상하지 못한 것을 다룰 수 있고, 불완전한 자료를 이해할 수 있고, 여러 의미가 담긴 단어를 상황에 맞게 쓸 수 있고, 패턴을 인식할 수 있고, 실수를 통해 배울 수 있어야 합니다. 즉, 컴퓨터가 상식을 표현할 수 있어야만 합니다. "달수가 제대로 깎았다."는 문장은 달수가 생선값을 적절하게 깎았다는 의미도 될 수 있겠지만, 달수가 어떤 물건을 칼로 제대로 깎았다는 의미로 사용되는 경우가 더 많다는 사실을 컴퓨터가 배워야만 합니다.

1950년에 영국의 수학자이며 인공 지능 연구의 선구자인 튜링(A. Turing)은 기계에게 지능이 있는지 없는지를 판단하는 튜링 검사를 제안했습니다. 기본적으로 기계가 사람과 대화를 나누고 있는 것처럼 다른 사람을 속일 수 있다면, 그 기계는 지능이 있다는 것입니다. 1992년 이후, 해마다 심사위원을 가장 많이 속이는 컴퓨터 프로그램에게 상을 주는 대회가 열렸습니다. 심사위원들은 '애완 동물'이나 '나쁜 결혼' 같은 주제를 놓고 컴퓨터 회로를 통해 컴퓨터 프로그램과 사람 모두와 대화를 나눕니다. 이 때, 컴퓨터 프로그램이 심사위원을 속이는 책략은, 특수한 질문이 나오면 농담을 하며 교묘하게 빠져 나가는 것입니다.

인공 지능의 기본 개념은 '설명'입니다. 마음(또는 컴퓨터)은 외부 세계를 자신에게 어떻게 설명할까요? 마음은 세계를 이해하고 세계와 상호 작용을 하려고, 그리고 새로운 아이디어를 얻으려고 그 설명을 어떻게 조작할까요? 인공 지능의 도전 영역 중에는 컴퓨터 자신이 사물을 설명하는 방식을

영화 〈로보캅〉의 한 장면. 로보캅은 튜링 검사를 받지는 않았지만, 인공 지능의 미래라고 이야기할 만한 자격을 갖추었다.

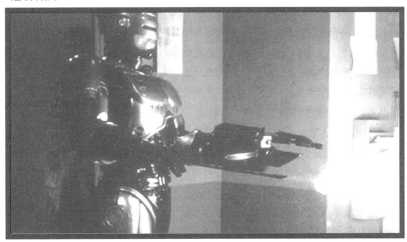

'자각'하게 해서 스스로 개선하는 능력을 컴퓨터에게 제공하는 것이 있습니다. 인공 지능에 대한 또다른 중요한 개념으로는 '지식'이 있습니다. 지식은 컴퓨터 안에 프로그램으로 집어 넣은 정보의 전체 창고입니다. 지능이 있는 컴퓨터라면 제기된 문제의 해답을 효율적으로 찾는 데 있어 그 지식을 효과적으로 탐색할 수 있어야 합니다. 만일 컴퓨터가 아기 방에 어떤 색을 칠할지 선택해야 한다면, 그 컴퓨터는 먼저 사람이 좋아하는 색과 싫어하는 색에 대해 연구한 심리학 지식을 찾는 일부터 시작할 것입니다.

인공 지능의 하위 분야 가운데 실용화 가능성이 가장 큰 것으로는 대화 인식(예를 들어, 사장에게 걸려 온 전화를 받고 점심 초대를 재치 있게 거절할 수 있는 컴퓨터 비서), 로봇 공학, 전문가 시스템 등이 있습니다. 전문가 시스템 이란, '이것이면 저것'으로 이어지는 규칙을 따라 특수한 주제에 대한 지식을 저장한 창고입니다. 연구원들은 전문가 시스템을 의료 분야에 이용하는 방법을 연구하고 있습니다. 이 연구가 제대로 되면, 개인 병원 의사들은 진찰을 할 때 전문가 시스템을 이용해 자신의 지식을 넓힐 수 있을 것입니다. 그리고 외과 의사들은 환자의 증상을 컴퓨터 속에 넣어 기억 장치에 저장되어 있는 수백, 수천 가지의 유사 사례와 비교할 수도 있을 것입니다.

대부분의 인공 지능 연구원들은 언젠가는 지적으로 생각하고, 상식적으로 판단하며, 경험을 통해 발전하는 능력이 있는 컴퓨터가 탄생할 것이라고 낙관하고 있습니다.

● 인간은 외부 세계를 스스로에게 어떻게 '설명'할까요?
(233쪽에 있는 '감각'을 보세요.)

● 인공 지능은 정보를 저장하고, 그것을 찾을 수 있어야 합니다. 그러면 이것은 인간의 기억과 비슷한 것일까요? 인간의 기억은 어떻게 작동할까요?
(293쪽에 있는 '기억'을 보세요.)

사이버 공간은 기술적·사회적 현상인 반면, 가상 현실(virtual reality)은 기본적으로 컴퓨터에 기초한 기술입니다. 가장 이상적인 형태가 아직 실현되지는 않았지만, 가상 현실은 사용자에게 물리적 실재의 총체적 환상과 그 속에서 상호 작용할 수 있는 가상 세계를 제공합니다. 어설픈 점(무거운 모자와 데이터 장갑, 그럴듯하지 않은 영상, 제한된 행동 목록 등)이 아직 많지만, 가상 현실은 사용자와 3차원 환상의 상호 작용에 초점을 두고 있습니다.

가상 현실의 잠재적인 응용 가능성은 끝이 없는데, 가장 흥미를 끄는 것은 경탄할 만한 판타지 게임 분야가 아니라, 외과 의사나 기술자, 화학자, 심지어 심리 치료사 같은 사람들이 자신의 기술을 정교하게 다듬고 확장하게 만들어 주는 분야일 것입니다.

가상 현실은 두 가지 장치에 의존합니다. 하나는 가상 현실의 환상을 만들어 내는 장치이고, 다른 하나는 사용자가 그 현실과 상호 작용하도록 만들어 주는 장치입니다. 사용자는 일종의 모자를 쓰는데, 이 모자는 눈을 덮어서 3차원의 가상 세계를 만들어 내고, 때로는 헤드폰에서 3차원의 소리를 만들어 냅니다. 동시에 사용자는 손바닥 크기의 데이터 건(data gun)을 조작해서 가상 세계와 상호 작용을 합니다. 그러면 컴퓨터는 사용자의 손과 몸의 동작을 감지하고, 그에 따라 가상 세계를 변경합니다. 예를 들어, 사용자가 머리를 돌리면 눈에 들어오는 가상 세계의 전망이 바뀝니다.

의학 분야에서 응용 가능성이 있는 기술은 '원격 출현(telepresence)'이라는 기술입니다. 사용자는 환상 세계와 상호 작용하는 것이 아니라 물리적으로 다른 곳에 존재하는 세계의 영상과 상호 작용을 하는 것입니다. 너무 작거나 섬세해서 손으로 수술할 수 없는 인체 부위를 원격 출현으로 수술하도록 만들어 주자는 것이 이 기술 연구의 중요한 목적 중 하나입니다. 외과 의사는 손에 달린 도구를 조작하는 방법으로 환자의 3차원적 투영체에 수술을 하게 됩니다. 그러면 컴퓨터는 외과 의사의 동작을 추적해 로봇 팔에 명령을 내려서 실제로 수술을 합니다. 그리고 외과 의사는 진짜 환자를 진찰한 내용에 근거해 가상 환자를 영상으로 만들어 진짜 수술 하루 전에 미리 수술하는 연습을 할 수도 있습니다. 게다가 이 기술은 외과 의사가 없는 시골이나 전쟁터 같은 곳에서 수술을 하는 데 이용될 수도 있습니다. 먼 거리에 있는 외과 의사가 영상 환자를 보고 수술을 하면, 로봇 팔이 그 동작에 따라 진짜 수술을 하는 것이지요. 물론 몇몇 회의론자들이, 도구가 제대로 작동하지 않거나 외과 의사 후보생이 사라지면 어떻게 하느냐고 문제를 제기하긴 하지만 말입니다.

그리고 건축가와 공학기사는 건물을 세우기 전에 자신이 설계한 내용을 가상 현실로써 검사할 수 있습니다. 가상 현실 안에서 '돌아다닐' 수 있기 때문에 건축가는 웅장한 계단 꼭대기에 올라가 계단 밑을 바라볼 수도 있고, 의뢰인의 가족들이 부엌에서 컴퓨터 게임을 하러 거실로 걸어갈 때 어떤 느낌일지 알아볼 수도 있습니다.

화학자와 생화학자는 가상 현실을 사용해 분자와 원자 수준에서 입자들이 어떻게 구성되어 있는지 파악할 수 있고, 어떻게 행동하는지 연구할 수 있습니다. 가상 현실의 유용성은 실제의 환영보다는(분별 있는 과학자라면 분자 사이를 걸어다니길 기대하지 않을 것입니다) 3차원 영상을 조작하는 능력에서 찾아야 할 것입니다.

심리 치료사들은 이미 가상 현실을 사용해 고소공포증 환자를 치료하고 있습니다. 15층 발코니나 사다리 꼭대기에 있는 환상을 만들어 내는 것은 그다지 어렵지 않습니다. 그래서 환자들은 자신이 서 있는 높은 곳은 가상 현실일 뿐, 자신이 전혀 해를 받지 않는 곳에 안전하게 있다는 사실을 알고 있기 때문에 두려워하던 높은 곳에 점차 익숙해지게 됩니다.

연습 기계를 만드는 사람들은 가상 현실을 장치한 실내 자전거를 설계하기 시작했습니다. 이 자전거를 탄 사람은 계속 변하는 시골 풍경과 머리카락을 스치는 바람결을 느끼며 마음껏 달릴 수 있습니다. 물론 빨리 달릴수록 풍경이 빨리 바뀌고 바람도 강하게 느껴집니다. 도시를 배경으로 한 모델에는 자동차 경적 소리와 배기 가스 같은 도시 특유의 냄새를 첨가해야 하겠지만 말입니다.

● 가상 현실과 사이버 공간은 어떤 관계가 있을까요?
(320쪽에 있는 '사이버 공간'을 보세요.)

● 가상 현실이 현실을 전자식으로 표현하거나 모방한 것이라면, 우리 인간의 감각 역시 어느 정도는 '가상'일 수 있지 않을까요?
(233쪽에 있는 '감각'을 보세요.)

사이버 공간

    사이버 공간(cyberspace)은 거실이나 뒤뜰과 같은 공간이 아닙니다. 사이버 공간은 정보, 즉 컴퓨터에 접근한 사람이면 누구나 이용할 수 있는 전자 정보의 거대한 연결망입니다. 사이버 공간은 공간의 형태를 이루고 있지 않습니다. 그리고 국지적이면서 동시에 국제적입니다. 사이버 공간 기술의 일부가 사용자에게 환상을 통한 물리적 경험을 제공하기도 하지만(가상 현실이 좋은 예입니다), 사이버 공간 전체를 한 마디로 말하면 '현실에서 유리된' 것이라고 할 수 있습니다. 사이버 공간의 시민은 도서관을 직접 찾아가는 대신, 집이나 사무실에 앉아 무수하게 많은 기관에서 정보를 구할 수 있습니다. 사이버 공간의 시민은 다른 사람을 방문하는 대신, 컴퓨터를 통해 관심이 비슷한 사람들과 대화를 나눌 수 있습니다. 컴퓨터 앞에 앉아서 은행도 갈 수 있고, 물건도 살 수 있으며, 비행기표도 예매할 수 있습니다. 그리고 아직까지 여행은 육체적인 이동을 의미하지만, 사이버 공간을 이용하는 수많은 시민들은 "그것 없이 집을 떠나지 말라."는 지침에 따라 행동하고 있습니다. 물론 여기서 '그것'이란 컴퓨터를 말합니다.

    사이버 공간은 기술적 진보의 측면이 아니라 우리의 사고 방식과 일상생활에 광범위한 영향을 주고 있다는 측면에서 우리를 놀라게 합니다. 통신을 예로 살펴봅시다. 옛날 사람들은 서신 왕래를 했습니다. 편지를 한 통 부치고 나서 답장을 받으려면 며칠 또는 몇 주가 걸렸습니다. 그 다음에 사람들은 전화를 통해서 사업 약속을 하고, 친구나 친척, 심지어 아주 먼 곳에 사는 사람과 접촉을 했습니다. 그런데 지금은 많은 사람들이 전자 우편(e-mail)에 의존하고 있습니다. 전자 우편을 보내면 메시지가 즉시 상대편의 전자 우편함에 나타납니다. 메시지는 전화처럼 즉시 전달됩니다. 그렇지만 구식 편지처럼 메시지를 받은 사람은 편리한 시간에 그 메시지를 읽거나 무시할 수 있습니다.

아무 때나 컴퓨터를 켜기만 하면 다른 사람이 보낸 전자 우편을 읽을 수 있듯이, 아무 때나 그룹 토의에 참가해 여러 사람과 함께 의견을 나눌 수 있습니다. 사이버 공간은 지리적 공간처럼 여러 가지 영역으로 나누어집니다. 우선, 통신망으로 들어가야 합니다. 상업적인 통신망 가운데 하나 또는 비영리로 운영되는 '인터넷(internet)'과 접속하는 것입니다. 일단 하나의 통신망에 들어간 다음에는 그룹을 선택하고, 그 안에서 다시 하위 그룹을 선택합니다. 그러면 여러분은 육아에서부터 흡혈귀는 물론 정치 개혁에 관한 것까지 모든 내용에 대해 토의할 수 있습니다.

사이버 공간에서 개인들은 자기 자신의 '홈페이지(homepage)'를 만들 수 있습니다. 자신의 상상력과 컴퓨터 프로그램의 도움을 받아 영상과 문장을 만들면 이 '페이지'를 사용할 수 있습니다. 고풍스런 만년필을 사고 싶다면 만년필 가게에 '방문'합니다. 그래서 관심이 가는 만년필이 눈에 띄면, 그것에 마우스를 대고 눌러 확대된 영상을 볼 수 있습니다.

따라서 사람과 사람이 마주 보면서 의사소통을 할 때 중요하게 제기되는 사회적 · 정치적 문제들이 사이버 공간에서도 똑같이 제기되는 것은 지극히 당연하다고 할 수 있습니다. 이 같은 문제에는 신뢰, 사기, 귀찮은 문제를 처리하는 방법, 그리고 검열 등이 포함됩니다. 사이버 공간에 있는 사람들은 기본적으로 서로를 볼 수 없기 때문에 서로의 관계는 나이와 계급, 성이나 인종 같은 일반적인 요인에 구속되지 않습니다. 그래서 이런 자유를 이용해 자신을 다른 인물로 꾸미는 사람도 있습니다. 이 같은 행위를 별로 해롭지 않은 자유 행위로 여기는 사람이 있는가 하면, 다른 사람의 신뢰를 배신하는 행위라고 생각하는 사람도 있습니다. 무례한 메시지나 지저분한 메시지를 다루는 방법에 관한 문제 역시 실제 생활과 동일하게 제기되어, 실제 생활과 동일한 형태의 격렬한 감정을 일으키기도 합니다. 사이버 공간은 비교적 최근에 나타난 현상이기 때문에 대화와 인쇄물을 관리하는 제도를 사이버 공간 속의 의사소통에까지 확대 적용하는 방법을 고안해야만 합니다.

사이버 공간은 언제 어디서나 존재합니다. 사회적으로 볼 때, 모든 구성원이 사이버 공간을 이용할 수 있다는 것은 아주 중요합니다. 그리고 개인적으로 볼 때, 사이버 공간의 목적은 실제 생활과 활동을 대신하는 대체물이 아니라, 그 활동을 넓히는 데 있음을 기억해 두는 게 좋을 것입니다.

● 가상 현실이란 무엇일까요? 이것은 사이버 공간과 어떤 관계가 있을까요?
(317쪽에 있는 '가상 현실'을 보세요.)

● 우리가 언젠가는 사이버 공간 내부에서 동등한 시민 자격으로 인공 지능과 만날 가능성이 있을까요?
(314쪽에 있는 '인공 지능'을 보세요.)

● 사이버 공간이 물리적인 공간이 아니라면, 사이버 공간의 지도를 만들겠다는 야심만만한 사람이나 인공 지능이 나올 가능성은 없을까요?
(305쪽에 있는 '지도'를 보세요.)

즐거움과 상상력을 주는 과학

1998년 6월 10일 1판 1쇄
2004년 8월 20일 1판 10쇄
2005년 10월 4일 2판 1쇄
2012년 4월 30일 2판 4쇄

지은이 : 앤 래 조너스
옮긴이 : 김옥수

편집 : 정은숙
디자인 : 윤지현
제작 : 박홍기
마케팅 : 이병규, 최영미, 양현범

출력 : 한국커뮤니케이션
인쇄 : 풀빛디앤피
제책 : 정문바인텍

펴낸이 : 강맑실
펴낸곳 : (주)사계절출판사 | 등록 : 제 406-2003-034호
주소 : (우)413-756 경기도 파주시 교하읍 문발리 파주출판도시 513-3
전화 : 031)955-8588, 8558
전송 : 마케팅부 031)955-8595 편집부 031)955-8596
홈페이지 : www.sakyejul.co.kr | 전자우편 : skj@sakyejul.co.kr
독자카페 : 사계절 책 향기가 나는 집 cafe.naver.com/sakyejul
페이스북 : www.facebook.com/sakyejul | 트위터 : www.twitter.com/sakyejul

값은 뒤표지에 적혀 있습니다. 잘못 만든 책은 서점에서 바꾸어 드립니다.

사계절출판사는 성장의 의미를 생각합니다.
사계절출판사는 독자 여러분의 의견에 늘 귀기울이고 있습니다.

ISBN 978-89-5828-125-2 03400